# 引黄灌区泥沙治理与地下水开发新技术

张治晖　杨　明　常晓辉　张治昊　李世森　著

黄河水利出版社
·郑州·

## 内 容 提 要

本书是引黄灌区泥沙治理、水沙资源优化配置和水资源合理利用的相关科研成果的总结,分上、下两篇,共十二章,上篇主要介绍了引黄灌区泥沙处理利用、水流泥沙运动规律、水沙调控理论与关键技术,提出了泥沙资源化原理和配置思想,论证了配置技术和措施;下篇主要介绍了利用辐射井这一新技术在引黄灌区开发利用浅层地下水、井渠结合、地下水和地表水优化配置的设计方法、技术模式、施工工艺等。

本书可供水文水资源、泥沙运动力学、水沙资源配置、地下水开发利用、节水灌溉等专业的工程技术人员及高等院校师生参考。

**图书在版编目(CIP)数据**

引黄灌区泥沙治理与地下水开发新技术/张治晖等著.
郑州:黄河水利出版社,2010.1
ISBN 978 – 7 – 80734 – 793 – 4

Ⅰ.①引… Ⅱ.①张… Ⅲ.①黄河 – 灌区 – 河流泥沙 – 治理 – 研究②黄河 – 灌区 – 地下水资源 – 资源开发 Ⅳ.①TV14②P641.8

中国版本图书馆 CIP 数据核字(2010)第 017806 号

策划组稿:马广州　电话:13849108008　E-mail:magz@yahoo.cn

出　版　社:黄河水利出版社
　　　　　　地址:河南省郑州市顺河路黄委会综合楼14层　邮政编码:450003
发行单位:黄河水利出版社
　　　　　　发行部电话:0371 – 66026940、66020550、66028024、66022620(传真)
　　　　　　E-mail:hhslcbs@126.com
承印单位:黄河水利委员会印刷厂
开本:850 mm×1 168 mm　1/32
印张:10.375
字数:260 千字　　　　　　　　　　　印数:1—1 000
版次:2010 年 1 月第 1 版　　　　　　印次:2010 年 1 月第 1 次印刷
定价:30.00 元

# 前 言

黄河是我国第二大河,流域多年平均天然径流量 580 亿 $m^3$,是西北、华北地区主要水资源,是我国北方地区最大的供水水源,其以占全国 2% 的地表径流,承担着全国 15% 的耕地、12% 的人口和 50 多座大中城市的供水任务,在我国国民经济和社会发展中具有重要的战略地位,因此黄河水资源的可持续利用是沿黄地区社会经济发展的关键。

黄河水资源主要用于农业灌溉,约占总耗水量的 92%,目前,引黄灌溉面积已达 733.3 万 $hm^2$。新中国成立 60 年,引黄灌溉事业的发展彻底改变了引黄灌区农业生产落后、人民生活贫困的面貌,使其成为我国重要的粮棉生产基地。黄河以泥沙含量高著称于世,引黄灌区在引水的同时,也把大量的黄河泥沙带进了灌区灌排系统,极大地威胁了引黄灌区灌排工程的运行与管理,巨量黄河泥沙的处理加剧了引黄灌区生态环境的恶化,成为引黄灌区面临的一个重要问题;同时,随着黄河流域工农业的快速发展,黄河水资源日趋紧张,干旱缺水问题已经严重制约引黄灌区经济和社会的发展,如何利用先进技术合理开发利用浅层地下水资源,缓解当前用水紧张的矛盾,有效地控制灌区地下水上升,遏制土壤盐渍化的发生与发展,已成为引黄灌区迫切需要研究的重要问题。针对引黄灌区泥沙治理、水资源合理利用和水沙资源优化配置等关键技术问题,我们主持或参加完成了"十一五"国家科技支撑计划"灌区地下水开发利用关键技术"(2006BAD11B05)、国家农业科技成果转化资金"辐射井技术在农业水资源高效利用中的应用与示范"(02EFN216800685)、科技部科研院所社会公益研究专项"引黄灌区水沙配置理论与关键技术研究"(2004DIB4J169)、水利部"948"计划"辐射井技术在农田灌溉排水中的推广应用研究"（CT200126）、水利部水利科技重点项目"黄河下游滩地地下水开发利用研究"（SZ9839）等科研项目。

本书是在总结上述项目中由作者主要完成的研究成果的基础上编著的，全书分上、下篇，上篇主要介绍了引黄灌区泥沙处理利用、水流泥沙运动规律、水沙调控理论与关键技术，提出了水沙资源化原理和配置思想，论证了配置技术和措施；下篇主要介绍了利用辐射井这一新技术在引黄灌区开发利用浅层地下水、井渠结合、地下水和地表水优化配置的设计方法、技术模式、施工工艺等。需要指出的是，本书上篇的研究与成稿得到了中国水利水电科学研究院泥沙研究所蒋如琴教授级高工、曹文洪教授级高工、戴清教授级高工，黄河水利科学研究院钱意颖、程秀文教授的悉心指导和无私帮助，部分内容参考了国际泥沙研究中心王延贵教授级高工等完成的"八五"攻关课题的研究报告；本书下篇的研究与成稿得到了中国水利水电科学研究院水利研究所高占义教授级高工、许迪教授级高工的大力指导和悉心帮助。由于时间和精力有限，本书仅做了部分研究工作，还有许多研究工作需要今后不断地补充和完善。

本书共分十二章，各章主要撰写人员如下：第一章：杨明、张治晖、常晓辉；第二章：杨明、张治昊、李世森；第三章：张治昊、杨明、常晓辉；第四章：杨明、常晓辉、蒋如琴；第五章：常晓辉、杨明、李世森；第六章：李世森、杨明、杨晓阳；第七章：常晓辉、杨明、黎国森；第八章：常晓辉、李世森、刘宝玉；第九章：张治晖；第十章：张治晖、杜历、司建宁；第十一章：张治晖、赵华、李敬义；第十二章：张治晖、盛炳珍、伍军。全书由张治晖、杨明审定统稿。

除上述撰写人员外，参加本书项目研究和成果汇编的科技人员尚有：中国水利水电科学研究院水利研究所徐景东、蔡立芳、王桂芬；中国水利水电科学研究院泥沙研究所刘春晶、解刚、王玉海、胡海华;宁夏水利厅任舒、牛惠、任存东;胜利石油管理局王敦生、邱新德、陈锡银、付超、侯今;天津水运工程科学研究院王艳华;位山灌区管理处许晓华、李春涛、连维强、陈文清、姜海波;小开河引黄灌溉管理局王景元、韩小军、庞启航;簸箕李引黄灌溉管理局房本岩、刘丽丽、姚庆峰;黄河河口管理局聂莉莉、李延波、张长英。因此,本书也包含了这些同志的劳动结晶。在研究工作的过程中,得到了宁夏水利厅、宁夏水科所、宁夏惠农县水务局、胜利石油管理局、滨州市水利局、簸箕李引黄灌溉管理局、位山灌区管理处等单位的大力支持与帮助,在此一并表示诚挚的感谢!

　　由于时间仓促,水平有限,书中难免存在欠妥或谬误之处,恳请读者批评指正。

**作　者**

2010 年 1 月

# 目 录

# 上 篇

## 引黄灌区泥沙治理

# 第 1 章　引黄灌区基本情况

## 1.1　引黄灌区自然地理概况

### 1.1.1　地理地貌

黄河由西南向东北穿越华北大平原的全境。由于长期的泥沙淤积作用,河床平均高出两侧地面 3 ~ 5 m,局部地区达 10 m 以上,成为世界著名的悬河[1]。黄河两侧地面,由大堤向外倾斜,黄河河床成为该地区地表水和地下水的分水岭,使广大的平原以黄河为界将南北分别划归淮河流域和海河流域。分析黄河引黄灌区地貌可知,引黄灌区往往地面坡降平缓,位居河南省境内地面坡降多在 1/4 000 ~ 1/6 000;山东省境内地面坡降一般在 1/5 000 ~ 1/10 000;河口地区地面坡降更缓,多在 1/10 000 以下。由于黄河历史上多次决口、改道、泛滥,在大平原上遍布着古河床、古漫滩和沙丘岗地等,加之现代河流作用和人类活动的影响,引黄灌区内岗洼间续分布,形成了内部错综复杂的微地形地貌特征[2]。

### 1.1.2　气候和水文

引黄灌区位于我国东部季风区的中纬度地带,受到冬夏季风的强烈影响,季节变化特别明显。冬季受蒙古高压的控制,当极地大陆气团南下时,首当其冲,偏北风盛行,冷锋过境,气温猛降,可出现沙暴或降雪。因其来自大陆,湿度不够高,降雪不多。夏季则在大陆低气压范围内盛行偏南风,亚热带太平洋气团可直达本地区,空气湿润,当受到北方冷气流的扰动时,形成降水。

引黄灌区所在地区多年平均降水量在 550～670 mm。该地区
降水在季节分配上高度集中,夏季 6、7、8 三个月降水占全年降
水量的 60%～70%,冬季仅占 5%,春季占 15% 左右,秋季占 20%
左右。7 月份是雨量最集中的月份,月均降水可达 200 mm 左右。
1 月为雨量最少的月份,一般在 5 mm 以下。暴雨频发是引黄灌区
降水的特点,强大的暴雨在平原发生的洪水,造成严重的灾害。降
水年变率一般在 20%～30%,以冬季和春季年变率最大。年降水
量最大的年份,可达 1 400 mm 以上,最小的年份仅百余 mm,这是
导致旱涝的根本原因[3]。

### 1.1.3　植被和土壤

引黄灌区的基本地带性植被为落叶阔叶林。以散生的槐树、
榆树、臭椿树等居多。在沿海盐渍土上有盐生植被,在沙地上有沙
生植被,在洼地有沼泽植被。经过人类长期的利用与改造,人工栽
培的植物占很大的面积,以农作物为主。本地区的地带性土壤,自
东向西,依次为棕壤、黑色土和黑垆土。在黑垆土地带,在不断遭
受侵蚀的黄土上形成发育不成熟的绵土。在平原内部,在积水或
受到地下水浸润的地方,形成湿土类型。前者为沼泽土,可称之为
水成土壤。后者为草甸土,称为半水成土。滨海地区,因海水侵
渍,形成盐土[4]。

## 1.2　引黄灌区历史发展过程

早在北宋年间就开始有引黄河水和淤灌农田。民国年间也曾
修建了一些虹吸工程,但引水规模较小,利用时间较短。新中国成
立后,引黄灌溉事业真正开始跨入新的发展历程,50 多年引黄灌
溉事业的发展,彻底改变了引黄灌区农业生产落后、人民生活贫困
的面貌,使其成为我国重要的粮棉生产基地[5-7]。

伴随着新中国的成长历程,引黄灌溉事业也经历了初办、大办、停灌、复灌到稳固发展的几个阶段,走过了曲折坎坷的发展道路。新中国成立伊始,国家即着手兴建引黄济卫工程,即现在的人民胜利渠灌溉工程。为了积累经验,1950 年 3 月在山东省利津县试办了綦家嘴引黄放淤闸工程,设计引水流量 1.0 $m^3/s$,当年放水试验成功。1950 年 10 月国家批准了引黄灌溉济卫工程,于 1952年 3 月工程建成投入运用,当年浇地 1.9 万 $hm^2$。这是黄河第一个大型自流引黄灌溉工程。1955~1957 年间,河南省先后兴建花园口、黑岗口引黄工程,两灌溉工程设计引水能力 120 $m^3/s$,淤灌土地 4.3 万 $hm^2$。1956 年山东省在汛前完成虹吸工程 24 个,设计引水能力 160 $m^3/s$,设计灌溉面积 37.3 万 $hm^2$。同年兴建打渔张引黄闸和刘春家引黄灌区。打渔张闸设计引水流量 120 $m^3/s$,设计灌溉面积 11.3 万 $hm^2$。在引黄灌溉初期,由于工程建设严格按设计要求,取得了较好的灌溉效益和改碱效果[8]。

1958 年,在全国“大跃进”形势下,引黄灌溉工程建设也出现了大干快上的局面,在短短的一、二年时间内,共兴建引黄闸 22座,设计引水能力高达 3 361 $m^3/s$,设计灌溉面积达到 536.5 万$hm^2$。当时灌溉工程不配套,管理粗放,灌区实行大引、大蓄、大灌。1959 年全年引水量达 163 亿 $m^3$,引沙量达 6.4 亿 t。在有灌无排的情况下,致使地下水位上升,灌区出现大面积内涝和土壤次生盐碱化。盐碱地面积由 1957 年的 54.7 万 $hm^2$ 猛增到 1962 年的 141.7 万 $hm^2$,粮棉产量大幅度减产。1962 年国家下达了除人民胜利渠作为试验保留其 1.3 万 $hm^2$ 继续引黄灌溉外,所有引黄灌区全部停灌。

1965 年,黄河流域严重干旱,河南、山东两省分别向国家要求扩大人民胜利渠引黄灌溉规模和恢复打渔张灌区引黄灌溉。在认真总结引黄灌溉工作经验教训,统一引黄灌溉的思想认识,加强用水管理,并大力开展引黄科学研究工作的基础上,引黄灌溉事业沿着稳固、健康发展的道路不断发展[9]。目前,引黄灌区灌溉面积已达733.3万 hm²,占全国灌溉面积的13.8%,其中,仅河南、山东两省就建成667 hm²以上灌区96个,总设计引水能力3 363.5 m³/s,设计灌溉面积304.9万 hm²,实际灌溉面积185.9万 hm²。建成了相当规模的灌、排工程,形成了旱能灌、涝能排的农田灌排水利体系[10]。引黄灌区不仅承担着沿黄地区工农业和城市供水任务,同时还承担了引黄入卫、引黄济津、引黄济青等跨流域调水任务,已成为华北地区国民经济发展的生命线。

## 参 考 文 献

[1] 钱宁,万兆惠.泥沙运动力学[M].北京:科学出版社,1983.
[2] 胡春宏.我国江河治理与泥沙研究展望[J].水利水电技术,2001(1).
[3] 蒋如琴,彭润泽,黄永健,等.引黄渠系泥沙利用[M].郑州:黄河水利出版社,1998.
[4] R·A·拜格诺.风沙及荒漠沙丘物理学[M].钱宁,林秉南,译.北京:科学出版社,1959.
[5] 胡春宏,王延贵,等.流域泥沙资源化配置关键技术问题的探讨[J].水利学报,2005,36(12).
[6] 蒋如琴,彭润泽,等.引黄渠系泥沙利用及对平原排水影响的研究[R].北京:中国水利水电科学研究院,1995.
[7] 王延贵,胡春宏.引黄灌区水沙综合利用及渠首治理[J].泥沙研究,2000(2).
[8] 蒋如琴,戴清.黄河下游引黄灌溉及发展对策[C]//第三届海峡两岸水利科技交流研讨会论文集.北京:中国水利水电科学研究院,1997.
[9] 汪恕诚.资源水利——人与自然和谐相处[M].北京:中国水利水电出版社,2003.
[10] 曹文洪,戴清,方春明,等.引黄灌区水沙配置与关键技术研究[M].北京:中国水利水电出版社,2008.

# 第 2 章　引黄灌区泥沙治理概论

## 2.1　引黄灌区泥沙问题

黄河以泥沙含量高著称于世,引黄灌区在引水的同时,也把大量的黄河泥沙带进了灌区灌排系统,极大威胁了引黄灌区灌排工程的运行与管理,同时巨量黄河泥沙的处理加剧了引黄灌区区域生态环境恶化,所以引黄灌区面临的主要矛盾仍然是黄河泥沙问题,从某种意义上讲,泥沙问题处理的成败是引黄灌区是否能够实现可持续发展的关键[1]。由于受地理条件的限制,引黄灌区渠道存在设计断面宽浅、距离长、级数多等问题,难以满足渠道沿程输沙能力的要求,所以引黄灌区泥沙主要淤积在骨干渠道等灌排系统的中枢位置,难以实现用水流将大多数黄河泥沙输运至支、斗、农渠及田间的理想状态。典型引黄灌区泥沙淤积分布表明,有70%以上的引黄泥沙淤积在沉沙池及灌排渠系中,50%以上的引黄泥沙淤积在黄河两岸宽约 15 km 的狭长条带内,这样的分布结果给人类社会活动带了一系列危害[2]。

### 2.1.1　泥沙淤积降低了渠道的输水输沙能力,影响了灌区的正常运行

渠道是灌区灌排系统组成的关键部位,其输水输沙功能的实现是灌区正常运行的保证。渠道泥沙淤积直接影响渠道输水输沙功能的实现,其输水输沙能力的降低使灌区难以正常运行。一次引水过程造成的渠道泥沙淤积可能并不突出,但累积性的淤积会大幅降低渠道自身的输水能力。图 2-1 为簸箕李引黄灌区 2005

年夏秋灌渠道干渠典型断面淤积图,由图可见,簸箕李引黄灌区干渠在一次夏秋灌过程中过水断面面积损失35%左右,输水能力大大降低,如果不进行清淤处理,将直接影响随后的冬灌和春灌的正常运行。渠道淤积造成自身输水能力下降的同时,也造成了输沙能力的调整,尽管对于具体的某些时段,渠道的局部段,由于输水能力的下降,使输沙能力的调整复杂多变,但总体而言,与黄河下游河道输沙类似,渠道输沙同样具有多来多排的规律,其输沙能力可用下式表达[1]:

$$Q_s = KQ^\alpha S_{上}^\beta \qquad (2\text{-}1)$$

式中　　$Q_s$——渠道输沙率;

　　　　$Q$——渠道流量;

　　　　$S_{上}$——上站含沙量;

　　　　$K$——系数。

分析式(2-1)可知,渠道自身的过流能力 $Q$ 降低,必然导致输沙率 $Q_s$ 减小,而且根据文献[1]的研究成果,式(2-1)中的指数 $\alpha$ 大于1,表明 $Q_s$ 随 $Q$ 的减小是大于1的指数关系,即 $Q_s$ 减小的剧烈程度大于 $Q$ 减小的剧烈程度,导致渠道淤积更为严重,其输水输沙能力将进一步降低,进入了恶性循环的状态,直接影响了灌区的正常运行。

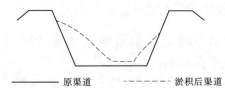

———— 原渠道　　------- 淤积后渠道

**图 2-1　簸箕李引黄灌区 2005 年夏秋灌渠道干渠典型断面淤积图**

## 2.1.2　泥沙淤积造成清淤难度越来越大,费用逐年升高

为了保证引黄灌区的正常运行,引黄灌区管理部门每年都要

耗费大量的人力、物力、财力对渠道进行清淤,日积月累,渠道两侧堆积的泥沙越来越宽、越来越高,已达到了灌区人力、机械清淤的极限高度。每年的清淤只有采用人机结合的方法,方可勉强完成,且作业相对高差大,人机混杂,事故时有发生,清淤费用逐年升高。渠道两侧泥沙堆积的大量增加,也使随风雨而进入渠道的泥沙数量有所增长,年非引水性泥沙清理费用也随之升高[3]。

## 2.1.3 渠道清淤堆沙占压耕地面积巨大且呈逐年增长之势

为减小清淤施工的难度,渠道清淤清出的泥沙都是沿渠道两侧堆放,以一些典型灌区为例,位山灌区东西输沙干渠两侧,清淤出的泥沙形成了四条长 15 km、宽 70 多 m、高近 7 m 的沙垄,面积达 400 hm$^2$;三义寨灌区在输水干渠两侧有长约 5 km、高 1 ~ 6 m、宽 40 ~ 50 m 的弃沙。上述情况在引黄灌区普遍存在,部分典型引黄灌区清淤堆沙面积统计见表 2-1。为了维护灌区的正常运行,清淤工作年复一年,清淤堆沙面积逐年增长,以位山灌区为例,近年来,由于向天津送水,增加了泥沙的处理负担,清淤堆沙正在以每年 16.8 hm$^2$ 的速度向外扩展。由于清淤堆沙不可能无限制地堆高,只能逐渐向渠道两侧占压土地,而渠道两侧往往是高产的良田,所以清淤堆沙将直接侵占耕地,面积巨大,且呈逐年增长之势[4]。

表 2-1 黄河下游部分引黄灌区清淤堆沙面积统计

| 项目 | 灌区名称 | | | | | | | | |
|---|---|---|---|---|---|---|---|---|---|
| | 谢寨 | 刘庄 | 苏阁 | 位山 | 潘庄 | 李家岸 | 簸箕李 | 韩敦 | 马扎子 |
| 清淤堆沙面积（hm$^2$） | 247 | 423 | 200 | 403 | 1 388 | 651 | 860 | 193 | 400 |
| 年均增长速度（hm$^2$/a） | 10.3 | 17.6 | 8.3 | 16.8 | 73.0 | 32.6 | 35.9 | 8.1 | 16.7 |

### 2.1.4　清淤堆沙严重破坏了引黄灌区周边生态环境

　　清淤堆沙在引黄灌区渠道两侧形成了面积巨大的人造沙漠,对引黄灌区周边生态环境的危害主要表现为两种方式:一是水沙流失,在遇到降雨天气时,引黄灌区渠道两侧的清淤堆沙极易遭到雨水的侵蚀,而且降雨强度越大,水沙流失越严重。据簸箕李引黄灌区现场观测,随着降雨增强,清淤堆沙高处的泥沙顺着雨水一边流进渠道,造成重复性淤积,一边向周边的良田流动,不仅淹没了庄稼,而且造成良田沙化。二是风沙运动,在干燥多风的春冬季节,引黄灌区大范围沙尘天气十分频繁,推移运动的大量沙粒在清淤堆沙表面 30~50 cm 的垂向范围内形成了一层沙云,顺着风向,朝渠道两侧良田跃移前进,直接侵占耕地,加剧了良田的沙化,同时,悬移运动的细颗粒泥沙横向输移距离长,纵向达到的高度高,对引黄灌区周边几千米甚至是上百千米范围内的生态环境和人类生产生活危害极大。据簸箕李引黄灌区现场观测,大风天气时,灌区黄沙满天飞,天日为之变色,大量泥沙在空中飘移,整个灌区笼罩在一个巨大的沙幕中,能见度大大降低,行人呼吸都会感到困难。

### 2.1.5　排水河道的负担加重

　　引黄灌区黄河泥沙的严重淤积,使引黄灌区渠系输水输沙能力降低,造成大量泥沙随灌溉尾水进入排水河道,使排水河道退水退沙的负担加重。尤其是靠近引黄灌区渠系的排水河道,不仅要承泄引黄灌区渠系的引黄退水,同时,由于清淤堆沙高度和宽度的增加,随风雨进入排水河道的泥沙量趋大,降低了排水河道的行洪标准,加剧了排水河道的淤积程度。

### 2.1.6　泥沙淤积危害方式的综合分析

　　综合上述泥沙淤积危害的分析,理顺泥沙淤积造成各种危害之间的关系,我们可以得出引黄灌区泥沙淤积危害方式示意图,如图 2-2 所示,由图可见,泥沙淤积造成各种危害并不是相互独立的,而是存在一种衍生关系。泥沙淤积对渠道自身的影响是降低了输水输沙能力,对渠道边界产生的影响是造成排水河道的负担加重;引黄灌区渠系输水输沙能力的下降,导致引黄灌区难以正常运行,必须采取清淤处理的方式,由此衍生出泥沙淤积第二层次的危害,对于清淤工作本身的危害,主要是由于清淤工作年复一年,致使清淤难度越来越大,费用逐年升高。对于清淤泥沙堆放造成的危害主要表现为两种方式,一是清淤堆沙占压耕地面积巨大且呈逐年增长之势,二是清淤堆沙严重破坏了引黄灌区周边生态环境,其破坏生态环境的方式是通过水沙流失和风沙运动来实现的,水沙流失使引黄灌区大量良田受到沙化的威胁,而风沙运动极大地危害了引黄灌区人民正常的生产生活[5]。

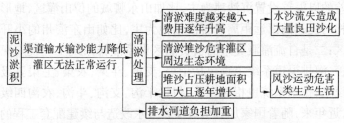

**图 2-2　引黄灌区泥沙淤积危害方式示意图**

因此,水沙治理是引黄灌区水资源开发利用中的重要课题,是推动引黄灌区可持续发展,长期发挥引黄灌区社会经济生态效益的关键问题。深入研究引黄灌区水沙分布规律、水沙运动规律,在此基础上实现将引黄泥沙由点至线、由线至面的全面转移,对于合理利用黄河水沙资源、优化引黄灌区水沙资源配置,促进引黄灌区的可持续发展具有重要的意义,同时对其他多沙河流的引黄灌区的运行和发展也有重要的借鉴和参考价值[6]。

## 2.2　引黄灌区泥沙处理利用

### 2.2.1　引黄灌区灌溉类型

引黄灌区根据所处区域自然地理环境特点,形成了适应自身发展的灌溉类型,具体灌溉类型分述如下:

(1)自流灌溉类型。在沿黄地形坡度较大的地区,由于黄河水位与引水渠道水位差距较大,能够形成有利于输水输沙的水面比降,这些区域的引黄灌区的灌溉大多采取自流灌溉方式,而且自流灌溉类型引黄灌区占所有引黄灌区的比例最大,如河南省的绝大部分引黄灌区和山东省的大部分引黄灌区。自流灌溉类型的引黄灌区有一些共性,一是自流灌溉类型的引黄灌区一般设有专门的沉沙区,沉沙区位置依据灌区具体地形条件而定,地形条件相对较差的以渠首设置沉沙池为主,比如山东聊城的位山灌区,地形条件相对优越的以远距离设置沉沙池为主,比如山东滨州的小开河灌区;二是自流灌溉类型的引黄灌区渠系灌排系统工程设施配套完善,灌排渠道系统工程包括干渠、支渠、斗渠、农渠、毛渠五级配套设施,排水系统也相对完善,包括干沟、支沟、斗沟、农沟四级配设,近年来,随着国家加大引黄灌区节水改造与续建配套工程的投资,自流灌溉类型的引黄灌区渠系灌排系统各级工程衬砌硬化发展迅速。

(2)提水灌溉类型。在沿黄地形坡度较缓的地区,由于黄河水位与引水渠道水位差距较小,不能形成满足渠系输水输沙的水面比降,这时引黄灌区的灌溉采取提水灌溉方式,如位于黄河三角洲的山东省东营市,提水灌溉的面积所占比例较大。提水灌溉类型的引黄灌区的主要特征表现为:一是依据引黄灌区具体地形条件,如果引黄灌区渠道上段采取了自流灌溉方式,渠道下段采取了提水灌溉方式,那么,为了严格限制过量的泥沙进入提水灌溉渠道,引黄灌区沉沙池一般布设在采取了自流灌溉方式引黄灌区渠道上段;二是提水灌溉类型的引黄灌区修建提水灌溉设施主要包括集中提水的中小型提灌站和分散提水的流动提灌站两种类型,与集中提水的中小型提灌站相比,分散提水的流动提灌站具有小型、轻便、灵活、使用分散、节省投资、便于管理等突出优点,所以面上的提水灌溉大多为分散提水的流动提灌站;三是提水灌溉类型的引黄灌区渠系工程一般采用灌排渠系合一的模式,其优点是节省土地、便于用水管理、有利于节水,其缺点是容易加重排水河道的淤积,抬高地下水位,所以在运行过程中,应加强灌排功能的调节作用,提高渠道的输水输沙能力。

(3)井渠结合灌溉类型。在沿黄地下水资源丰富的某些地区,人们通过长时间探索,总结出了这种井渠结合灌溉类型的引黄灌溉方式。实践证明,井灌与渠灌的结合运用不仅没有矛盾,反而取得了相互补充、相得益彰的良好效果,一方面渠灌可补充井灌水源不足的缺陷,井灌可补充渠灌供水不及时的不足,保证工农业用水急需的水源;另一方面井灌能够起到防止地下水位抬高的作用,渠灌能够保证井灌效益的最大发挥。在发展井渠结合灌溉类型时,为充分发挥灌溉工程效益和提高引黄灌区水资源综合利用率,我们应做好引黄灌区水资源综合开发利用整体规划工作,力争对引黄灌区井渠工程合理布局、统筹安排,加强引黄灌区水资源统一调配和管理运用工作[7]。

## 2.2.2 国外典型灌区泥沙处理利用

世界范围内,随着人类文明社会的发展,兴建灌溉工程历史悠久。公元前5000~前3000年,埃及的尼罗河流域、美索不达米亚平原,印度的印度河流域以及中国的黄河流域,人们就开始修建灌溉工程用以引水灌溉。公元前250年前后,李冰在中国四川省岷江上修建的都江堰水利工程可谓举世闻名,都江堰灌溉渠首规划布置科学合理,充分体现了中国古代劳动人民的聪明才智,创造了至今运行良好的奇迹,是无坝取水的典范。其他国家世界著名的大型取水工程主要包括:美国科罗拉多河上的帝国坝取水工程、印度柯西河上的柯西堰东干渠渠首工程、苏联卡拉达里亚河上的卡姆贝尔－拉瓦特取水工程等,下面对其泥沙处理利用逐一进行介绍:

(1)美国科罗拉多帝国坝灌区[8]。帝国坝引水枢纽是一座带拦河壅水坝的引水枢纽,右岸为引水进加利福尼亚的全美灌溉大渠,左岸为引水进亚利桑那州的吉拉总干渠。全美灌溉大渠渠首有4个弧形堰闸门,闸门下游分4条进水渠道,水流可通过4条水道进入4个沉沙池,4条水道均有闸门,以便沉沙池的水在需要时能够通过排水道排出。4个沉沙池均被长锥形分水道分成两部分,每半个沉沙池各布置12台刮泥机,每台刮泥机都有一个长臂,长臂可以通过轴心驱动机械而旋转。上述工程机械措施,可大幅度降低沉沙池中的水流流速,在沉沙池底沉积的泥沙采用旋转式刮泥机进行排沙清淤。排沙的方式是使刮泥机连续不断地转动,附着于悬臂上的斜向刮泥片不断地将淤积泥沙拨向刮泥机的轴心方向,而后流入轴心部的集沙槽内,最后再将刮泥机集泥槽内的泥沙用冲沙水流冲入加利福尼亚人工水道,通过水力冲沙结合机械辅助清淤沉沙池的方式,成功地解决了入渠泥沙问题。

(2)印度柯西河上的柯西堰东干渠灌区[9]。柯西堰引水枢纽修建于1973年,位于尼泊尔境内比姆那如附近的柯西河上。干渠设计流量424 $m^3$/s,灌溉着印度比哈尔邦萨哈沙和普尔尼两个灌区。在东干渠渠首段离进水闸0.69 km处修建了引渠式冲沙廊道。引渠式冲沙廊道修建在干渠渠底和右侧,通过它将进水闸后引渠中的粗颗粒和中颗粒泥沙依靠水力冲刷到下游河床中去。引渠式冲沙廊道的泄量为干渠流量的15%。廊道进口部分有 4 条厢式冲沙槽,每条冲沙槽分别连接 6 条冲沙廊道,进口处用曲线导流墙分割开。冲沙槽、冲沙廊道长度均为 100 m,然后用一条排沙渠汇集 24 条冲沙廊道的冲沙水流,将泥沙排入下游河床。引渠式冲沙廊道利用高差和水力冲沙,对于干渠的排沙效果比较明显。

(3)苏联卡姆贝尔-拉瓦特取水工程[10]。卡姆贝尔-拉瓦特取水工程是费尔干式,布置原则是正面引水,侧面排沙。依据弯道横向环流理论,当水流经过弯曲段时,由于离心力的作用所产生的横向环流,表层含沙量较小的水流流向凹岸进水闸,而含沙量较高的底层水流流向凸岸,当泥沙到达凸岸时,依靠冲沙廊道的吸力和廊道内螺旋水流所具有的巨大输沙能力,将泥沙排至下游河道,保证进水闸前水流畅通。卡姆贝尔-拉瓦特取水枢纽在进水闸前设一道台阶式曲线挡沙闸槛,人工弯道造成的横向环流更因在进水闸前的曲线挡沙槛而得到加强。

## 2.2.3 引黄灌区泥沙处理模式

### 2.2.3.1 渠首沉沙池集中处理模式

引黄灌区,不论是自流灌溉、提水灌溉还是井渠结合灌溉,往往采用将引进的黄河水首先引入在渠首设置的沉沙池,使相当一部分泥沙,尤其是较粗颗粒泥沙在沉沙池中集中淤沉下来,以保证各级渠道的正常运行。引黄初期,在一定时期内,由于沿黄两岸有大量低洼盐碱荒地存在,自流沉沙条件也较好,所以利用渠首沉沙池集中淤沉泥沙是长期以来引黄泥沙处理的主要方式。至 1990 年底,河南省共规划沉沙池面积 2.7 万 hm²,使用 84 处,总面积 0.94 万 hm²,沉沙 1.5 亿 m³;山东省开辟沉沙池 4 万 hm²,沉沙 8.13 亿 m³。沉沙池的运用方式有自流沉沙和扬水沉沙两种。自流沉沙又包括以挖待沉自流沉沙。黄河下游引黄灌区 1958 ~ 1990 年间共引进泥沙 38.65 亿 t,年均引沙量为 1.33 亿 t,其中淤积在沉沙池的沙量共 12.84 亿 t，占总引沙量的 33.22%。其中河南省范围灌区淤积泥沙 2.27 亿 t，占总引沙量 15.79 亿 t 的 14.38%；山东省境内灌区淤积泥沙 10.57 亿 t，占总引沙量 22.86 亿 t 的 46.2%。至此，山东省境内 26.7 万 hm² 低洼地中使用面积已达 75%。而整个黄河下游地区沉沙池以挖待沉的运用，占地面积已达 4.6 万多 hm²，加上放淤改土 23.2 万 hm² 和 12 万 hm² 淤改区，沿黄两岸的低洼地已使用殆尽。以山东位山灌区（见图 2-3）为例，1970 ~ 2004 年间累计引沙 3.28 亿 m³，同期清淤泥沙 1.22 亿 m³，而沉沙池共清淤泥沙 0.72 亿 m³，占总清淤量的 59%。采取以挖待沉的方式，年复一年的清淤泥沙在输沙渠和沉沙池区形成了高出地面 7 ~ 15 m 以上的沙质高地 1 486.6 万 hm²，造成农民赖以生存的耕地大量减少，更严重的是土地沙化严重恶化生态环境，目前经初步治理 666.7 hm²。在沉沙池区农作物产量和生产水平仅有区域外的 50% 左右，群众人均纯收入低于灌区平均水平，形成了新的局部贫困区，带来严重的社会问题[11]。

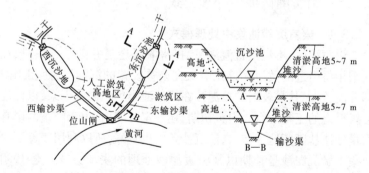

**图 2-3　山东位山灌区泥沙处理及清淤断面示意图**

胡家岸一级沉沙池[12]、邢家渡灌区二级沉沙池[13]，受地形条件限制：若按湖泊形布置，大部分泥沙将淤积在沉沙池进口，而下游淤积较轻，沉沙不均匀，将给管理运用带来极大的不便；若按梭形条渠布置,条渠距离太短,沉沙效果不好,且破坏了农田整体布局,给耕作带来不便,综合考虑采用了迂回式沉沙池,如图2-4所示。在灌溉渠道渠底较低,坡降较缓,实行远距离输沙、分散分布泥沙难度较大的灌区,尤其是引黄提水灌区,引入的泥沙需要在渠首地区加以处理,而渠首地区洼地减少,扩建新的沉沙池十分困难,因此相当一部分灌区不得不继续采用在渠首附近自流沉沙,以挖待沉。

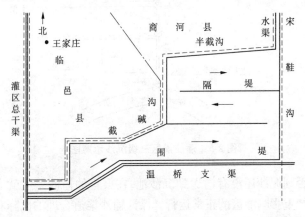

图2-4 邢家渡灌区二级沉沙池改建工程布置示意图

## 2.2.3.2 远距离输沙集中处理模式

当引黄灌区渠首段没有沉沙条件,而灌区下游地区又有可供沉沙的天然低洼地时,这类灌区将借助灌区输沙渠道,挟沙水流通过输沙渠道把泥沙尽可能向中、下游地区输沙,在沉沙池区集中沉沙。如山东滨州市小开河灌区,沉沙池设置在距渠首51 km的无棣县境内低洼盐碱区。山东潘庄灌区,采取在70多km的输沙渠上设置3个沉沙池,实行三级沉沙(见图2-5)。位山灌区在距渠首15 km处设置东、西两个沉沙条渠等,都属于这一性质,类型不同而已。远距离输沙,集中沉沙方法,渠道保证一定的挟沙能力是

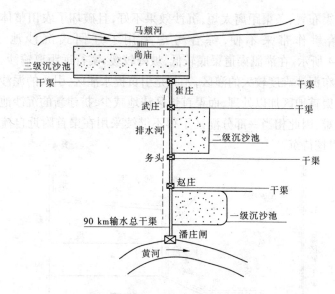

图 2-5　潘庄灌区三级沉沙示意图

关键,否则泥沙还没有输送到沉沙池,在渠首的输沙渠道就大量淤积,将严重影响灌区的正常运行。保证输沙渠道合理的比降和断面参数非常重要,同时输沙渠道的运行条件也直接关系到能否顺利地把泥沙向沉沙池输送。以位山灌区为例,该灌区分设东、西输沙渠,下接东、西沉沙条渠。运行情况两者则完全不同,东输沙渠保持了年内冲淤平衡,而西输沙渠泥沙淤积严重。分析比较两者的差别:输沙渠本身的设计条件:西输沙渠道设计流速大于东输沙渠,水流速度是水流挟沙能力的主要因素;引沙条件基本相当;引水条件:西输沙渠小引水流量的概率大于东输沙渠道,引水条件不利,长期小流量引水是造成泥沙淤积的原因之一。分析西输沙渠泥沙严重淤积的原因后得到的认识是,东、西输沙渠设计和实际运行条件相差甚远,最直接的比较是两者运行过程中水面比降的特征[4]。东、西输沙渠渠底比降分别为 1/6 000 和 1/6 000～1/7 000,引水过程中东输沙渠的水面比降不论小流量引水还是大流量引水均大于渠底比降,最大水面比降达1/4 322;而西输沙渠正好相反,不论小流量引水还是大流量引水,均远小于渠底比降,最小的水面比降为1/11 017。对输沙渠的水流输沙来说,起决定作用的已不再是渠道的渠底比降了。西输沙渠水面比降减小的主要原因是西输沙渠尾西沉沙池口泥沙淤高,后者的淤积面高程高出前者淤积面约1 m,达到35.8 m。按照设计要求,当沉沙池进口淤积面高程达到34.8 m时,就必须清淤。实际运行中不可能达到这一要求。西输沙渠严重淤积的基本图形是以沉沙池进口泥沙淤积导致向输沙渠淤积的溯源淤积为主要特征,之所以形成这一特征,与输沙渠、沉沙池、干渠这一系统的边界条件有关。东输沙渠下接3 km的沉沙池,沉沙池进口高程34.70 m、出口高程34.58 m,比降1/23 000,一干渠引水闸闸底高程为32.59 m,形成一个跌坎直下降线,在一干渠进口到沉沙池进口3 km的范围内有2.0 m的落差,必然形成强烈的自沉沙池出口向上游的溯源冲刷,其范围可影响到东输沙渠,形成一冲刷比降,而西输沙渠,西沉沙池,总干渠至二、三干渠系统则是另一个与之完全不相同的情况。西沉沙池南北长6~7 km,沉沙池进口高程34.81 m,出口高程34.5 m,比降1/20 000。西输沙渠出口渠底高程34.82 m。西沉沙池由出口下接3.5 km长的总干渠,沉沙池出口闸底高程为34.36 m,则总干渠出口高程33.93 m,比降为1/8 000;总干渠下接二干渠进口周店闸,闸底高程32.39 m。在从沉沙池进口到总干渠长约10.5 km的范围内,其高差仅为2.42 m,不可能形成溯源冲刷,沉沙池进口的淤积面抬高就不可避免了。归结起来,远距离输沙、集中沉沙方法能否获得成功,取决于输沙渠道本身的设计参数,包括比降和断面尺寸,还有输沙渠道的运行条件。除引水流量外,输沙渠、沉沙池、输水渠作为一个整体的边界条件,设计上是否形成有利的水流输沙条件显得尤为重要[4]。

### 2.2.3.3　远距离输沙分散处理模式

此种处理方式就是远距离输沙、分散沉沙及输沙入田相结合,如河南祥符朱灌区及山东曹店灌区、麻湾灌区等。曹店灌区[14]由打渔张引黄灌区五干渠改建独立以来,在设计和改造上朝有利于泥沙减淤的方向发展(见图2-6)。输水干渠长50 km,沿渠道建有大小泵站50余处,其中在渠中28 km、渠尾50 km两处设置耿井、广南扬水站,建立相应的沉沙蓄水两用水库。通过优化输水渠道断面和设置提水浮动泵站,降低渠道侵蚀基准面,提高渠道输水输沙能力,并将泥沙输送到沉沙条渠内,形成"人造小黄河"式的沉沙池,在沉沙的同时,淤积形成蓄水水库的外堤,形成沉沙与蓄水两用水库的共同建设,而且沉沙池淤积抬高越多,蓄水水库的容积也就越大,从而达到水沙综合利用的效果。多年能够保持年内的冲淤平衡,其中45%的来沙被低于干渠渠底的沿渠提水站抽出干渠,其余55%的泥沙抽送到两座沉沙水库。麻湾灌区总干渠长23 km,设计引水能力60 m³/s,利用14 km处的节制闸和渠尾的抽水站进行低水位运行,加大了渠道水面比降。输沙渠在土渠的情况下,将泥沙输送到支渠、斗渠和田间,已实现连续4年不清淤,输沙入田的泥沙量达到总引沙量的60%。这些成功的经验显示了提水灌溉对渠道输沙的作用,是非常值得推广的。此外,胡春宏等[1]对引黄取水新模式中引水复式断面的合理性、浮动泵站溯源冲刷及环形条渠泥沙均匀淤积的可能性等方面进行了理论分析,

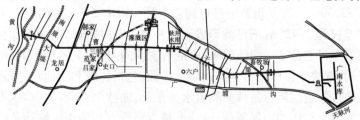

图2-6　曹店灌区示意图

初步论证了引水新模式具有一定的合理性。

### 2.2.3.4 渠道清淤处理模式

引黄灌区的渠系清淤,包括沉沙池以挖待沉、灌溉渠系和排水河道的清淤等,是泥沙处理的方法之一。据统计,河南省引黄灌区年清淤量约1 500万m³,占年引沙量的34%;山东省到1990年,引黄灌区仅干渠以上清淤量累计达5亿m³,占年引沙量的28.4%。沉沙池以挖待沉是作为常用的运行模式,年复一年的淤积—清淤—淤积,将大量清淤泥沙堆积在沉沙地区。而灌溉渠系的淤积主要是指输沙渠道的部分。输沙渠道泥沙淤积的原因如下:

(1)渠道比降小。黄河下游引黄灌区地处华北平原中部,地面坡降小,一般在1/4 000以下,尤其是山东地区地面坡降更缓,一般在1/6 000~1/10 000,局部地区在1/10 000以下,客观上造成了大部分灌区的渠道比降缓。如山东潘庄灌区总干渠有50 km的渠段,其比降仅为1/12 000~1/13 000,致使渠道的自然输沙能力低,造成渠道淤积。

(2)黄河河床不断淤高,引水分沙比增大。黄河河床在20世纪90年代前,平均每年淤高10 cm左右。引黄灌区中相当大一部分引黄闸是建于20世纪七八十年代前,经过多年运用,随着黄河河床的逐年抬高,闸底板相对逐步下降,引水时易拉引粗颗粒泥沙进入引水渠道,使得引水分沙比增大,从而导致引水渠道的淤积加重。如山东刘庄灌区引黄闸1983年以后,平均引沙粒径在0.047~0.092 mm,分沙比一般情况下为1:3,最高达2:3。输沙渠虽进行了衬砌渠道和加大渠道比降至1/5 000,但渠道泥沙淤积仍很严重。

(3)沉沙区地面淤高。大多数使用沉沙池的灌区,由于反复多次修建沉沙池,沉沙区地面普遍抬高。其上游的输沙渠尾部渠底高程低于沉沙池底高,造成输沙渠壅水运行,势必形成泥沙在输沙渠道的淤积。与此同时,由于沉沙池达不到设计的沉沙效果,又引起沉沙池以下输水渠道的泥沙淤积。

(4)高含沙期引水。黄河下游地区,特别是山东境内的引黄灌区,受旱情所迫,在黄河干流含沙量大的条件下,灌区不得不开闸引水,造成渠道的严重淤积。1989 年山东省汛期引水,引水量41 亿 m³,仅干渠以上渠道泥沙清淤量就高达 4 910 万 m³,是 80 年代其他年份平均清淤量的 2.4 倍。

(5)渠道断面设计问题。主要是渠道包括糙率系数和水流挟沙能力等设计参数的选定,往往使设计渠道的断面过大,达不到相应的水流挟沙能力,增加了渠道的泥沙淤积。

(6)引水流量达不到设计要求。渠道不能按设计条件运行,特别是当渠道长时间处于大断面、小流量、低流速条件下运行时,往往造成渠道的严重淤积,即使引水含沙量并不高也不例外。位山灌区 2006 年汛后向河北白洋淀送水。西输沙渠设计流量 160 m³/s,实际送水期流量仅为 25 m³/s,历时 4~5 个月,泥沙还是在输沙渠道造成了相当严重的淤积后果。根据合理调配水量的经验,一般来讲,要保持输沙渠道不淤或少淤,引水流量不应少于渠道设计引水流量的 3/4。但据山东省统计资料,渠道多年平均引水量仅为设计引水能力的 50%~60%,有时甚至小于 10%[9-14]。

## 2.2.4　引黄灌区泥沙综合利用

引黄灌区泥沙的综合利用主要有淤改、稻改,淤临淤背,建材加工和农业、生活用土等。

(1)淤改、稻改。截至 1990 年,黄河下游共放淤改良土地 23.2 万 hm²,发展水稻田 12 余万 hm²,在彻底改造低洼盐碱荒地为粮棉生产基地的同时,极大地改善了灌区的生态环境。山东省水利科学院曾对菏泽地区 6.67 余万 hm² 淤改土地作过调查分析,仅农业种植的净效益差就高达 3.7 亿元。1998 年 11 月建成的小开河引黄灌区[15],位于黄河三角州地区。灌区运行前,区内有大面积无法耕种的背河洼地、盐碱地和低产田,其中各类盐碱地占耕地面积的 47.23%,粮食产量仅 3 150 kg/hm² 左右。灌区投入运行后,经过 7 年大规模引黄淤改、浑水入田压盐、灌溉洗盐等各种措施,原来寸草不生的土地变成了棉花的良田。粮食产量均在 7 500 kg/hm²。昔日灌区下游的无棣县境已完全改变了面貌。

(2)淤临淤背。在黄河上利用泥沙淤临淤背。在 20 世纪 50 年代就开始淤顺堤串沟、取土坑塘和洼地以及背河洼地;60 年代实验扬水沉沙固堤;70 年代全面开展机淤固堤。至 1992 年累计淤土 4.03 亿 m³,加固堤防 708.4 km。至今天,可以看到堤后一片片泥沙淤积而成的土地,不论是粮食作物,还是水果树,都成了一道亮丽的风景线。

(3)清淤泥沙,整平堆筑高地,加固渠堤。在集中泥沙的沉沙区,通过对清淤泥沙平整后进行红土盖顶,因地制宜地开展农业、果木、林业等。位山灌区已在沉沙池区开发了沙质高地 666.7 万 hm²。簸箕李引黄灌区结合当地国土部门土地综合治理项目,沿灌区干渠两侧将清淤泥沙机械推平,不仅处理掉长年堆积的清淤泥沙,而且获得了 1 000 万 hm² 土地,种植了花生等经济作物,取得了良好的社会经济效益。小开河灌区在解决沉沙池泥沙的处理问题时,把泥沙作为资源进行合理利用,取得了显著的成绩。小开河灌区沉沙池沉沙占灌区年引沙量的 45.4%,约 40 万 t。如果采取渠首设置沉沙池,每年清淤放沙占地至少需要 26.7 hm²,沉沙池采用"以挖待沉"的管理运行方式,一般清淤在每年的秋冬季节,这时棉花已经收获,清淤、种棉两不误。据统计,已累计淤改土地 100 hm²,年效益达 120 万元。同时也节约了清淤占地,减少了渠道清淤。小开河灌区上游为地上渠,在土方施工填筑堤坝过程中,上游两岸形成了 266 余 hm² 的洼地,无法利用。灌区采取引沙入洼地,再造高地,使之成为能够再利用的土地,有的成为耕地,有的种上了树木,现已累计淤改洼地 133 余 hm²,年效益达到 200 万元。未淤改的则宜渔则渔,宜藕则藕,有效地增加了土地的利用率。小开河输沙渠,右岸顶宽 6.0 m,左岸顶宽 4.0 m,渠顶超出衬砌高 0.5 m,由于是地上渠,填方较大,上游地段渠底高程与原地面同高,渠堤单薄,也曾经发生过引水安全事故,2008 年输沙干渠清淤时,清淤段渠堤普遍加高 0.2 m 左右,将清淤的 3 万 t 土方放置渠堤外侧,用来加固渠堤,增加渠顶宽度 1.0 ~ 3.0 m,加强了工程安全,消除了隐患[15]。

(4)生产建筑材料。传统的"秦砖汉瓦"生产工艺,是以破坏耕地为代价生产黏土实心砖,目前已经被禁止。利用黄河淤沙生产烧结多孔砖具有原料来源广、易开采、产品质量好、不损耕地、发展前景广阔等优点。以山东滨州小开河灌区为例,小开河引黄灌区[15]利用每年引水带进的黄河泥沙,紧靠沉沙池建设了 3 座新型材料厂,采取新技术、新工艺,利用泥沙烧制灰沙砖,取代黏土砖,年可产砖 2 600 万块,利用泥沙约 30 万 t,年产值 338 万元,既消耗了泥沙,每年又节约耕地 10 hm²,变废为宝,一举多得。另一座类似的材料厂,已于 2005 年底前投产使用。引黄灌区的淤积泥沙根据"近沙远泥"的特点,分为淤沙和淤泥两大类。淤沙为浅褐色粉状,沙性松软;淤泥为红色泥块状,塑性指数高,干燥收缩大,干后成硬块不易粉碎。根据取样分析化验,用于建材生产的熔烧温度一般在 980 ~ 1 080 ℃,而黄河淤沙经工艺性试验,其烧成温度在 950 ~ 1 050 ℃,因此可以看出,它与黏土质原料烧成温度相近。从黄河淤沙的基本特性看,它是适宜做黏土质砖瓦的理想原料,并具备一些优势,如颗粒较细,无需破碎,且纯净、杂质少,无料礓石、植物根茎等,用其生产烧结空心砖,可节省原料前处理的投资,并利于成型焙烧。

(5)建设用沙,节省土地。引黄灌区支渠清淤土方经常被分散利用,高速公路建设、新农村建设和城市建设需要大量的土方。

新农村建设主要用于农村宅基、农村公路、水利建设等；城市建设则主要用于城市楼房建筑、城市景观、道路等。引黄灌区泥沙成为抢手的资源，用于高速公路和城市建设的泥沙被卖到 1.5 元/m³。以山东滨州小开河灌区为例[15]，小开河灌区内的西海水库，因直接引用未沉沙黄河水，每年在引水口均沉积大量泥沙，这部分泥沙已由专人承包，水库清淤不花费一分钱；灌区内西水东调支渠 6 km 衬砌渠道外沉积的泥沙也由专人承包，清淤费只是象征性地补助 0.5 元/m³。灌区内泥沙基本被充分利用，没有出现土地沙化，造成环境恶化的现象，并可每年节省建设用土占地 33.3 hm²，节省了大量的土地资源。

(6)农村用土利用。引黄灌区农村用土量较大的就是利用沙土垫圈沤肥。农村有很多的家养牲畜，每天都产生大量的粪便，利用沙土垫圈，可以防潮除臭，减少传染性疾病的发生，对牲畜的饲养有很大的好处。垫圈后的沙土与粪便集中经微生物作用发酵，也可增加落叶、杂草和秸秆等，是很好的农家肥。或者是直接将沙土倒入厕所、粪池进行沤肥。加土的目的一是稀释，避免肥料烧苗，并使施肥均匀；二是使肥料容易晾干使用。农家肥的作用：①提供植物养分；②提高土壤养分的有效性；③改良土壤结构；④培肥地力，提高土壤的保肥、保水力。在引黄灌区农村地区，婴儿出生后有穿沙土的习俗，至今有些还在使用。主要使用方法是：把沙土用细罗筛干净，除去杂质，取土 1 kg 左右，用铁勺炒干炒热除菌，凉至温热，温度约 40 ℃时，放置于 50 cm × 35 cm 左右的长方形棉质布袋中，把土铺平，把婴儿放进去，发现婴儿有尿、便时更换沙土。沙土可就地取材，经济省钱，能够吸湿消炎，清扫方便，而且环保无污染。曾有相关医学对比试验证明，铺沙土比铺尿布可以减小婴儿患尿布皮炎的发生率，对婴儿的运动发育、智力发育无影响[15]。

# 参 考 文 献

[1] 胡春宏,戴清,张燕菁,等.引黄取水新模式与水沙综合利用研究[R].北京:中国水利水电科学研究院,2001.

[2] 周宗军.引黄灌区泥沙远距离分散配置模式及其应用[D].北京:中国水利水电科学研究院,2008.

[3] 张治昊,戴清,等. 黄河下游引黄灌区清淤堆沙对生态环境的危害与防治[C]//第三届黄河国际论坛论文集.郑州:黄河水利出版社,2007.

[4] 蒋如琴,彭润泽,黄永健,等. 引黄渠系泥沙利用[M]. 郑州:黄河水利出版社, 1998.

[5] 张治昊,胡春宏. 黄河下游引黄灌区渠道淤积危害与治理措施[C]//第七届全国泥沙基本理论会议论文集.西安:西安理工大学出版社,2007.

[6] 胡春宏,王延贵,等. 流域泥沙资源化配置关键技术问题的探讨[J].水利学报,2005,36(12).

[7] 蒋如琴,彭润泽,等. 引黄渠系泥沙利用及对平原排水影响的研究[R].北京:中国水利水电科学研究院,1995.

[8] 莫塞西雅斯,刘文喜,科罗拉多. 科罗拉多河帝国坝引水枢纽的防沙排沙问题[J].新疆水利科技,1982(3).

[9] 高士. 柯西堰引水枢纽及其东岸干渠的防沙排沙设施[J].新疆水利科技,1982(3).

[10] 莫克纳曼多夫,澳夫杜罗洛夫,刘文喜,等. 费尔干式引水枢纽及其新一代枢纽的改进设施[J].新疆水利科技,1982(1).

[11] 李春涛,许晓华. 位山引黄灌区泥沙淤积原因及处理对策[J].泥沙研究,2002(2).

[12] 牛连华.迂回式沉沙池在胡家岸引黄灌区的应用[J].山东水利,2001(11).

[13] 张杰. 迂回式沉沙池在邢家渡引黄灌区的应用[J].人民黄河,1994(4).

[14] 李雪,刘韶华.曹店灌区干渠泥沙长距离输送技术研究[J].人民黄河,2003,25(5).

[15] 王景元,吴春友. 小开河引黄灌区建设绿色生态型灌区[J].中国水利,2005(11).

# 第3章　簸箕李引黄灌区水沙分布与运动规律研究

## 3.1　簸箕李引黄灌区基本情况

　　簸箕李引黄灌区位于黄河下游北岸的山东省滨州地区,纵贯惠民、阳信和无棣三个县,是黄河下游大型灌区之一,纵长 106 km、横宽 30 km,控制面积 3 010 km²,设计灌溉面积 10.9 万 hm²。灌区始建于 1959 年,1962 年停灌,1966 年复灌。经过多次改建和扩建,引黄规模不断扩大,灌溉面积从 60 年代的 1.7 亿 m³ 增加到 90 年代的 5.5 亿 m³,灌区粮食单产增加 4 倍,棉花单产增加 5 倍[1]。簸箕李引黄灌区以沉沙条渠、总干渠、二干渠和一干渠为主要输水输沙渠道,为一级渠道,其中二干渠在 1988 年进行扩建,总干渠 1991 年底进行边坡衬砌;支渠为二级渠道;斗农渠为三级灌溉渠道。簸箕李引黄灌区灌溉系统基本是树枝状,而且除一级渠道外,基本上是灌排一条渠。同时,簸箕李引黄灌区纵贯徒骇河、沙河、勾盘河、白杨河和德惠新河等几条大的排水河,灌排系统如图 3-1 所示,这些河道为灌区排涝、灌溉发挥了巨大的作用。簸箕李引黄灌区内不同区域的灌溉方式是不同的,上游(条渠和总干渠)是自流灌溉,中游(一干渠和二干渠上游)是提水灌溉,二干渠下游无棣段为提水和水库蓄水并用的灌溉方式[2]。

　　簸箕李引黄灌区运行多年,为本地区的发展发挥了巨大作用。但是簸箕李引黄灌区也存在一些问题,主要是渠首沉沙条渠的泥沙淤积问题[3]。每年平均清淤 127.78 万 t,占总引沙量的 28.02%。受渠首沉沙条件的限制,簸箕李引黄灌区采用以挖待沉

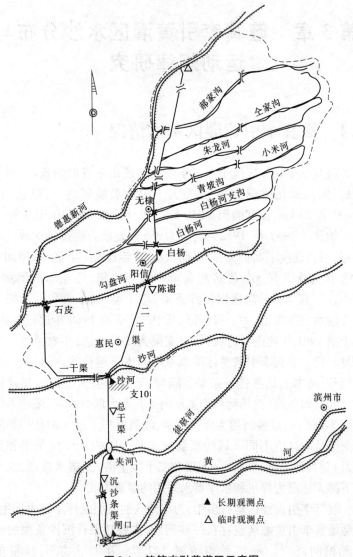

图 3-1　簸箕李引黄灌区示意图

的方式来处理泥沙,造成的结果是条渠两侧泥沙堆积如山,形成人造沙漠。受刮风下雨因素的影响,堆沙将会大量搬移,使条渠两侧沙化土地进一步恶化和扩大,渠首群众生活受到了很大的损害。簸箕李引黄灌区管理部门及渠首地区人民政府重视科学,在加强管理、渠首治理措施和长远规划方面做了大量工作。同时,中国水利水电科学研究院结合黄淮海农业科技开发项目,也对渠首综合治理经验总结、淤改、高低闸优化调度等[4]。

　　引黄灌区渠道是灌区灌排系统的重要组成部分,下面对簸箕李引黄灌区渠道的水力几何形态具体介绍。簸箕李引黄灌区干级渠道总长度 132.5 km,骨干渠道主要由沉沙条渠、总干渠、一干渠、二干渠四部分组成。沉沙条渠包括东、西沉沙条渠,两条渠在桩号 13+350 处结合,目前使用东、西条渠联合调度。沉沙条渠全长 22.5 km,东条渠设计引水流量 75 m³/s,西条渠设计引水流量 55 m³/s。条渠以前是簸箕李引黄灌区集中处理泥沙的场所,渠底设有 3 个不同的比降:0+000～5+488 为 1/5 000;5+488～21+500 为 1/5 500;21+250～21+869 为 -1/670。其目的就是多沉沙,减少泥沙向下游输送。20 世纪 90 年代,灌区为了调整条渠泥沙淤积分布,有利于泥沙远距离输送,把渠底比降调整为:0+000～5+500 为1/5 500;5+500～22+000 为 1/7 000。目前,东条渠设计流量 75 m³/s,设计水深 2.2 m,底宽 34 m,设计边坡 1:2,渠底比降 1/7 000。沉沙池一直采用东闸东条渠的运用方式,2007 年 4 月,受黄河调水调沙影响,闸前水位大幅下降,东闸几乎引不出水来,灌区启动了西引黄闸应急调水工程,重新启用了西引黄闸[5]。现灌区对西条渠进行了疏浚,配套了部分建筑物,实现了东、西引黄闸联合调度引水。总干渠全长 16 km,1993 年衬砌前为土渠,设计底宽 28～31 km,为宽浅式输水渠,淤积相当严重。为了达到减淤的目的,灌区于 1993 年投资 1 200 万元对总干渠进行了混凝土板缩窄衬砌。全渠段边坡衬砌,设计流量 55 m³/s,设计底宽

23 m,设计边坡 1∶2。自 1993 年底以后,底宽由 30 m 缩窄至 23 m,同时进行边坡衬砌和改造阻水建筑物,流速提高 1.2 倍,输水能力由原来的 45 m³/s 提高到 55 m³/s,衬砌达到了预期目的,使渠道较以前变得相对窄深,接近水力最优断面,出现了大水或低含沙量时微冲,小水或高含沙量时微淤的交替平衡状态,至今没有清淤。一干渠始建于 20 世纪 50 年代末,该渠逆地势西行并与沙河紧靠并行,全长 27 km,设计底宽 6 m,设计水深 1.8 m,设计边坡 1∶1.5,底坡 1/7 000,设计输水能力 10 m³/s。二干渠全长 65 km,采用地上渠与地下渠相结合的形式,于 1990 年秋后进行扩建,底宽从 10 m 增至 14~15 m,底坡从 1/7 000 增至 1/6 000~1/7 000,其中上段底坡 1/7 000,无棣以下底坡 1/10 000,输水能力由原来的 25 m³/s 提高到 40 m³/s。改造后的渠道设计指标见表 3-1[6]。

表 3-1　簸箕李引黄灌区干渠渠道改造后设计指标[6]

| 干渠名称 | 桩号 | 纵比降 | 流量(m³/s) | 底宽(m) | 边坡 | 水深(m) |
|---|---|---|---|---|---|---|
| 东条渠 | 0+000~5+500 | 1/5 500 | 75 | 34 | 1∶2 | 2.2 |
| | 5+500~22+000 | 1/7 000 | 65 | 34 | 1∶2 | 2.2 |
| 总干渠 | 0+666~10+000 | 1/7 000 | 55 | 24 | 1∶2 | 2.2 |
| | 10+000~14+860 | 1/7 000 | 55 | 22 | 1∶2 | 2.2 |
| 二干渠 | 0+000~19+600 | 1/7 000 | 40 | 15 | 1∶2 | 2.3 |
| | 19+600~32+009 | 1/6 000 | 30 | 14 | 1∶2 | 2 |
| | 32+009~65+000 | 1/10 000 | 30 | 15 | 1∶2 | |
| 一干渠 | 0+000~10+500 | 1/7 000 | 10 | 6 | 1∶1.5 | 1.8 |
| | 10+500~27+000 | 1/10 000 | | 6 | 1∶1.5 | 1.8 |

## 3.2 簸箕李引黄灌区水沙分布规律

引黄水沙在灌区的分布是一个十分复杂的问题,与灌区的自然地理环境、引水引沙条件、泥沙处理方法、工程设施状况及农作物种植结构等都密切相关。掌握灌区水沙的分布规律,是有效进行灌区水沙优化配置的基础。本节以簸箕李引黄灌区为例,进行具体分析。

### 3.2.1 灌区引水引沙特征

#### 3.2.1.1 引水引沙年际变化特征

簸箕李引黄灌区 1985~2006 年多年平均引水量 4.66 亿 $m^3$,多年平均引沙量 406.73 万 t。图 3-2 为簸箕李引黄灌区 1985~2006 年引水引沙过程,由图可知,簸箕李引黄灌区 1985~2006 年整个引水引沙过程有两大特征:

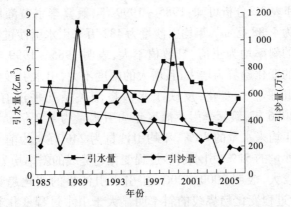

**图 3-2 簸箕李引黄灌区 1985~2006 年引水引沙过程**

(1)引水引沙过程年际变化的幅度比较大,最大值出现在

1989 年,年引水量高达 8.53 亿 $m^3$,年引沙量高达 1 099.21 万 t;最小值出现在 2004 年,年引水量为 2.69 亿 $m^3$,仅为 1989 年最大值的 31.5%,年引沙量低达 83.8 万 t,仅为 1989 年最大值的 7.6%。

(2)引水过程变化趋势线的斜率较小,表明引水过程的整体变化趋势为略有减小;引沙过程变化趋势线的斜率明显大于引水过程变化趋势线的斜率,表明引沙过程的整体变化趋势为减小,且引沙量减小的幅度大于引水量减小的幅度,从侧面反映出引水引沙的水沙搭配关系发生了变化。

仔细观察簸箕李引黄灌区 1985～2006 年引水引沙过程线,不难发现,簸箕李引黄灌区 1985～2006 年引水引沙数据在周期振荡的同时,以黄河小浪底水库投入运行时间为界的 1985～1999 年、2000～2006 年两个时段,数据的变化趋势有所不同。图 3-3 为簸箕李引黄灌区两时段引水引沙过程对比,表 3-2 为簸箕李引黄灌区两时段年引水引沙年际变化特征统计。结合图 3-3 和表 3-2 分析可知:1985～1999 年,簸箕李引黄灌区年均引水量为 4.88 亿 $m^3$,年均引沙量为 482 万 t,引水引沙过程变化趋势线的斜率均为正值,且数值不大,表明 1985～1999 年引水引沙量的变化趋势为增大,且增大的幅度不大,引水引沙两变化过程线几乎平行变化;反映了水沙搭配关系几乎没有变化;2000～2006 年,簸箕李引黄灌区年均引水量为 4.2 亿 $m^3$,为前一时段年均来水量的 86%,年均引沙量为 246 万 t,为前一时段年均引沙量的 51%,引水引沙过程变化趋势线的斜率均为负值,且数值较大,表明 2000～2006 年引水引沙量的变化趋势为减少,引沙过程变化趋势线的斜率明显大于引水过程变化趋势线的斜率,表明 2000～2006 年引沙量减少的幅度大于引水量减少的幅度。

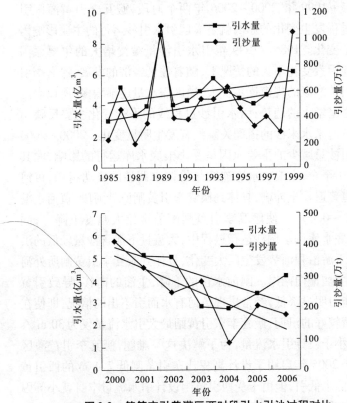

图3-3　簸箕李引黄灌区两时段引水引沙过程对比

表3-2　簸箕李引黄灌区两时段年引水引沙年际变化特征统计

| 时段 | 引水量（亿 m³） | | 引沙量（万 t） | |
|---|---|---|---|---|
| | 多年平均值 | 占前时段（%） | 多年平均值 | 占前时段（%） |
| 1985～1999 年 | 4.88 | | 482 | |
| 2000～2006 年 | 4.2 | 0.86 | 246 | 0.51 |

影响灌区引水引沙过程的因素包括黄河来水来沙条件、灌区时段需水情况、灌区系统实际运行状况、灌区系统运行管理水平

等。1985～1999年、2000～2006年两个时段,簸箕李引黄灌区引水引沙过程发生变化的原因就是灌区引水引沙运行的主要影响因素发生了变化。1985～1999年引水引沙量缓慢增大的主要原因是在其他因素变化不大的情况下,随着灌区经济的发展,簸箕李引黄灌区引黄灌溉的规模逐步扩大,灌区需水量逐渐增多,所以灌区引水量也呈增大的趋势;引水引沙过程线的平行变化主要反映出该时段黄河来水来沙的搭配关系没有发生明显变化。2000～2006年引水引沙量减少的主要原因是受小浪底水库运行的影响,尤其是2002年至今,小浪底水库连续年份调水调沙的成功运用,黄河下游河道普遍发生冲刷,具体到簸箕李引黄闸所处河段,黄河主槽冲深0.7～0.75 m,使簸箕李引黄闸闸前水位大幅度下降[7];同时,小浪底水库调水调沙运行过程中,大流量下泄含沙量较低的洪水,黄河下游沿程河势发生巨大变化,具体到簸箕李引黄闸所处河段,黄河主溜偏向南岸。闸前水位的下降,主溜的南移,导致引黄闸引水能力明显降低,经常出现黄河有水而引不出的情况,即使在黄河水情较好的汛期,簸箕李东引黄闸最大引水流量仅为30 m³/s左右,远小于设计引水流量,为了解决这一难题,簸箕李引黄灌区管理局于2005年启用了设计高程比东引黄闸低2.1 m的西引黄闸,进行低水低引,但由于受西引黄闸设计引水流量本身就小等因素的影响,引水能力降低的情况只是有所缓解,并未得到根本解决。2000～2006年引沙量的减少大于引水量的减少,主要原因是小浪底水库投入运行,黄河下游水沙搭配关系发生明显改变,黄河来水的含沙量大幅度降低,簸箕李引黄灌区的引沙量必然大幅度减少。

### 3.2.1.2　引水引沙年内分配特征

灌区引水引沙的多少与灌区时段需水量密切相关,而每年不同的引水季节,灌区时段需水量明显不同,所以灌区引水引沙的年内分配随着引水季节的变化,表现出很强的规律性[8]。表3-3为

表3-3 簸箕李引黄灌区引水引沙年内分配特征统计

| 时段 | 引水量 | | | | | | 引沙量 | | | | | |
|---|---|---|---|---|---|---|---|---|---|---|---|---|
| | 春灌 | | 夏秋灌 | | 冬灌 | | 春灌 | | 夏秋灌 | | 冬灌 | |
| | 均值(亿 m³) | 比例(%) | 均值(亿 m³) | 比例(%) | 均值(亿 m³) | 比例(%) | 均值(万 t) | 比例(%) | 均值(万 t) | 比例(%) | 均值(万 t) | 比例(%) |
| 1985~1999年 | 2.88 | 59 | 1.16 | 24 | 0.84 | 17 | 202.75 | 42 | 225.99 | 47 | 53.21 | 11 |
| 2000~2006年 | 2.63 | 63 | 1.34 | 32 | 0.23 | 6 | 154.76 | 63 | 87.00 | 35 | 4.45 | 2 |
| 1985~2006年 | 2.80 | 60 | 1.22 | 26 | 0.65 | 14 | 187.48 | 46 | 181.77 | 45 | 37.70 | 9 |

簸箕李引黄灌区引水引沙年内分配特征统计,由表可知,1985~2006年簸箕李引黄灌区春灌年均引水量2.80亿 m³,占全年年均引水量的60%;夏秋灌年均引水量1.22亿 m³,占全年年均引水量的26%;冬灌年均引水量0.65亿 m³,占全年年均引水量的14%。所以,簸箕李引黄灌区引水引沙年内分配的第一特征为春灌引水最多,夏秋灌引水次之,冬灌引水最少。这一特征明显与灌区年内不同引水季节的需水规律相符合。簸箕李引黄灌区引水引沙年内分配的另一个特征表现为引水引沙年内分配的不同步性,由表3-3可见,1985~2006年簸箕李引黄灌区春灌年均引沙量187.48万 t,占全年年均引沙量的46%;夏秋灌年均引沙量181.77万 t,占全年年均引沙量的45%;冬灌年均引沙量37.70万 t,占全年年均引沙量的9%。与灌区引水年内分配对比分析可知,灌区春灌引水比例达60%,而引沙比例为46%;灌区夏秋灌引水比例仅为26%,而引沙比例却高达45%;灌区冬灌引水比例仅为14%,而引沙比例更小,仅为9%。由此反映出引水引沙年内分配的不同步性,夏秋灌引水比例虽然不大,但夏秋灌引沙量却相对较大,春灌和冬灌引水比例较大,引沙量相对小一些。造成这种现象的主要原因是,灌区引沙量取决于引水量的大小和黄河来水来沙的搭配关系,相同引水量情况下,引水含沙量越高,引沙量越大,由于夏秋灌期间为黄河汛期,黄河来水来沙的含沙量远高于非汛

期,所以夏秋灌引水量虽然不大,引沙量却几乎占全年沙量的一半。

　　在簸箕李引黄灌区引水引沙年内分配全时段基本特征不变的同时,1985～1999年、2000～2006年两个时段引水引沙年内分配又各有不同,主要表现为以下几个特征:①较前一时段,2000～2006年春灌引水量略有减少,夏秋灌引水量略有增多,冬灌引水量显著降低;②无论春灌、夏秋灌还是冬灌,2000～2006年引沙量均为减少,分别为前一时段的76%、38%和8%,由此可见,尤其是2000～2006年夏秋灌和冬灌,引沙量减少的幅度很大;③从引水比例看,相对前一时段,2000～2006年春灌、夏秋灌的引水比例明显增大,冬灌引水比例大幅减小;④从引沙比例看,有两个明显特征:一是在春灌引水比大于夏秋灌引水比的情况下,1985～1999年夏秋灌引沙比大于春灌引沙比,而2000～2006年转变为夏秋灌引沙比小于春灌引沙比,二是2000～2006年出现了引水引沙比例比较接近的情况,从侧面反映出该时段汛期、非汛期引水含沙量比较接近。图3-4为簸箕李引黄灌区1985～2006年引水引沙年内分配过程线。

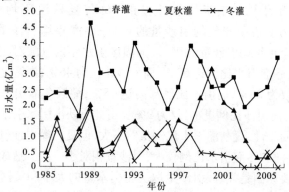

图 3-4　簸箕李引黄灌区 1985～2006 年引水引沙年内分配过程线

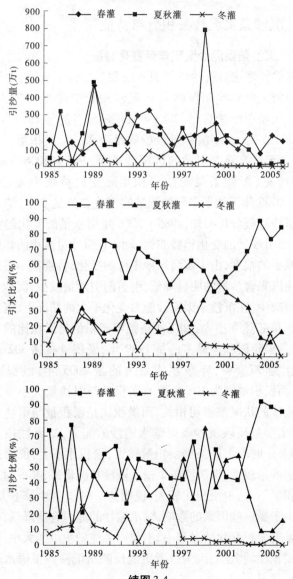

续图 3-4

### 3.2.2　沉沙条渠泥沙淤积分布特征

#### 3.2.2.1　沉沙条渠泥沙淤积年际变化特征

　　采用输沙率法对沉沙条渠泥沙淤积量进行了计算,由计算结果可知,1985~2006年沉沙条渠泥沙淤积多年平均值为61.6万t,占引黄闸引沙量的15.2%;年淤积量最多的是1989年,淤积量高达302.5万t,年淤积量最少的是1998年,淤积量仅为4.1万t。图3-5是簸箕李引黄灌区沉沙条渠1985~2006年淤积过程,由图可见,沉沙条渠泥沙淤积年际变化特征主要表现为:①1985~2006年沉沙条渠年淤积量的变化趋势是变小,结合引黄闸引水引沙过程分析可知,1985~2006年引水量的变化趋势为略有减小,而引沙量的变化趋势亦为减小,且引沙量减小的幅度大于引水量减小的幅度,由于黄河水沙条件的变化,特别是小浪底水库投入运用以来含沙量的明显降低,引黄闸引沙量减少,沉沙条渠进口的沙量减少,在沉沙条渠输沙能力变化不大的情况下,沉沙条渠的年淤积量必然变小[9];②沉沙条渠年淤积量与淤积比的不协调性,沉沙条渠年淤积量最多的是1989年,淤积量高达302.5万t,而淤积比为27.5%,年淤积比最大的是2005年,淤积比高达53.4%,而淤积量则为108.8万t,淤积量与引沙量大小及沉沙条渠输水输沙的状况都密切相关,而淤积比是淤积量与引沙量的比值,其值主要是反映沉沙条渠输水输沙的能力,二者往往互不协调,比如某一时段沉沙条渠淤积量较大,淤积比不大,说明这一时段虽然引沙量较大,但沉沙条渠输水输沙状况良好,某一时段沉沙条渠淤积量不大,但淤积比较大,说明这一时段引沙量不大,但沉沙条渠由于受一些因素的影响,输水输沙的能力有所降低,所以分析沉沙条渠淤积变化的过程中,不仅要关注淤积量的大小,同时也应关注淤积比的大小,因为后者更能反映出沉沙条渠输水输沙的实际运行状况。

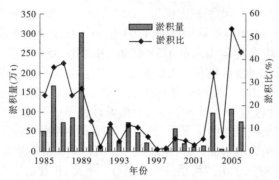

图 3-5　簸箕李引黄灌区沉沙条渠 1985～2006 年淤积过程

　　分析簸箕李引黄灌区沉沙条渠所处的位置和实际运行情况,沉沙条渠泥沙淤积年际变化过程主要受引黄闸引水引沙条件、沉沙条渠自身的边界条件、总干渠及其以下渠道的运行情况等主要因素的影响。表 3-4 为簸箕李引黄灌区沉沙条渠不同时段年际变化特征统计,由表可知,1985～2006 年,簸箕李引黄灌区沉沙条渠泥沙淤积年际变化随水沙条件和边界条件的变化可分为四个时段,对比分析四个时段沉沙条渠泥沙淤积特征的变化如下:1985～1989 年,沉沙条渠泥沙淤积较为严重,年均淤积量高达 135.69 万 t,从年均淤积比 29.54% 的数值可反映出,该时段泥沙淤积严重不仅包括引水引沙量较大的原因,还包括由于下边界条件运行的影响造成的沉沙条渠运行不畅,输水输沙能力受限等其他原因。1990～1999 年, 沉沙条渠泥沙淤积程度明显降低,年均淤积量仅

表 3-4　簸箕李引黄灌区沉沙条渠不同时段年际变化特征统计

| 项目 | 时段 | | | |
|---|---|---|---|---|
| | 1985～1989 年 | 1990～1999 年 | 2000～2004 年 | 2005～2006 年 |
| 年均淤积量(万 t) | 135.69 | 35.01 | 28.78 | 91.75 |
| 年均淤积比(%) | 29.54 | 7.11 | 10.69 | 48.63 |

为 35.01 万 t，年均淤积比仅为 7.11%，结合引水引沙过程分析可知，1990～1999 年年均引水量 4.93 亿 $m^3$，引沙量 492.8 万 t，而 1985～1989 年年均引水量 4.79 亿 $m^3$，引沙量 459.4 万 t，在比前一时段引水引沙量略有增大的情况下，沉沙条渠泥沙淤积减轻主要有两个原因：一是 1988 年以前二干渠沙河至白杨段渠底宽仅为 10 m，设计流量 $Q = 25$ $m^3/s$，二干渠设计流量的不足经常会造成在对下游集中供水的情况下，沉沙条渠段下游的壅水运行，大大降低了沉沙条渠的水面比降，从而减小了沉沙条渠的输水输沙能力，1988 年底对二干渠沙河至白杨段进行了改造，扩建底宽至 14～15 m，设计流量 $Q = 30～40$ $m^3/s$，90 年代投入运行后，由于下游渠道输水通畅，沉沙条渠段下游壅水运行的情况明显好转，沉沙条渠水流挟沙能力必然得到相应提高；二是经过多年的灌区运行的实践探索，簸箕李引黄灌区工程技术人员不断提高引水引沙过程的管理运行水平，90 年代后，在相同水量情况下，尽量采取大流量引水，避免高含沙引水等有效的引水引沙管理措施，明显改善了沉沙条渠进口水沙条件，对减少沉沙条渠淤积发挥了巨大作用[10]。2000～2004 年，沉沙条渠泥沙淤积程度进一步降低，年均淤积量仅为 28.78 万 t，由于小浪底水库的投入运行，进入黄河下游河道的含沙量明显降低，由该时段灌区年均引水量 4.36 亿 $m^3$，比前一时段只是略有减少，而年均引沙量 269.2 万 t，比前一时段减少了 45.4% 可以反映出来，所以年均淤积量值降低的主要原因就是小浪底水库的运用造成灌区引沙条件发生了变化。与前一时段相比，尽管年均淤积量绝对值减少，但年均淤积比却有所增大，为 10.69%，分析其主要原因是渠道输沙率与流量的 $n$ 次幂呈线性正相关关系，其中指数 $n$ 值大于 1，所以由引水流量的降低造成的输沙率的降低的程度较大。因此，2000～2004 年，尽管引水流量降低的幅度不大，但由此引起的渠道输沙能力的降低却很明显，年均淤积比必然有所增大。2005～2006 年，沉沙条渠泥沙淤积非常严重，年均淤积量达 91.75 万 t，年均淤积比更是高达 48.63%，造成这种现象的主要原因是 2005 年后，由于小浪底水库调水调沙的成功运用,黄河下游河床普遍冲刷,簸箕李东引黄闸闸前水位下降,致使有水引不出,不得不启用西引黄闸,西引黄闸设计高程比东引黄闸低2.1 m,即西沉沙条渠的进口高程比东沉沙条渠的进口高程低2.1 m,而东、西沉沙条渠的出口高程一致,所以西沉沙条渠纵比降仅为1/22 000左右,远小于东沉沙条渠纵比降1/5 500左右,纵比降过缓,水流流速低,挟沙能力小是该时段淤积严重的主要原因,同时,西引黄闸的设计引水流量本身就小,依靠大流量冲刷减淤的策略也难以实现[11]。

### 3.2.2.2　沉沙条渠泥沙淤积年内分配特征

从年内分配角度出发,不同的引水季节簸箕李引黄灌区沉沙条渠泥沙淤积特征也有所不同,图3-6为簸箕李引黄灌区沉沙条渠1985~2006年淤积年内分配过程,表3-5为簸箕李引黄灌区沉沙条渠淤积年内分配特征统计。分析图3-6与表3-5可知:

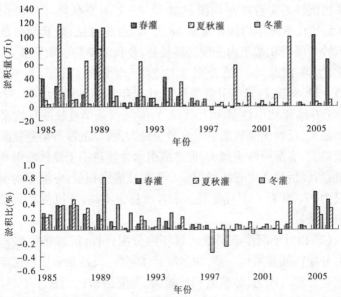

图3-6　簸箕李引黄灌区沉沙条渠1985~2006年淤积年内分配过程

表 3-5　簸箕李引黄灌区沉沙条渠淤积年内分配特征统计

| 时段 | 1985～1989 年 | | 1990～1999 年 | | 2000～2004 年 | | 2005～2006 年 | | 1985～2006 年 | |
|---|---|---|---|---|---|---|---|---|---|---|
| | 淤积量 (万 t) | 淤积比 (%) | 淤积量 (万 t) | 淤积比 (%) | 淤积量 (万 t) | 淤积比 (%) | 淤积量 (万 t) | 淤积比 (%) | 淤积量 (万 t) | 淤积比 (%) |
| 春灌 | 50.26 | 26.43 | 13.01 | 6.13 | 2.45 | 1.98 | 83.54 | 51.49 | 25.49 | 15.60 |
| 夏秋灌 | 56.09 | 27.30 | 18.28 | 7.85 | 27.88 | 19.77 | 7.27 | 32.79 | 28.05 | 15.43 |
| 冬灌 | 29.34 | 46.56 | 6.25 | 12.94 | -0.04 | -0.93 | 0.94 | 22.07 | 9.58 | 25.43 |

（1）具体到某一年份，沉沙条渠淤积量年内分配没有明显规律，而且变化幅度较大，其主要原因是，影响沉沙条渠泥沙淤积的因素很多，包括引水引沙条件、沉沙条渠边界条件、灌区需水情况、灌区运行情况等，在某个具体年份可能受当时某个具体因素影响较大，难以表现出一定的规律。但从多年平均统计情况来看，沉沙条渠淤积量年内分配规律就凸显出来，1985～2006 年，簸箕李引黄灌区沉沙条渠春灌年均淤积量 25.49 万 t，夏秋灌年均淤积量 28.05 万 t，冬灌年均淤积量 9.58 万 t。由此可见，簸箕李引黄灌区沉沙条渠淤积量年内分配的特征是：夏秋灌年均淤积量最大，春灌次之，冬灌最小。结合引水引沙年内分配特征分析可知，1985～2006 年，簸箕李引黄灌区夏秋灌年均引沙量为 181.77 万 t，小于春灌年均引沙量 187.48 万 t，但沉沙条渠夏秋灌年均淤积量却最大，反映出夏秋灌引水含沙量最大，所以沉沙条渠夏秋灌淤积量最大；春灌引沙量最大，但春灌引水含沙量小于夏秋灌引水含沙量，所以沉沙条渠春灌淤积量小于夏秋灌淤积量；冬灌年均引沙量仅为 37.70 万 t，而且冬灌引水含沙量也不高，所以沉沙条渠冬灌淤积量最小。

（2）相对于沉沙条渠淤积量年内分配过程，沉沙条渠淤积比年内分配特征要明显一些，在多数具体年份，沉沙条渠淤积比年内分配特征都表现为，冬灌淤积比最大，春灌淤积比明显小于冬灌，夏秋灌比春灌淤积比略小。从多年平均统计数据来看，1985～

2006 年,簸箕李引黄灌区沉沙条渠春灌年均淤积比 15.6%,夏秋灌年均淤积比 15.43%,冬灌年均淤积比 25.43%,也与上述具体年份表现的规律一致。冬灌一般发生在沉沙条渠刚刚清淤后,清淤后的沉沙条渠断面变大,而冬灌引水流量往往远小于渠道设计引水流量,小流量大断面过水,水流挟沙力最小,所以沉沙条渠冬灌淤积比最大;沉沙条渠夏秋灌淤积比略小于春灌淤积比,说明尽管夏秋灌引水含沙量明显增大,但夏秋灌引水流量大于春灌引水流量,夏秋灌沉沙条渠渠道输沙能力大于春灌沉沙条渠渠道输沙能力,也从侧面反映出加大引水流量对增大沉沙条渠渠道输沙能力的效果十分明显。

如上所述,1985～2006 年,受水沙条件和边界条件等主要因素变化的影响,簸箕李引黄灌区沉沙条渠泥沙淤积年际变化可分为 1985～1989 年、1990～1999 年、2000～2004 年、2005～2006 年四个时段。事实上,按照年际变化划分的四个时段,簸箕李引黄灌区沉沙条渠泥沙淤积年内分配的特征也各不相同,主要表现为:

(1)一、二时段簸箕李引黄灌区沉沙条渠泥沙淤积量年内分配的特征与全时段特征一致,夏秋灌年均淤积量最大,春灌次之,冬灌最小,两时段不同之处在于由于受二干渠改造和引水引沙管理运行水平提高等因素的影响,在引沙量增大的情况下,无论春灌、夏秋灌、冬灌,二时段沉沙条渠淤积量均有较大幅度降低,仅占一时段淤积量的 21.3%～32.6%。

(2)与一、二时段遵循全时段基本特征不同,三、四时段簸箕李引黄灌区沉沙条渠泥沙淤积量年内分配的特征发生了明显变化。2000～2004 年,沉沙条渠夏秋灌年均淤积量仍最大,但春灌年均淤积量仅为 2.45 万 t,冬灌不仅没有淤积,反而发生了小幅度冲刷,分析其原因主要是小浪底水库的投入运行,非汛期进入黄河下游河道的含沙量明显降低,所以春灌、冬灌沉沙条渠淤积大幅度减少,甚至发生冲刷。2005～2006 年,沉沙条渠春灌年均淤积量最大,高达 83.54 万 t,夏秋灌次之,冬灌最小。春灌淤积量最大的原因:一是西沉沙条渠纵比降太缓,二是春灌期间西沉沙条渠引水流量也不大。夏秋灌由于引水流量有所增大,所以沉沙条渠淤积有所减轻,冬灌最小的原因是该时段冬灌引水引沙很少。

(3)一、二时段簸箕李引黄灌区沉沙条渠泥沙淤积比年内分配的特征与全时段特征一致,冬灌淤积比最大,春灌淤积比明显小于冬灌,夏秋灌比春灌淤积比略小,两时段不同之处在于由于受二干渠改造和引水引沙管理运行水平提高等因素的影响,无论春灌、夏秋灌、冬灌,二时段沉沙条渠淤积比均有较大幅度降低,表明二时段沉沙条渠输水输沙能力有了大幅度的提高。

(4)与一、二时段遵循全时段基本特征不同,三、四时段簸箕李引黄灌区沉沙条渠泥沙淤积比年内分配的特征发生了明显变化。2000~2004 年,春灌年均淤积比仅为 1.98%,冬灌年均淤积比为负值,主要是小浪底水库的投入运行,非汛期进入黄河下游河道的含沙量明显降低造成的[12],而夏秋灌年均淤积比为 19.77%,比二时段夏秋灌年均淤积比 7.85%要高很多,反映出三时段夏秋灌引水流量的降低造成的沉沙条渠输沙率的降低的程度更大,淤积比必然增大。2005~2006 年,沉沙条渠春灌年均淤积比最大,夏秋灌次之,冬灌最小,其分配的特征与原因与年均淤积量年内分配的特征与原因一致,主要是启用西沉沙条渠造成的。

### 3.2.3　总干渠泥沙淤积分布特征

#### 3.2.3.1　总干渠泥沙淤积年际变化特征

采用输沙率法对总干渠泥沙淤积量进行了计算,由计算结果可知,1985~2006 年总干渠泥沙淤积多年平均值为 15.4 万 t,占总干渠引沙量的 4.97%。图 3-7 是簸箕李引黄灌区总干渠 1985~2006 年淤积过程,由图可见,总干渠泥沙淤积年际变化特征主要表现为:

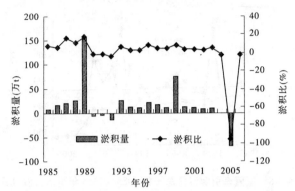

图 3-7　簸箕李引黄灌区总干渠 1985～2006 年淤积过程

（1）1985～2006 年总干渠泥沙冲淤相间,变化幅度较大,淤积年份明显多于冲刷年份。年淤积量最多的是 1989 年,淤积量高达 156.4 万 t,淤积比高达 17.3% ,年冲刷量最大的是 2005 年,冲刷量为 69.5 万 t,反映出总干渠泥沙冲淤变化幅度较大,但 1985～2006 年 22 年间,只有 1990～1992 年、2004～2006 年两个时段 6 个年份总干渠表现为冲刷,所以从长时段运行情况看,总干渠还是以泥沙淤积为主。

（2）1985～2006 年总干渠年淤积量与淤积比总的变化趋势都是变小。图 3-8 是簸箕李引黄灌区总干渠 1985～2006 年引水引沙过程,由图中变化趋势线可见,1985～2006 年进入总干渠的水量略有减小,但由于黄河水沙条件的变化,再加上沉沙条渠的沉沙作用,进入总干渠的沙量减少的幅度较大,进口沙量的减少是总干渠淤积程度减轻,某些时段甚至发生冲刷的主要原因。

总干渠泥沙淤积年际变化过程主要受沉沙条渠运行情况,进口水沙条件,总干渠自身的边界条件,一、二干渠及其以下渠道的运行情况等主要因素的影响。表 3-6 为簸箕李引黄灌区总干渠不同时段年际变化特征统计,由表可知,簸箕李引黄灌区总干渠不同时段泥沙淤积变化特征如下:1985～1989 年,总干渠泥沙淤积较

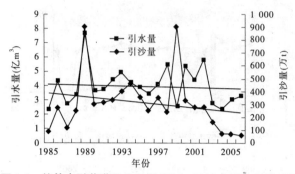

图 3-8　簸箕李引黄灌区总干渠 1985～2006 年引水引沙过程

表 3-6　簸箕李引黄灌区总干渠不同时段年际变化特征统计

| 项目 | 时段 | | | |
|---|---|---|---|---|
| | 1985～1989 年 | 1990～1999 年 | 2000～2004 年 | 2005～2006 年 |
| 年均淤积量(万 t) | 44.99 | 14.83 | 7.23 | −35.41 |
| 年均淤积比(%) | 13.69 | 3.78 | 3.27 | −53.76 |

为严重,年均淤积量高达 44.99 万 t,年均淤积比高达 13.69%,该时段总干渠泥沙淤积严重不仅包括进口水沙量较大的原因,还包括二干渠设计流量的不足会造成总干渠及以上渠道的壅水运行影响。1990～1999 年,总干渠泥沙淤积程度明显减轻,年均淤积量仅为 14.83 万 t,年均淤积比仅为 3.78%。表 3-7 为簸箕李引黄灌区总干渠不同时段引水引沙特征统计,由表可知,1990～1999 年总干渠年均进口水量 4 亿 m³,略小于 1985～1989 年年均进口水量 4.03 亿 m³,而年均进口沙量 392.71 万 t,远大于 1985～1989 年年均进口沙量 328.54 万 t,在比前一时段引水减少引沙增大的情况下,总干渠泥沙淤积减轻的主要原因有三个:一是 1988 年底对二干渠沙河至白杨段渠道的成功改造扩建,改变了由于下游渠道输水不畅,总干渠壅水运行的状况,总干渠输水输沙的能力必然得到相应提高;二是总干渠自身边界条件的改善,1991 年总干渠实施了全面衬砌,衬砌后的渠道,底宽缩窄,宽深比减小,边壁阻力

大为减小,总干渠水流挟沙能力有了很大程度的提高,1990～1992年发生了连续3年的冲刷;三是90年代后,簸箕李引黄灌区注重提高沿程引水引沙的管理运行水平,使引水流量尽可能接近总干渠的设计流量,也在一定程度上提高了总干渠的挟沙能力。2000～2004年,总干渠泥沙淤积程度进一步减轻,年均淤积量仅为28.78万t,年均淤积比仅为3.27%。由表3-6可知,2000～2004年总干渠年均进口水量4.14亿 $m^3$,大于前两时段年均进口水量,而年均进口沙量仅为221.39万t,远小于前两时段年均进口沙量,可见该时段总干渠泥沙淤积程度减轻的原因除第二时段所述边界条件持续良好运行外,主要还是小浪底水库的运用造成灌区引水引沙条件发生变化,使得进入总干渠的沙量大幅度减少。2005～2006年,总干渠发生了冲刷,年均冲刷量达35.41万t,其中2005年发生了强烈冲刷,年均冲刷量高达69.5万t,发生冲刷是灌区渠道输水输沙能力沿程调整的结果。2005年后灌区启用西沉沙条渠,而西沉沙条渠纵比降过缓,使得进入西沉沙条渠的水流的挟沙能力剧减,水流挟带的大量泥沙淤积在西沉沙条渠内,当水流流出西沉沙条渠进入总干渠后,水流的挟沙能力大幅度增加,而经过西沉沙条渠的严重淤沉后,进入总干渠的水流的含沙量变得很低,为了保持输沙平衡,渠道中的水流必须冲起总干渠渠底以往淤积的泥沙进行补充,所以总干渠发生冲刷在所难免。

表3-7 簸箕李引黄灌区总干渠不同时段引水引沙特征统计

| 时段 | 年均引水量(亿 $m^3$) | | | | 年均引沙量(万 t) | | | |
|---|---|---|---|---|---|---|---|---|
| | 春灌 | 夏秋灌 | 冬灌 | 全年 | 春灌 | 夏秋灌 | 冬灌 | 全年 |
| 1985～1989 年 | 2.10 | 1.05 | 0.87 | 4.03 | 115.22 | 168.58 | 44.74 | 328.54 |
| 1990～1999 年 | 2.55 | 1.05 | 0.70 | 4.00 | 164.87 | 186.59 | 38.22 | 392.71 |
| 2000～2004 年 | 2.07 | 1.70 | 0.29 | 4.14 | 99.71 | 114.53 | 5.66 | 221.39 |
| 2005～2006 年 | 2.50 | 0.41 | 0.21 | 3.12 | 51.86 | 10.69 | 3.31 | 65.86 |
| 1985～2006 年 | 2.33 | 1.14 | 0.60 | 3.96 | 128.50 | 150.13 | 29.13 | 309.48 |

#### 3.2.3.2　总干渠泥沙淤积年内分配特征

不同的引水季节簸箕李引黄灌区总干渠泥沙淤积特征也有所不同,图3-9为簸箕李引黄灌区总干渠1985～2006年淤积年内分配过程,表3-8为簸箕李引黄灌区总干渠淤积年内分配特征统计。分析图3-9与表3-8可知:

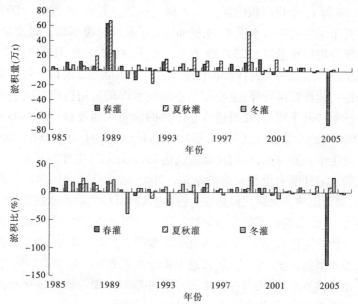

**图3-9　簸箕李引黄灌区总干渠1985～2006年淤积年内分配过程**

(1)1985～2006年,簸箕李引黄灌区总干渠春灌年均淤积量3.56万t,夏秋灌年均淤积量10.01万t,冬灌年均淤积量1.81万t。由此可见,簸箕李引黄灌区总干渠淤积量年内分配的特征是:夏秋灌年均淤积量最大,春灌次之,冬灌最小。由表3-7可知,1985～2006年,簸箕李引黄灌区总干渠夏秋灌年均引沙量为150.13万t,春灌年均引沙量为128.50万t,冬灌年均引沙量为29.13万t, 所以总干渠淤积量年内分配特征与引沙量年内分配特

表 3-8　簸箕李引黄灌区总干渠淤积年内分配特征统计

| 时段 | 1985~1989年 | | 1990~1999年 | | 2000~2004年 | | 2005~2006年 | | 1985~2006年 | |
|---|---|---|---|---|---|---|---|---|---|---|
| | 淤积量(万t) | 淤积比(%) | 淤积量(万t) | 淤积比(%) | 淤积量(万t) | 淤积比(%) | 淤积量(万t) | 淤积比(%) | 淤积量(万t) | 淤积比(%) |
| 春灌 | 18.98 | 16.47 | 4.20 | 2.55 | 2.94 | 2.95 | -36.63 | -70.62 | 3.56 | 2.77 |
| 夏秋灌 | 18.74 | 11.12 | 10.41 | 5.58 | 4.35 | 3.80 | 0.33 | 3.13 | 10.01 | 6.67 |
| 冬灌 | 7.26 | 16.24 | 0.21 | 0.56 | -0.06 | -1.07 | 0.88 | 26.65 | 1.81 | 6.23 |

征一致,符合渠道多来多淤的基本原理。

(2)从多年平均统计数据来看,簸箕李引黄灌区总干渠淤积比年内分配特征与淤积量年内分配特征不尽相同,1985~2006年,簸箕李引黄灌区总干渠春灌年均淤积比2.77%,夏秋灌年均淤积比6.67%,冬灌年均淤积比6.23%。由此可见,簸箕李引黄灌区总干渠淤积比年内分配的特征是:夏秋灌年均淤积比最大,冬灌次之,春灌最小。夏秋灌期间,引水含沙量大,所以总干渠淤积量大,淤积比也高,冬灌期间,淤积量小于春灌,主要原因是冬灌的引沙量远小于春灌,而淤积比却大于春灌,其主要是在淤积较多的年份,总是在冬灌前对总干渠进行一定清淤,致使冬灌期间,总干渠在小流量大断面的情况下运行,水流挟沙力较低,淤积比必然较大。

按照年际变化划分的四个不同的时段,簸箕李引黄灌区总干渠泥沙淤积年内分配的特征也各不相同,主要表现为:

(1)一时段簸箕李引黄灌区总干渠泥沙淤积量年内分配的特征为,春灌最大,夏秋灌次之,冬灌最小。二、三时段发生了变化,淤积量年内分配的特征为,夏秋灌最大,春灌次之,冬灌最小。由表3-8可知,总干渠引沙量一、二、三时段的年内分配特征一致,均为夏秋灌最大,春灌次之,冬灌最小。引沙量年内分配特征没有变化,二、三时段淤积量年内分配的特征发生变化,主要原因是二、三时段边界条件的改善和水沙条件的持续变化,主要包括 1988 年底对二干渠沙河至白杨段渠道的成功改造扩建、1991 年总干渠实施的全面衬砌、沿程引水引沙的管理运行水平的提高、小浪底水库的运用造成进入总干渠的沙量大幅度减少四个方面,从而改变了一时段春灌淤积严重的不合理的年内分配特征。

(2)从量值上看,无论春灌、夏秋灌还是冬灌,总干渠年均淤积量均呈随一、二、三时段逐时段降低的趋势。二、三时段总干渠春灌年均淤积量分别占一时段的 22%、15%,夏秋灌年均淤积量分别占一时段的 56%、23%,冬灌年均淤积量分别占一时段的 3%、-0.8%,说明上述的二、三时段边界条件和水沙条件的变化的四个方面,大大提高了总干渠的水流挟沙能力,减轻了总干渠各个季节的淤积程度。

(3)从淤积比来看,一时段簸箕李引黄灌区总干渠泥沙淤积比年内分配的特征为,春灌最大,冬灌次之,夏秋灌最小。二、三时段发生了变化,淤积量年内分配的特征为,夏秋灌最大,春灌次之,冬灌最小。变化的主要原因与淤积量年内分配的特征变化的原因基本一致。不仅淤积比分配特征变化了,二时段在总干渠淤积比量值上明显低于一时段,而三时段淤积比量值与二时段基本相当。

(4)与前三时段对比,四时段总干渠泥沙淤积年内分配特征明显不同。由于渠道输沙能力的沿程调整,春灌发生大幅度冲刷,夏秋灌和冬灌由于引水引沙很少,发生了少量淤积,引起四时段总干渠泥沙淤积年内分配特征的根本原因还是西沉沙条渠的启用。

### 3.2.4　二干渠泥沙淤积分布特征

#### 3.2.4.1　二干渠沙白段泥沙淤积年际变化特征

二干渠沿程设有沙河、陈谢、白杨三个大测站,因为资料齐全,首先对二干渠沙河至白杨渠段进行分析,以下对二干渠沙河至白杨渠段简称为二干渠沙白段。采用输沙率法对二干渠沙白段泥沙淤积量进行了计算[13],由计算结果可知,1985~2006年二干渠沙白段泥沙淤积多年平均值为 24.5 万 t,占二干渠沙白段引沙量的12.4%。图 3-10 是簸箕李引黄灌区二干渠沙白段 1985~2006 年淤积过程,由图可见,二干渠沙白段泥沙淤积年际变化特征主要表现为:1985~2006 年二干渠沙白段泥沙冲淤相间,变化幅度较大,淤积年份明显多于冲刷年份,淤积量值明显大于冲刷量值。1985~2006 年二干渠沙白段年淤积量最多的是 1989 年,淤积量高达104.13 万 t,年淤积比最高是 2006 年,淤积比高达 32.7%,年冲刷量最大的是 1992 年,冲刷量为 14.96 万 t,年淤积比最低是 1985年,淤积比为 -7.58%,反映出二干渠沙白段泥沙冲淤变化幅度较大。1985~2006 年 22 年间,只有 1985 年、1992 年、1997 年、1998年、2004 年 5 个年份总干渠表现为冲刷,且冲刷量值在 1.02 万~14.96 万 t,远小于淤积量值的变化范围,所以从长时段运行情况看,二干渠沙白段是以泥沙淤积为主。

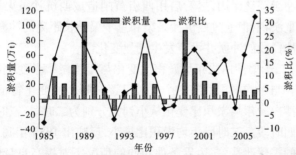

图 3-10 **簸箕李引黄灌区二干渠沙白段 1985~2006 年淤积过程**

表 3-9 为簸箕李引黄灌区二干渠沙白段不同时段泥沙淤积特征统计,由表可知,簸箕李引黄灌区二干渠沙白段随时段的泥沙淤积变化特征如下:

(1)二干渠沙白段年均淤积量随四个时段呈逐渐降低的趋势。一时段二干渠沙白段泥沙淤积较为严重,年均淤积量高达

表 3-9　簸箕李引黄灌区二干渠沙白段不同时段泥沙淤积特征统计

| 项目 | 时段 | | | |
|---|---|---|---|---|
| | 1985～1989 年 | 1990～1999 年 | 2000～2004 年 | 2005～2006 年 |
| 年均淤积量（万 t） | 39.58 | 22.34 | 19.08 | 11.44 |
| 年均淤积比（%） | 21.69 | 8.37 | 14.53 | 23.41 |

39.58 万 t,二、三、四时段逐渐减少,分别为 22.34 万 t、19.08 万 t、11.44 万 t,仅占一时段年均淤积量的 56%、48%、29%。二时段泥沙淤积量降低的主要原因是,1988 年底二干渠沙白段的扩建改造,改善了其自身的输水输沙边界条件,提高了水流挟沙力;三时段泥沙淤积量降低的主要原因是,小浪底水库的运用造成灌区引水引沙条件发生变化,使得进入二干渠沙白段的沙量大幅度减少;而四时段泥沙淤积量进一步降低除上述原因外,还反映出渠道长距离的冲淤调整作用,尽管启用西引黄闸造成西沉沙条渠和总干渠的严重淤积,但通过西沉沙条渠和总干渠的长距离的冲淤调整,二干渠沙白段的冲淤并没有发生剧烈变化。

（2）二干渠沙白段年均淤积比变化与年均淤积量变化的不相协调性。与年均淤积量随四个时段呈逐渐降低的变化特征不同,二干渠沙白段年均淤积比变化从小到大分别为二时段、三时段、一时段和四时段。二时段年均淤积比最小,反映出 1988 年底二干渠沙白段的扩建改造,在边界条件相同的情况下对提高自身的水流挟沙力效果明显;三时段年均淤积比有所升高的原因在于,小浪底水库的运用造成灌区引水引沙条件发生变化,二干渠沙白段都在小流量下过水,渠道的水流挟沙力有所降低;四时段年均淤积比最大,主要还是受启用西沉沙条渠造成的沿程淤积普遍加重的影响。表 3-10 为簸箕李引黄灌区二干渠沙白段不同时段引水引沙特征统计。

**表 3-10 簸箕李引黄灌区二干渠沙白段不同时段引水引沙特征统计**

| 时段 | 年均引水量(亿 m³) | | | | 年均引沙量(万 t) | | | |
|---|---|---|---|---|---|---|---|---|
| | 春灌 | 夏秋灌 | 冬灌 | 全年 | 春灌 | 夏秋灌 | 冬灌 | 全年 |
| 1985~1989 年 | 1.30 | 0.71 | 0.66 | 2.66 | 56.47 | 98.43 | 27.64 | 182.53 |
| 1990~1999 年 | 1.76 | 0.76 | 0.55 | 3.07 | 109.93 | 127.19 | 29.77 | 266.78 |
| 2000~2004 年 | 1.24 | 1.09 | 0.22 | 2.56 | 59.18 | 67.94 | 4.20 | 131.32 |
| 2005~2006 年 | 1.33 | 0.29 | 0.20 | 1.82 | 38.25 | 8.34 | 2.25 | 48.84 |
| 1985~2006 年 | 1.50 | 0.78 | 0.47 | 2.75 | 79.73 | 96.38 | 20.97 | 197.03 |

### 3.2.4.2 二干渠沙白段泥沙淤积年内分配特征

图 3-11 为簸箕李引黄灌区二干渠沙白段 1985~2006 年淤积年内分配过程,表 3-11 为簸箕李引黄灌区二干渠沙白段淤积年内分配特征统计。分析图 3-11 与表 3-11 可知,1985~2006 年,簸箕李引黄灌区二干渠沙白段春灌年均淤积量 8.50 万 t,年均淤积比 10.66%;夏秋灌年均淤积量 14.20 万 t,年均淤积比 14.74%;冬灌年均淤积量 1.66 万 t,年均淤积比 7.93%。由此可见,簸箕李引黄灌区二干渠沙白段淤积年内分配的特征是:夏秋灌年均淤积程度最大,春灌次之,冬灌最小。由表 3-10 可知,1985~2006 年,簸箕李引黄灌区二干渠沙白段夏秋灌年均引沙量为 96.38 万 t,春灌年均引沙量 79.73 万 t,冬灌年均引沙量为 20.97 万 t,所以二干渠沙白段淤积量年内分配特征与引沙量年内分配特征一致,符合渠道多来多淤的基本原理。

簸箕李引黄灌区二干渠沙白段泥沙淤积年内分配随四个时段的变化特征主要表现为:

(1)从淤积量来看,前三个时段二干渠沙白段泥沙年均淤积量年内分配规律一致,均为夏秋灌年均淤积量最大,春灌次之,冬灌最小。结合分析表 3-10 可知,三个时段簸箕李引黄灌区二干渠沙白段年均引沙量年内分配特征均为夏秋灌最大,春灌次之,冬灌最小,所以上述规律符合渠道多来多淤的基本原理。

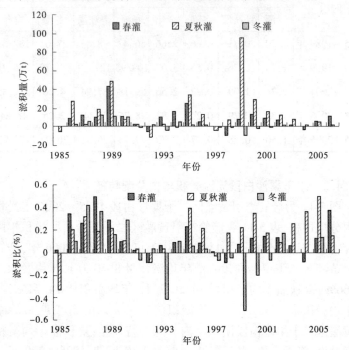

图 3-11　簸箕李引黄灌区二干渠沙白段 1985～2006 年淤积年内分配过程

表 3-11　簸箕李引黄灌区二干渠沙白段淤积年内分配特征统计

| 时段 | 1985～1989 年 | | 1990～1999 年 | | 2000～2004 年 | | 2005～2006 年 | | 1985～2006 年 | |
| --- | --- | --- | --- | --- | --- | --- | --- | --- | --- | --- |
| | 淤积量（万t） | 淤积比（%） | 淤积量（万t） | 淤积比（%） | 淤积量（万t） | 淤积比（%） | 淤积量（万t） | 淤积比（%） | 淤积量（万t） | 淤积比（%） |
| 春灌 | 15.28 | 27.07 | 6.52 | 5.93 | 5.76 | 9.74 | 8.31 | 21.73 | 8.50 | 10.66 |
| 夏秋灌 | 18.61 | 18.91 | 14.71 | 11.57 | 13.34 | 19.63 | 2.82 | 33.83 | 14.20 | 14.74 |
| 冬灌 | 6.29 | 22.77 | 0.46 | 1.55 | -0.02 | -0.45 | 0.30 | 13.42 | 1.66 | 7.93 |

（2）在年内分配规律一致的基础上,二干渠沙白段泥沙年均淤积量无论春灌、夏秋灌还是冬灌均随前三个时段呈逐渐减少的趋势。结合分析表3-10可知,二时段春灌、夏秋灌、冬灌年均引水引沙量增大的情况下,年均淤积量均是减小的原因是二干渠沙白段的扩建改造,改善了二干渠沙白段自身的输水输沙边界条件,提高了水流挟沙力;三时段春灌、夏秋灌、冬灌泥沙年均淤积量进一步降低的主要原因是,小浪底水库的运用使得春灌、夏秋灌、冬灌进入二干渠沙白段的沙量都大幅度减少。

（3）从淤积比来看,一时段二干渠沙白段泥沙年均淤积比年内分配特征为春灌最大,冬灌次之,夏秋灌最小,二、三时段二干渠沙白段泥沙年均淤积比年内分配特征变为夏秋灌最大,春灌次之,冬灌最小,发生变化的原因是二干渠沙白段的扩建改造,提高了夏秋灌期间较大流量运行时的二干渠沙白段自身的输水输沙能力。

（4）从淤积比量值来看,一时段二干渠沙白段泥沙春灌、夏秋灌、冬灌年均淤积比量值最大,二时段春灌、夏秋灌年均淤积比量值最小,三时段春灌、夏秋灌年均淤积比量值有所增大,冬灌发生了冲刷。二时段春灌、夏秋灌年均淤积比最小,反映出二干渠沙白段的扩建改造,对提高春灌、夏秋灌期间二干渠沙白段自身的水流挟沙力效果显著。三时段春灌、夏秋灌年均淤积比有所升高的原因在于,小浪底水库的运用造成二干渠沙白段春灌、夏秋灌引水流量比二时段明显减少,渠道的水流挟沙力有所降低。

（5）与前三时段对比,四时段二干渠沙白段泥沙淤积年内分配特征明显不同,春灌淤积严重,年均淤积量达8.31万t,年均淤积比高达21.7%,分析其主要原因是渠道输沙能力的沿程调整,总干渠春灌发生大幅度冲刷,至二干渠沙白段必然会发生一定程度的淤积;夏秋灌和冬灌由于引水引沙很少,发生了少量淤积,虽然年均淤积量值不大,但年均淤积比分别高达33.8%、13.4%。引起四时段二干渠沙白段泥沙淤积年内分配特征的根本原因也是西沉沙条渠的启用。

### 3.2.4.3　二干渠沙白段泥沙沿程淤积特征

1985～2006 年,二干渠沙河—陈谢段年均淤积量为 10.63 万 t,年均单位长度淤积强度 0.46 万 t/ km;陈谢—白杨段年均淤积量为 13.89 万 t,年均单位长度淤积强度 1.57 万 t/km。由此可见,就多年平均情况而言,二干渠沙白段泥沙沿程淤积的特征是上游沙河—陈谢段淤积较轻,下游陈谢—白杨段淤积较重。

表 3-12 为簸箕李引黄灌区二干渠沙白段不同时段泥沙沿程淤积特征统计,由表可知,1985～1989 年,二干渠沙河—陈谢段年均淤积量为 23.45 万 t,年均单位长度淤积强度 1.01 万 t/km,陈谢—白杨段年均淤积量为 16.13 万 t,年均单位长度淤积强度 1.83 万 t/km,沿程淤积特征是上游沙河—陈谢段淤积程度比下游陈谢—白杨段淤积要轻;1990～1999 年,二干渠沙河—陈谢段年均淤积量为 5.08 万 t,年均单位长度淤积强度 0.22 万 t/km,陈谢—白杨段年均淤积量为 17.26 万 t,年均单位长度淤积强度 1.96 万 t/km,与前一时段相比,沿程淤积特征的变化是上游沙河—陈谢段淤积明显变轻,下游陈谢—白杨段淤积稍微加重。表 3-13为簸箕李引黄灌区二干渠陈谢站不同时段引水引沙特征统计,由表可知,在陈谢站引水引沙比第一时段明显增大的情况下,沿程淤积特征发生变化的主要原因是:①二干渠沙白段的扩建改造,改善了二干渠沙白段自身的输水输沙边界条件,提高了二干渠的水流挟沙力;②上游沙河—陈谢段灌溉一般直接引于二干渠,提水含沙量较大,而下游陈谢—白杨段灌溉常常是先蓄于支渠,然后提水,有时提水能力较小,导致二干渠陈谢—白杨段有壅水现象,致使下游陈谢—白杨段淤积稍微加重;③从沿程水量分配情况来看,该时段由于渠道实际过水流量增加,但二干渠上游沙河—陈谢段的沿程引水量较大,使得多数情况下,上游沙河—陈谢段过流流量大于下游陈谢—白杨段过流流量,下游陈谢—白杨段水流挟

沙力必然低于上游沙河—陈谢段。2000～2004年,二干渠沙河—
陈谢段年均淤积量为9.68万t,年均单位长度淤积强度0.42万t/
km,陈谢—白杨段年均淤积量为9.40万t,年均单位长度淤积强
度1.07万t/km。与前两时段相比,沿程淤积特征的变化是在上
游轻、下游重基本特征不变的同时,上游沙河—陈谢段淤积明显加
重,下游陈谢—白杨段淤积明显减轻,其主要原因是,小浪底水库
的运用造成灌区引水引沙条件发生变化,与前两时段相比,二干渠
上游沙河—陈谢段都是在较小流量下过水,渠道的水流挟沙力有
所降低,淤积必然加重。由于二干渠沙白段的冲淤沿程调整作用,
上游沙河—陈谢段淤积加重的同时,下游陈谢—白杨段淤积必然
有所减轻。2005～2006年,二干渠沙河—陈谢段年均淤积量为
8.74万t,年均单位长度淤积强度0.38万t/km,陈谢—白杨段年
均淤积量为2.7万t,年均单位长度淤积强度0.31万t/km,沿程
淤积特征发生明显变化,上游沙河—陈谢段淤积程度比下游陈
谢—白杨段要重,其主要原因是西沉沙条渠的启用,使得渠道沿程
冲淤调整的规律发生了根本的变化。

表3-12 簸箕李引黄灌区二干渠沙白段不同时段泥沙沿程淤积特征统计

| 渠段 | 1985～1989年 | | 1990～1999年 | | 2000～2004年 | | 2005～2006年 | |
|---|---|---|---|---|---|---|---|---|
| | 淤积量 (万t) | 淤积强度 (万t/km) | 淤积量 (万t) | 淤积强度 (万t/km) | 淤积量 (万t) | 淤积强度 (万t/km) | 淤积量 (万t) | 淤积强度 (万t/km) |
| 沙河—陈谢 | 23.45 | 1.01 | 5.08 | 0.22 | 9.68 | 0.42 | 8.74 | 0.38 |
| 陈谢—白杨 | 16.13 | 1.83 | 17.26 | 1.96 | 9.40 | 1.07 | 2.70 | 0.31 |

表3-13 簸箕李引黄灌区二干渠陈谢站不同时段引水引沙特征统计

| 项目 | 时段 | | | | |
|---|---|---|---|---|---|
| | 1985～ 1989年 | 1990～ 1999年 | 2000～ 2004年 | 2005～ 2006年 | 1985～ 2006年 |
| 年均引水量(亿m³) | 2.13 | 2.57 | 2.11 | 1.45 | 2.27 |
| 年均引沙量(万t) | 127.62 | 214.69 | 99.76 | 30.16 | 152.01 |

### 3.2.4.4　二干渠白杨以下渠段泥沙淤积特征

二干渠白杨以下渠段位于二干渠的末端,只设有白杨一个长期观测点,泥沙淤积量仅能利用历年清淤资料进行粗略的估计。表 3-14 为簸箕李引黄灌区二干渠白杨以下渠段不同时段水沙分布特征统计,由表可见,1985～1989 年,该渠段清淤相对较少,平均 2～3 年清淤一次,年均清淤量约为 6.8 万 t,1990～1999 年,该渠段清淤相对增加,平均 1～2 年清淤一次,年清淤量约为 32 万 t,该时段淤积加重的主要原因是:①1990～1999 年,由于引水流量的增加以及二干渠沙白段的扩建改造,二干渠上游渠段的挟沙能力增加,更多更粗的泥沙被远距离输送至白杨以下渠段,由表 3-14 可知,1990～1999 年,进入白杨站的年均水量为 1.80 亿 $m^3$,为前一时段年均水量 1.23 亿 $m^3$ 的 1.4 倍多,而进入白杨站的年均沙量为 142.48 万 t,为前一时段年均沙量 64.16 万 t 的 2.2 倍,进入白杨以下渠段的水沙搭配关系明显变坏,白杨以下渠段必然淤积加重;②如此多的泥沙进入白杨以下渠段,而白杨以下渠段比降较缓,仅为 1/10 000,水流挟沙能力较低,同时,白杨以下渠段两岸灌溉采用提灌的形式,有时提水能力远小于来水流量,致使该渠段有壅水现象,流量减小,这些都使更多的泥沙在白杨以下渠段淤积下来。2000～2004 年,白杨以下渠段年均清淤量仅为 4.5 万 t,2005～2006 年,该渠段淤积量较小,没有进行清淤,后两时段淤积减少的主要原因是,小浪底水库的运用使灌区的引水引沙条件发生变化,与前两时段相比,进入白杨站的年均水量减少不大的情况下,进入白杨站的年均沙量大幅度减少,同时由上面的分析可知,后两时段上游沙白段淤积明显加重,在二干渠沿程调整作用下,白杨以下渠段的淤积必然减轻。

表 3-14　簸箕李引黄灌区二干渠白杨以下渠段不同时段水沙分布特征统计

| 项目 | 时段 | | | | |
|---|---|---|---|---|---|
| | 1985～<br>1989 年 | 1990～<br>1999 年 | 2000～<br>2004 年 | 2005～<br>2006 年 | 1985～<br>2006 年 |
| 白杨站年均引水量(亿 m³) | 1.23 | 1.80 | 1.24 | 0.79 | 1.45 |
| 白杨站年均引沙量(万 t) | 64.16 | 142.48 | 48.49 | 14.18 | 91.66 |
| 白杨站以下年均清淤量(万 t) | 6.8 | 32 | 4.5 | 0 | 17 |

## 3.2.5　一干渠泥沙淤积分布特征

### 3.2.5.1　一干渠引水引沙特征

　　表 3-15 为簸箕李引黄灌区一干渠不同时段引水引沙特征统计,由表可知,簸箕李引黄灌区一干渠引水引沙年际变化过程为:1985～1989 年,一干渠年均引水量 0.62 亿 m³,年均引沙量 42.99万 t。1990～1999 年,年均引水量减少为 0.53 亿 m³,年均引沙量增大为 43.93 万 t,引水量有所减少的原因是一干渠处于灌区相对下游的位置,受黄河来水减少的影响,需水要求难以全部满足;在引水量减少的情况下,引沙量却呈增大的趋势,主要原因是该时段总干渠的衬砌改造,输沙能力有所增大,因此把更多的泥沙输送到了下游。2000～2004 年,年均引水量增大为 0.77 亿 m³,年均引沙量减少为 39.10 万 t;引水量增大的原因是随着经济的发展一干渠需水量有所增大;引水量增大的同时,引沙量却呈减少的趋势,主要原因是小浪底水库的运用造成灌区引水含沙量大幅度降低。2005～2006 年,年均引水量进一步增大为 0.85 亿 m³,年均引沙量进一步减少为 17.32 万 t,引水量增大的原因是该时段一干渠进一步扩大了供水任务,每年均需向河北省庆云县供水;引沙量减少的原因是西沉沙条渠的启用,使更多泥沙淤积在总干渠以上的渠道内。

表3-15　簸箕李引黄灌区一干渠不同时段引水引沙特征统计

| 时段 | 年均引水量（亿 m³） | | | | 年均引沙量（万 t） | | | |
|---|---|---|---|---|---|---|---|---|
| | 春灌 | 夏秋灌 | 冬灌 | 全年 | 春灌 | 夏秋灌 | 冬灌 | 全年 |
| 1985~1989 年 | 0.37 | 0.16 | 0.10 | 0.62 | 16.13 | 23.57 | 3.29 | 42.99 |
| 1990~1999 年 | 0.34 | 0.11 | 0.08 | 0.53 | 20.95 | 18.75 | 4.45 | 43.93 |
| 2000~2004 年 | 0.35 | 0.36 | 0.06 | 0.77 | 12.82 | 25.16 | 1.13 | 39.10 |
| 2005~2006 年 | 0.80 | 0.06 | 0 | 0.85 | 16.71 | 0.61 | 0 | 17.32 |
| 1985~2006 年 | 0.39 | 0.18 | 0.07 | 0.63 | 17.62 | 19.65 | 3.03 | 40.20 |

表3-15 同时对簸箕李引黄灌区一干渠不同时段引水引沙年内分配情况进行了统计，由表可见，簸箕李引黄灌区一干渠引水引沙年内分配特征为：①春灌引水最多，夏秋灌引水次之，冬灌引水最小，这一特征明显与灌区年内不同的引水季节的需水规律相符合；②引水引沙年内分配的不同步性，夏秋灌引水量虽然不大，但夏秋灌引沙量却最大，春灌引水最多，引沙量却小于夏秋灌引沙量，主要原因是夏秋灌引水含沙量较高。由表3-15 还可看出，在一干渠引水引沙年内分配全时段基本特征不变的同时，不同时段一干渠引水引沙年内分配特征也发生了一些变化，最明显的变化是在 2000~2004 年，一干渠引水引沙年内分配特征变为：夏秋灌引水最多，春灌引水次之，冬灌引水最小，发生这种变化的主要原因，一方面，由于经济发展的需要，一干渠沿程需水量大大增加，而另一方面，由于黄河水沙过程变异，尤其是在需水较大的春灌期间，灌区引水供不应求，为了缓解这个矛盾，对于处于灌区相对下游位置的一干渠，只能采取增大夏秋灌引水量的措施来满足年内日益增长的需水要求。

### 3.2.5.2　一干渠泥沙淤积分布特征

由于一干渠仅有进口水沙观测资料,很难推算出一干渠段水沙分布情况,也不能得出相应的泥沙淤积,因此仅能利用现场观测的泥沙清淤资料对一干渠泥沙淤积分布进行粗略的估计。1985～1989年,一干渠1～2年清淤一次,年均清淤量约19万t;1990～2001年,该渠段清淤量有所增加,几乎每年均需清淤,年均清淤量约为20万t;2002～2006年,该渠段清淤量有所减少,只有2005年清淤一次,年清淤量约为15万t。由一干渠清淤过程可知,2002年以前,一干渠淤积一直较为严重,分析一干渠进、出口典型年含沙量资料可知,一干渠出口含沙量远小于进口含沙量,且出口泥沙粒径比进口泥沙细,说明一干渠一般情况都处于淤积状态,这和实际情况相符合。一干渠淤积严重的主要原因是:①一干渠纵比降较小,仅为1/7 000～1/10 000,所以水流挟沙力较低;②由于处于灌区相对下游的位置,一干渠常年过水流量较小,水流挟沙力必然较低;③一干渠沿程供水任务很重,沿程分水较多,沿程水流挟沙力越降越低。2002年以后,一干渠淤积量有所减少的原因有:①小浪底水库的运用,尤其是2002年后小浪底水库调水调沙的运用,使进入一干渠的沙量大幅度减少;②2000年底完成的一干渠治理改造工程,在一定程度上也提高了一干渠的输沙能力。

根据现场观测,一般淤积年份下,一干渠0+000～10+000渠段淤积较为严重,淤积厚度在30～50 cm,10+000～23+500渠段淤积相对较轻,淤积厚度在10 cm左右,由此可见,一干渠沙白段泥沙沿程淤积特征为:上游段泥沙淤积比较多,下游段泥沙淤积比较少。分析一干渠进、出口典型年床沙级配资料可知,一干渠上游淤沙大大粗于下游,并且绝大部分泥沙都参与造床,仅有 $D<0.004$ mm的泥沙为冲泻质,由此可知,较粗的泥沙淤积在一干渠的上游,较细的泥沙淤积在一干渠的下游[1]。

### 3.2.6　支渠以下泥沙淤积分布特征

#### 3.2.6.1　支斗渠泥沙淤积分布特征

由于簸箕李引黄灌区覆盖面积巨大,要观测所有支渠的水沙资料是十分困难的。为了研究簸箕李引黄灌区支渠以下泥沙淤积分布特征,"八五"期间,中国水利科学研究院采用了根据全灌区支渠以下清淤资料的调查和两个典型片的水沙资料来推测支渠以下泥沙淤积分布[1]。两个典型片是指总干支 10 片和阳信城关片,之所以选择这两个区域作为典型片,是因为总干支 10 片的灌溉特点是自流灌溉,其观测到的泥沙淤积分布状况可基本反映出自流灌溉区域支斗渠泥沙淤积分布特征;阳信城关片的灌溉特点是提水灌溉,其观测到的泥沙淤积分布状况可基本反映出提水灌溉区域支斗渠泥沙淤积分布特征。

为研究自流引水含沙量和干渠含沙量的关系,对总干支 10 片引水含沙量和干渠含沙量的几年的现场观测数据进行回归分析可得:

$$S_{引} = 0.98 S_{干} \tag{3-1}$$

由式(3-1)可见,在自流灌溉的情况下,引水含沙量略小于干渠含沙量,相差不大。同时,分析支 10 闸,斗 3、斗 6 和斗 9 处的含沙量监测结果表明,支渠引水期间,各斗渠都在同等引水灌溉,可以认为含沙量变化是线性变化,由此大致可估算出,支 10 渠淤积率为 42.82%,斗渠淤积率为 11.98%,支斗渠合计泥沙淤积占来沙量的 49.67%,占整个灌区来沙量的 9.92%。由于渠道具有多来多排的特性,同时,总干渠以上(包括条渠)灌溉全部采用自流灌溉方式,且条渠和总干渠上游支渠的比降略大于支 10 渠,由此可推知,簸箕李引黄灌区总干渠以上渠道利用地面比降能使较多的泥沙进入田间,其相应的淤积比较小,淤积量占灌区引沙量的比例略小于 9.92%。

对于提水灌溉,提水泵站的进口是随意的,根据含沙量沿垂线的分布规律可知,如果把提水进口布置在 0.4 水深以上,其引水含沙量将小于干渠含沙量;若进口布置在 0.4 水深以下,其引水含沙量将大于干渠含沙量。为研究提水灌溉含沙量和干渠含沙量的相对关系,对阳信城关片几个扬水站的进、出口含沙量现场观测数据进行回归分析可得:

$$S_{引} = 1.077 S_{干} \tag{3-2}$$

由式(3-2)可知,与自流灌溉的方式相比,提水灌溉对干渠增淤影响要小,甚至能使干渠发生冲刷。尽管采用提水灌溉的方式,引水含沙量略大于干渠含沙量,但分析簸箕李引黄灌区现场观测资料可知,一干、二干渠的灌溉片虽然基本采用提水灌溉的方式,但一干、二干渠中游多采用二级提水方式,二干渠下游无棣段甚至采用从蓄水支渠提水的方式,致使支斗渠淤积反而比自流方式有所加重,更少的泥沙进入田间,由此估计,簸箕李引黄灌区一干、二干渠以下的支斗渠淤积量占灌区引沙量的比例略大于 9.92%。综合分析簸箕李引黄灌区两个典型片水沙观测结果可知,就整个灌区而言,支斗渠的淤积量约占灌区引沙量的 21%[1-3]。

### 3.2.6.2　田间泥沙淤积分布特征

前面逐段分析了簸箕李引黄灌区条渠、干渠、支斗渠的泥沙淤积分布,要想得出进入田间的泥沙淤积分布状况,还必须了解从田间进入排水河道的水沙数量。簸箕李引黄灌区多年排水河道的现场观测资料显示,进入簸箕李引黄灌区排水河道的年均水量约占灌区引水量的 5.4%,据估计,年均排沙量为 8.92 万 t 左右,约占灌区引沙量的 2%,由此可见,簸箕李引黄灌区排水排沙对排水河道影响很小,有一定的影响也是局部的。根据沙量平衡的原理,我们可进一步估计簸箕李引黄灌区进入田间的泥沙量,其与干支斗渠的淤积情况有直接的关系。一般情况下,簸箕李引黄灌区进入田间的泥沙量约占灌区引沙量的 32.8%,相当于悬沙 <0.01 mm

的细泥沙,也就是说簸箕李引黄灌区进入田间的泥沙比例仍可提高,只要灌区干渠输沙能力不断提高,进入田间的泥沙比例也就能不断提高。比如20世纪90年代前,簸箕李引黄灌区进入田间的泥沙比例为19%左右,而90年代后,由于灌区对总干渠、二干渠等实施了衬砌、扩建改造等工程,大大提高了灌区干渠的输沙能力,整个灌区进入田间的泥沙比例增至38%左右[4,5]。

## 3.2.7　灌区水沙区域分布特征

### 3.2.7.1　灌区水沙区域分布年际变化特征

在上述分别对簸箕李引黄灌区各个渠段水沙分布进行分析的基础上,下面对整个灌区水沙区域分布进行系统的分析研究,以期得出整个灌区水沙区域分布的规律性认识[1]。首先选择了两个特征量代表水沙区域分布量,其一为各个渠段分水量,是指从该渠段两侧分走(或引走)的水量,对于下游没有测站的渠段,比如说一干渠以下分水量就是指进入一干渠的全部水量,也就是上文中提到的一干渠引水量。其二为各个渠段滞沙量,是指停留在该渠段的泥沙量,滞沙量包括两部分,一部分是通过渠段两侧引水同时引走的沙量,另一部分是淤积在该渠段的泥沙量,同样对于下游没有测站的渠段,滞沙量就是指进入该渠段的全部沙量。表3-16为簸箕李引黄灌区1985～2006年多年平均沿程分水特征统计,表3-17为簸箕李引黄灌区1985～2006年多年平均沿程滞沙特征统计。由表可见,从多年平均统计情况看,1985～2006年簸箕李引黄灌区水沙区域分布特征如下:①水量区域分布比较均匀,灌区各个渠段分水量所占总引水量的比例差距不大,说明水量区域分布比较均匀,以此可基本反映出两个问题,一是整个灌区面上需水情况基本均匀,二是灌区整个渠道系统比较成熟,能够将引进来的水量按需求实现整个灌区面上的均匀分布;②水量、沙量区域分布的不协调性,与灌区水量区域分布比较均匀的情况相反,簸箕李引黄灌区各渠段的滞沙量表现出明显的不均匀性,沉沙条渠年均分水比例仅为 16.67%,滞沙比例却高达 27.59%,总干渠年均分水比例仅为 12.09%,滞沙比例却高达 16.82%,因为灌区上游滞沙量较大,灌区下游相对滞沙量较小,比如二干渠白杨段以下年均分水比例为 30.58%,滞沙比例却仅为 21.51%,所以灌区沙量区域分布的特征是上游尤其是灌区进口条渠段滞沙量较大,区域分布并不均匀,与水量区域分布较均匀对比,水沙区域分布的不协调性十分突出。

**表 3-16　簸箕李引黄灌区 1985～2006 年多年平均沿程分水特征统计**

| 项目 | 灌区部位 | | | | | |
|---|---|---|---|---|---|---|
| | 沉沙条渠 | 总干渠 | 二干渠沙陈段 | 二干渠陈白段 | 二干渠白杨段以下 | 一干渠以下 |
| 年均分水量(亿 m³) | 0.79 | 0.57 | 0.48 | 0.78 | 1.45 | 0.63 |
| 占总引水量(%) | 16.67 | 12.09 | 10.13 | 16.34 | 30.58 | 13.35 |

注:沙陈段指沙河—陈谢段;陈白段指陈谢—白杨段,下同。

**表 3-17　簸箕李引黄灌区 1985～2006 年多年平均沿程滞沙特征统计**

| 项目 | 灌区部位 | | | | | |
|---|---|---|---|---|---|---|
| | 条渠 | 总干渠 | 二干渠沙陈段 | 二干渠陈白段 | 二干渠白杨段以下 | 一干渠以下 |
| 年均滞沙量(万 t) | 110.51 | 67.39 | 42.22 | 56.63 | 86.18 | 37.81 |
| 占总引沙量(%) | 27.59 | 16.82 | 10.54 | 14.14 | 21.51 | 9.44 |

不同时段,簸箕李引黄灌区水沙区域分布年际变化特征也不尽相同。图 3-12 为簸箕李引黄灌区 1985～2006 年不同时段水量区域分布特征,由图可见,簸箕李引黄灌区不同时段水量区域分布的变化特征为:①无论从分水量看还是从分水比例来看,二时段输

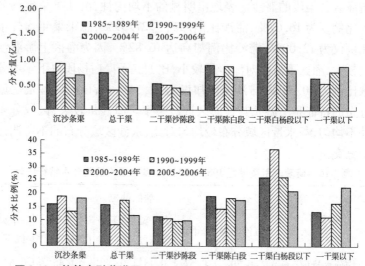

图 3-12　簸箕李引黄灌区 1985～2006 年不同时段水量区域分布特征

运至渠道下游的水量最多,尤其是输运至二干渠白杨段以下渠道
的水量占灌区总引水量的比例高达 37%,远高于其他时段输运至
渠道下游的水量比例,由此可反映出,与一时段相比,由于总干渠
衬砌、二干渠改造等工程措施改善了灌区渠道的边界条件,同时,
整个灌区管理运行水平的提高,这些因素都大大提高了灌区渠道
的输水输沙能力,使得 1990～1999 年灌区基本按照下游需水要求
输运水量;②在边界条件相同的情况下,三、四时段输运至渠道下
游的水量有所减少,主要原因是该时段,随着黄河沿程工农业需水
量的增加,进入黄河最下游的水量明显降低,在给各个灌区水量分
配上更加精细,分配到簸箕李引黄灌区的水量比前两时段有所减
少,在灌区水量区域分布上,灌区上游由于地理位置优越,需水量
能得到相对满足,输运至下游的水量相对变少;③单看进入一干渠
的水量,三、四时段比前两时段呈逐渐增加的趋势,尤其是 2005～
2006 年,进入一干渠的水量占灌区总引水量的比例高达 22%,反

映出随着一干渠为河北省输水等供水任务的增加,一干渠进口需水量也在逐渐增大。

图 3-13 为簸箕李引黄灌区 1985~2006 年不同时段沙量区域分布特征,由图可见,簸箕李引黄灌区不同时段沙量区域分布的变化特征为:①水量、沙量区域分布的不协调性在各个时段都普遍存在,灌区水量区域分布相对较均匀,而灌区上游滞沙量较大、灌区下游相对滞沙量较小的基本规律没有改变,各个时段水沙区域分布的不协调性都十分突出;②从滞沙量值上来看,由于小浪底水库的运用,灌区引沙量大幅度减少,使得三、四时段灌区各个区域滞沙量都有大幅度减少;③从滞沙量比例看,二时段输运至渠道下游的沙量最多,尤其是输运至二干渠白杨段以下和一干渠以下渠道的沙量的合计占灌区总引沙量的比例高达 44%,远高于一时段输

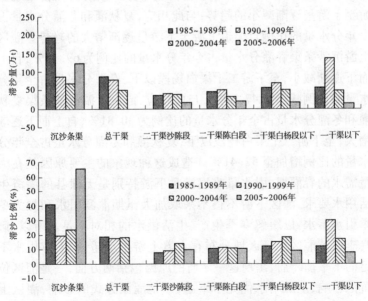

图 3-13　簸箕李引黄灌区 1985~2006 年不同时段沙量区域分布特征

运相同区域的沙量比例23%,由此可反映出,与一时段相比,由于总干渠衬砌、二干渠改造等工程措施改善了灌区渠道的边界条件,同时,整个灌区管理运行水平的提高,这些因素都大大提高了灌区渠道的输水输沙能力,三时段输运至二干渠白杨段以下和一干渠以下渠道的沙量合计占灌区总引沙量比例为34%,边界条件大致相当的情况下,输沙比例有所下降的原因是小浪底水库的运用,灌区引水量减少,灌区沿程用于输沙的水量减少,水流挟沙力有所降低,输运至灌区下游的泥沙必然减少。

### 3.2.7.2　灌区水沙区域分布年内分配特征

图3-14为簸箕李引黄灌区水量区域分布年内分配特征,由图可见,簸箕李引黄灌区水量区域分布年内分配特征为:多年平均情况下,灌区渠道春灌分水量占全年分水量的比例自渠道上游至下游呈逐渐减小的趋势,与此相应,夏秋灌和冬灌分水量占全年分水量的比例自渠道上游至下游呈逐渐增大的趋势。灌区上游沉沙条渠春灌分水量占全年分水量的比例为69.19%,自上而下逐渐减小,至下游二干渠白杨段以下,春灌分水量占全年分水量的比例减小至47.59%,与此相应,灌区上游沉沙条渠夏秋灌和冬灌分水量占全年分水量的比例为30.81%,自上而下逐渐增大,至下游二干渠白杨段以下,夏秋灌和冬灌分水量占全年分水量的比例增加至52.41%。造成这种现象的主要原因是在大量需水的春灌期,引水量难以满足下游特别是无棣县的灌溉生活用水要求,灌区下游不得不采取加大汛期灌溉引水和加大冬季引水蓄水,以缓解春季生产、生活供水的相对不足。所以,簸箕李引黄灌区水量区域分布存在着上游用水超量、下游用水不足的不平衡矛盾,出现这一矛盾的原因包括两方面,一是灌区位置的影响,上游用水优先于下游;二是灌溉方式的影响,灌区上游为自流灌溉,用水难以管理和控制,用水较多,下游为提水灌溉,用水易于管理和控制,用水比较节省。

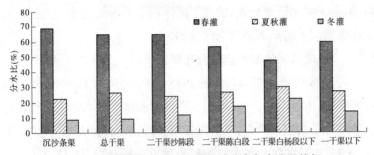

**图3-14　簸箕李引黄灌区水量区域分布年内分配特征**

图3-15为簸箕李引黄灌区沙量区域分布年内分配特征,由图可见,簸箕李引黄灌区沙量区域分布年内分配特征为:多年平均情况下,灌区上游沉沙条渠春灌滞沙比例大于夏秋灌滞沙比例,自总干渠往下,夏秋灌滞沙比例大于春灌滞沙比例,而且越往渠道下游,夏秋灌滞沙比例越大,春灌滞沙比例越小。灌区区域滞沙比例的数据能充分反映出上述特征,沉沙条渠春灌滞沙比例为46.34%,大于夏秋灌滞沙比例42.6%,总干渠春灌滞沙比例为44.12%,小于夏秋灌滞沙比例48.75%,自总干渠往下至二干渠的白杨段以下,春灌滞沙比例减小为37.28%,而夏秋灌滞沙比例增大为51.06%。灌区沙量区域分布年内分配形成上述特征的主要原因是,春灌期间灌区引水流量相对较小,尽管含沙量不高,但泥沙滞留于灌区上游的比例较大,而夏秋灌期间,尽管引水含沙量较

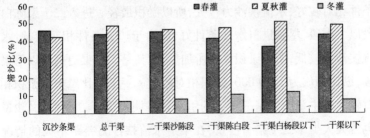

**图3-15　簸箕李引黄灌区沙量区域分布年内分配特征**

高,但由于引水流量较大,输送至灌区渠道下游的泥沙比例明显大于春灌期间输送至下游的泥沙比例。

### 3.2.7.3 灌区泥沙淤积区域分布特征

表 3-18 为簸箕李引黄灌区 1985～2006 年年均淤积区域分布特征统计,由表可知,簸箕李引黄灌区淤积区域分布的主要特征是上游进口段淤积最严重,下游淤积明显减轻。具体表现为:位于灌区上游进口段的沉沙条渠淤积较为严重,淤积比高达 15.15%;之后的总干渠段、二干渠沙陈段淤积明显减轻,淤积比分别为 3.79%、2.61%;进入二干渠陈白段,淤积又略有加重,淤积比为 3.42%;二干渠白杨段以下淤积又有所加重,淤积比为 4.18%;一干渠淤积相对较轻,淤积比为 3.69%。沉沙条渠的淤积严重一方面是沉沙条渠正常功能的发挥,另一方面也反映出,在灌区进口段,由于引水流量相对于黄河流量大幅度减小,灌区进口段水流挟沙力大幅度减小,而引入的黄河水流含沙量又较高,大部分粗颗粒泥沙由于渠道水流难以挟带而淤积于沉沙条渠,水流流出条渠后,由于泥沙的大量淤积,进入总干渠以后的水流含沙量相对较低,淤积必然大大减轻。由于总干渠段、二干渠沙陈段不仅进口水沙条件好,而且由于实施了渠道改建、衬砌等工程措施,该段渠道边界条件相对较好,水流挟沙力较大,所以淤积最轻。进入二干渠陈白段以下渠段,尽管进口水沙条件好,但由于边界条件相对较差,水流挟沙力较低,所以淤积又有所加重,尤其是二干渠白杨段以下渠段,纵比降仅为 1/10 000,淤积相对较重。一干渠比二干渠淤积相对较轻的主要原因是一干渠的引水任务明显低于二干渠,引沙量也就大大少于二干渠引沙量,在渠道水流挟沙力差距不大的情况下,淤积必然较轻。

**表 3-18 簸箕李引黄灌区 1985～2006 年年均淤积区域分布特征统计**

| 项目 | 灌区部位 | | | | | |
|---|---|---|---|---|---|---|
| | 沉沙条渠 | 总干渠 | 二干渠沙陈段 | 二干渠陈白段 | 二干渠白杨段以下 | 一干渠以下 |
| 年均淤积量(万 t) | 61.60 | 15.40 | 10.63 | 13.89 | 17.00 | 15.00 |
| 占总引沙量(%) | 15.15 | 3.79 | 2.61 | 3.42 | 4.18 | 3.69 |

图 3-16 为簸箕李引黄灌区 1985～2006 年不同时段淤积区域分布特征,由图可见,簸箕李引黄灌区淤积区域分布在遵循"上游重下游轻"的基本规律的同时,不同时段淤积区域分布又各有不同,主要表现为:前三时段相比,簸箕李引黄灌区淤积区域分布表现最好的时段是二时段。由图 3-16 可见,与一时段相比,无论是淤积量还是淤积比,二时段进口沉沙条渠段、总干渠段淤积大幅度减轻,由于水沙条件相当,而二时段对二干渠沙陈段以上渠道实施了改建、衬砌等工程措施,大大改善了灌区上游渠道的边界条件,同时,灌区管理部门提高了灌区沿程管理运行水平,使该时段灌区渠道的水流挟沙力明显加大,灌区上游渠道淤积程度大大减轻,更多的泥沙被输运至灌区渠道下游及通过支斗农渠分散至田间。与二时段相比,三时段的淤积量的区域分布基本相当,淤积比数据显示,二时段沉沙条渠淤积比仅为 7.1%,三时段沉沙条渠淤积比增大为 10.7%,由此可见,灌区进口沉沙条渠段淤积比二时段有所加重,其主要原因是,三时段,由于小浪底水库的运用,灌区的引水引沙条件变坏,所以灌区进口沉沙条渠段的淤积有所加重。四时段,西沉沙条渠的启用造成灌区进口沉沙条渠段严重淤积,由于渠道淤积的沿程调整作用,总干渠又发生了冲刷,二干渠沙陈段以下渠道,淤积程度与前三时段基本相当。

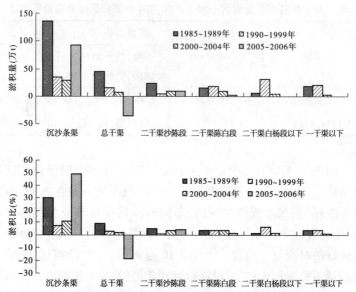

图 3-16　簸箕李引黄灌区 1985 ～ 2006 年不同时段淤积区域分布特征

　　表 3-19 为簸箕李引黄灌区 1985 ～ 2006 年淤积区域分布年内分配特征统计,由表可知,簸箕李引黄灌区淤积区域分布的年内分配的主要特征表现为:①从淤积量上看,灌区渠道上游至下游淤积量年内分配的特征均为夏秋灌最大,春灌次之,冬灌最小,因为渠道夏秋灌引沙最多,春灌次之,冬灌最小,上述淤积量年内分配特征遵循渠道多来多淤的基本规律;②从年内分配比上看,灌区上游沉沙条渠段夏秋灌略大于春灌,至总干渠段夏秋灌有所增大,春灌有所减小,二干渠沙陈段又恢复至夏秋灌略大于春灌,二干渠陈白段夏秋灌有所增大,春灌有所减小,反映出渠道淤积年内分配的沿程调整作用,冬灌年内分配比呈沿程减小的趋势,由沉沙条渠段的15.18% 降低至二干渠陈白段的 4.70% ;③从淤积比上看,灌区上游渠道冬灌淤积最严重,夏秋灌次之,春灌淤积最轻,至灌区下游渠道各引水季节淤积比数值大幅度减小,且差距越来越小,反映出

经过沿程冲淤调整,至灌区下游,各引水季节的水沙条件逐渐相近,淤积程度基本相当。

表3-19　簸箕李引黄灌区 1985 ~ 2006 年淤积区域分布年内分配特征统计

| 灌区部位 | 春灌 | | | 夏秋灌 | | | 冬灌 | | |
|---|---|---|---|---|---|---|---|---|---|
| | 淤积量(万t) | 年内分配比(%) | 淤积比(%) | 淤积量(万t) | 年内分配比(%) | 淤积比(%) | 淤积量(万t) | 年内分配比(%) | 淤积比(%) |
| 沉沙条渠 | 25.49 | 40.38 | 13.60 | 28.05 | 44.44 | 15.43 | 9.58 | 15.18 | 25.41 |
| 总干渠 | 3.56 | 23.15 | 1.90 | 10.01 | 65.08 | 5.51 | 1.81 | 11.77 | 4.80 |
| 二干渠沙陈段 | 4.38 | 42.40 | 2.34 | 4.94 | 47.82 | 2.72 | 1.01 | 9.78 | 2.68 |
| 二干渠陈白段 | 4.12 | 29.37 | 2.20 | 9.25 | 65.93 | 5.09 | 0.66 | 4.70 | 1.75 |

#### 3.2.7.4　灌区泥沙粒径区域分布特征

簸箕李引黄灌区悬沙组成的区域分布与渠道的冲淤特性密切相关。渠道在不同的水沙条件与边界条件的作用下,有时冲刷,有时淤积。渠道淤积时,含沙量自渠道上游至渠道下游沿程降低,悬沙颗粒组成变细;渠道冲刷时,含沙量自渠道上游至渠道下游沿程增加,悬沙颗粒组成变粗。由前面的分析可知,就多年平均情况而言,簸箕李引黄灌区渠道自上而下,均表现为淤积状态,只是淤积程度差距较大。所以,大多数时间,簸箕李引黄灌区悬沙颗粒组成表现出自渠道上游至渠道下游呈逐渐细化的规律[3]。与悬沙组成的区域分布类似,簸箕李引黄灌区床沙粒径区域分布特征也与渠道的冲淤特性相联系。表3-20 为簸箕李引黄灌区床沙中值粒径区域分布特征,由表可知,簸箕李引黄灌区床沙中值粒径沿渠道明显由大变小,同样表现出沿渠道自上而下逐渐细化的规律。从表3-20 还可看出,簸箕李引黄灌区干支渠以上床沙大都是粒径0.05 mm 的沙质土,送至田间的几乎全都是小于粒径 0.04 mm 的泥类土。通过分析簸箕李引黄灌区床沙粒配曲线得出,簸箕李引黄灌区床沙占粒径比重绝大部分的曲线中间段较陡,占粒径比重微小的曲线首尾段较平直,反映出灌区床沙颗粒小于某一粒径和大于某一粒径的比重较小,集中分布在这两个粒径之间的较窄的范围内。

表 3-20    簸箕李引黄灌区床沙中值粒径区域分布特征

| 部位 | 沉沙条渠 | 总干渠 | 二干渠 | 一干渠 | 支渠 | 田间 |
|------|---------|--------|--------|--------|------|------|
| $d_{50}$(mm) | 0.078 | 0.069 | 0.06 | 0.055 | 0.035 | 0.02 |

# 3.3    簸箕李引黄灌区水沙运动规律

簸箕李引黄灌区长期坚持开展水流泥沙运动方面的观测和研究,水量及含沙量从1984年开始观测,悬沙级配自1993年开始观测,为研究渠道泥沙运动规律奠定了坚实的基础。本节主要总结簸箕李引黄灌区水流泥沙特性,研究不同粒径泥沙在沉沙条渠、输沙干渠、支渠中的运动规律,以达到不同粒径泥沙的优化配置与合理利用的目的。

## 3.3.1    簸箕李引黄灌区泥沙运动特性

### 3.3.1.1    簸箕李引黄灌区泥沙组成及级配

簸箕李引黄灌区引黄泥沙的级配与黄河来沙级配密切相关,一般来说,簸箕李引黄灌区汛期引沙粒径比较细,而非汛期则偏粗。分析簸箕李引黄灌区实测床沙与悬移质级配资料可知,簸箕李引黄灌区泥沙组成有如下特征:

(1)簸箕李引黄灌区床沙遵循由渠道上游向渠道下游逐渐变细的基本规律,床沙粗颗粒泥沙所占比例沿程减小,细颗粒泥沙所占比例沿程增加。比如,簸箕李引黄灌区沉沙条渠中大于0.1 mm的粗颗粒泥沙占34.8%,而二干渠白杨站大于0.1 mm的粗颗粒泥沙占6.8%;簸箕李引黄灌区沉沙条渠中小于0.01 mm的黏性细颗粒占 3.8%,而二干渠白杨站小于 0.01 mm 的黏性细颗粒占18.6%。

(2)簸箕李引黄灌区悬沙沿程分选调整的范围集中在 0.01 ~0.05 mm,灌区渠段上段引黄闸—陈谢站之间以 0.05 mm 和 0.025mm 的泥沙变化较大,下段陈谢—白杨站以 0.025 mm 和 0.01 mm的泥沙调整幅度大。

(3)以往研究结果表明,黄河下游引黄灌区中,泥沙粒径大于0.05 mm 的粗颗粒泥沙大多淤积在渠道内,泥沙粒径小于 0.01mm 的细颗粒泥沙一般不淤积在渠道内,即一般不参与渠道造床作用;泥沙粒径在 0.025 mm 左右的泥沙在渠道中的运动状态有时表现为推移运动,有时表现为悬移运动,故在悬移质和床沙质组成中最为常见。分析簸箕李引黄灌区床沙与悬沙级配成果可知,簸箕李引黄灌区床沙质与冲泻质的分界粒径在 0.01 ~0.02 mm。

### 3.3.1.2 簸箕李引黄灌区泥沙的起动

由于簸箕李引黄灌区的泥沙含有较多的细颗粒,具有一定的黏性,因此在研究簸箕李引黄灌区泥沙起动流速时,应考虑簸箕李引黄灌区的泥沙的黏性,对黏性沙的起动流速问题,武汉水利电力学院曾进行过研究[12],得出了适合于大小不同颗粒的统一起动规律,具体公式形式如下:

$$U_c = 1.34\left(\frac{h}{D}\right)^{0.14}\sqrt{\frac{\gamma_s - \gamma}{\gamma}gD + 0.000\ 004\ 96\left(\frac{D_1}{D}\right)^{0.72}g(h_a + h)}$$

(3-3)

式中,$D_1$ 取值为 1 mm,$h_a$ 取值为 10.0 m。

依据簸箕李引黄灌区水沙实测资料,利用公式(3-3)对簸箕李引黄灌区的泥沙的起动流速进行了计算,计算结果表明:

(1)簸箕李引黄灌区的泥沙的起动流速与泥沙粒径大小关系密切,泥沙颗粒粒径越大,泥沙黏结力越小,泥沙的起动流速越小;泥沙颗粒粒径越小,泥沙黏结力越大,泥沙的起动流速越大。簸箕李引黄灌区泥沙粒径大于 0.015 mm 的粗颗粒泥沙在水深 2 m 时起动流速在 0.5 m/s 左右,泥沙粒径为 0.015 mm 的细颗粒泥沙在水深 2 m 时,起动流速在 0.8 m/s 左右,泥沙颗粒粒径小于 0.015 mm 的细颗粒泥沙在水深 2 m 时起动流速在 1.5 m/s 左右。簸箕李引黄灌区沉沙条渠水流流速多年平均为 0.62 m/s 左右,总干渠水流流速多年平均为 0.88 m/s 左右,二干渠水流流速多年平均为 0.96 m/s 左右,一干渠水流流速多年平均为 0.56 m/s 左右。对比上述得到的起动流速分析可知,在簸箕李引黄灌区低流速高含沙的引水条件下,泥沙粒径小于 0.015 mm 的细颗粒泥沙极易淤积,而且一旦淤积密实,重新起动所需水流流速更大;泥沙粒径大于 0.015 mm 的粗颗粒泥沙虽然在较大流速的作用下可以起动,并和底沙交换或跃起,但其存在着输移的困难。

　　(2)除泥沙粒径大小外,渠道水深也是影响簸箕李引黄灌区泥沙的起动流速的主要因素。对于同一粒径的泥沙,渠道水深越小,灌区泥沙的起动流速越小;渠道水深越大,灌区泥沙的起动流速越大。簸箕李引黄灌区实际运行情况表明,大流量引水渠道水位高于小流量引水渠道水位 0.5 ~ 1.0 m,如此大水位的变化,对簸箕李引黄灌区泥沙的起动流速变化的影响不容忽视。相对泥沙粒径大小和渠道水深,渠道宽度对簸箕李引黄灌区泥沙的起动流速的影响较小。

### 3.3.1.3　簸箕李引黄灌区泥沙的悬浮

　　悬移质之所以能够在水流作用下,以悬浮的形式运动,主要是重力作用和紊动扩散作用相结合的结果,由河流动力学可知,劳斯推求得到的水流含沙量沿垂线分布公式为:

$$\frac{S}{S_*} = \frac{\left(\dfrac{H}{y} - 1\right)^a}{\dfrac{H}{a} - 1} \tag{3-4}$$

$$\frac{S}{S_a} = \left(\frac{\dfrac{H}{y} - 1}{\dfrac{H}{a} - 1}\right)^{z}$$

式中 $Z = \omega/(\kappa U_*)$——悬浮指标的理论计算值；

$S_a$——$y = a$ 处的参考点含沙量；

$S$——含沙量；

$H$——水深。

悬浮指标 $Z$ 计算值越大,水流含沙量沿垂线分布越不均匀；悬浮指标 $Z$ 计算值越小,水流含沙量沿垂线分布越均匀[13]。依据簸箕李引黄灌区含沙量垂线分布实测资料,对簸箕李引黄灌区的泥沙的悬浮指标 $Z$ 进行了计算,计算结果表明,簸箕李引黄灌区悬浮指标 $Z$ 计算值在 $0.4 \sim 0.5$,说明簸箕李引黄灌区泥沙悬移质沿垂线分布均匀。从年内分布的特征看,春冬灌期间,引黄泥沙粒径较粗,泥沙沉降速度较大,泥沙的悬浮指标 $Z$ 计算值较大,所以春冬灌期间簸箕李引黄灌区泥沙悬移质沿垂线分布较不均匀；而在夏秋灌期间,引黄泥沙粒径较细,泥沙沉降速度较小,泥沙的悬浮指标 $Z$ 计算值较小,所以簸箕李引黄灌区泥沙悬移质沿垂线分布相对较均匀。

## 3.3.2 簸箕李引黄灌区渠道淤积规律

### 3.3.2.1 簸箕李引黄灌区渠道淤积与水沙条件的关系

与天然河流淤积过程类似,簸箕李引黄灌区渠道淤积也不是单向的,而是冲淤交替进行,渠道呈现出时冲时淤的动态发展过程,渠道适时的冲淤状态主要取决于水沙条件与渠道水流挟沙力的适时对比关系,定性上来说,来水量小,来沙量大,水沙搭配条件差,来沙组成粗,渠道淤积严重；来水量大,来沙量小,水沙搭配条件好,来沙组成细,渠道就会冲刷[9]。图 3-17 为簸箕李引黄灌区沉沙条渠淤积量与进口含沙量的关系图,由图可见,簸箕李引黄灌区沉沙条渠的淤积规律主要表现为:①尽管沉沙条渠适时处于冲淤交替的动态发展过程之中,但从多年平均情况来看,沉沙条渠年均淤积量均处于 0 线以上,说明沉沙条渠冲淤交替的同时,年均情况均表现为淤积;②从图 3-17 中点群分布情况来看,沉沙条渠年均淤积量与年含沙量有良好的定性关系,进口含沙量越大,沉沙条渠年均淤积量越大,进口含沙量越小,沉沙条渠年均淤积量越小;③依据簸箕李引黄灌区适时观测资料分析可知,当进口含沙量小于 5 kg/m³ 时,沉沙条渠会出现明显的冲刷状态,当进口含沙量大于 12 kg/m³ 时,沉沙条渠会出现明显的淤积状态,当进口含沙量处于 5 ~ 12 kg/m³ 时,沉沙条渠处于冲淤交替发展的状态之中;④高含沙量引水会造成沉沙条渠严重淤积。依据簸箕李引黄灌区观测资料,相同流量情况下,高含沙量引水造成的沉沙条渠淤积量是低含沙量引水造成的沉沙条渠淤积量的数倍。比如,夏秋灌时,引水含沙量较大,一般在 25 kg/m³ 左右,沉沙条渠相应淤积率高达 0.5 万 t/s,相当于每天淤积泥沙 4.3 万 t;冬春灌时,引水含沙量较小,一般在 12 kg/m³ 以下,沉沙条渠相应淤积率仅为 0.2 万 t/s 左右,相当于每天淤积泥沙 1.7 万 t。所以,控制高含沙量引水对减轻沉沙条渠淤积非常必要。

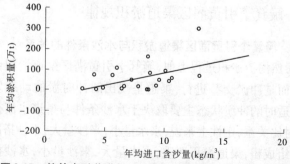

图 3-17　簸箕李引黄灌区沉沙条渠淤积量与进口含沙量关系

图 3-18 为簸箕李引黄灌区总干渠淤积量与进口含沙量的关系图,由图可见,簸箕李引黄灌区总干渠的淤积规律主要表现为:①尽管总干渠适时处于冲淤交替的动态发展过程之中,但从多年平均情况来看,总干渠年均淤积量处于 0 线以下的仅有 5 年,说明总干渠冲淤交替的同时,以淤积为主;②从图 3-18 中点群分布情况来看,总干渠年均淤积量与年均含沙量有良好的定性关系,进口含沙量越大,总干渠年均淤积量越大,进口含沙量越小,总干渠年均淤积量越小;③依据簸箕李引黄灌区适时观测资料分析可知,总干渠冲淤平衡的进口含沙量范围为 5 ~ 20 kg/m³,具体历年的平衡的进口含沙量视当年具体的水沙和边界条件而定;④总干渠的衬砌改造大大提高了总干渠的输水输沙能力,减轻了总干渠的淤积程度。1991 年总干渠从底宽 30 m 缩窄至 23 m,并且对渠道边坡进行了衬砌,其工程效果十分明显,1991 年以前总干渠年均淤积量为 26 万 t 左右,1991 年以后总干渠年均淤积量降低为 3 万 t 左右,说明灌区合理的工程改造对于提高渠道的输水输沙能力作用十分显著。

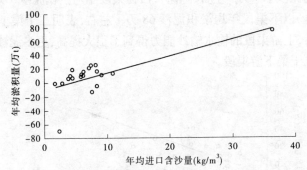

**图 3-18　簸箕李引黄灌区总干渠淤积量与进口含沙量关系**

图 3-19 为簸箕李引黄灌区二干渠沙白段淤积量与进口含沙量的关系图,由图可见,簸箕李引黄灌区二干渠沙白段淤积规律主要表现为:①尽管二干渠沙白段适时处于冲淤交替的动态发展过

程之中,但从多年平均情况来看,二干渠沙白段年均淤积量处于 0
线以下的仅有 5 年,说明二干渠沙白段冲淤交替的同时,以淤积为
主;②从图 3-19 中点群分布情况来看,二干渠沙白段年均淤积量
与年均进口含沙量有良好的定性关系,年均进口含沙量越大,二干
渠沙白段年均淤积量越大,年均进口含沙量越小,二干渠沙白段年
均淤积量越小;③依据簸箕李引黄灌区适时观测资料分析可知,二
干渠沙白段冲淤平衡的进口含沙量范围为 5 ~ 15 kg/m³,具体的
历年平衡的进口含沙量视当年具体的水沙和边界条件而定;④二
干渠沙白段的扩建工程改变了二干渠沿程淤积特征。1988 年,二
干渠进行了扩建,底宽从 10 m 增加至 15 m,底坡比降从 1/7 000
增加至 1/6 000 ~ 1/7 000,二干渠沿程淤积特征发生了根本改变。
1988 年前,沙河—陈谢渠段年均淤积泥沙 1.4 万 t 左右,陈谢—白
杨渠段年均淤积泥沙 0.16 万 t 左右,白杨以下渠段年均淤积泥沙
32 万 t 左右,基本上表现为白杨以下渠段淤积最多,沙河—陈谢渠
段次之,陈谢—白杨渠段淤积最少;1988 年后,沙河—陈谢渠段年
均冲刷泥沙 1.9 万 t 左右,陈谢—白杨渠段年均淤积泥沙 3 万 t 左
右,白杨以下渠段年均淤积泥沙 68 万 t 左右,表明二干渠上游段
扩建后,上游渠段的输水输沙能力得到了很大提高,更多泥沙被输
送至二干渠下游渠段。

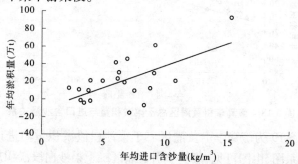

图 3-19　簸箕李引黄灌区二干渠沙白段淤积量与进口含沙量关系

### 3.3.2.2　簸箕李引黄灌区渠道输沙特性

参考黄河全沙输沙能力的研究成果[5],各粒径级的分组沙含沙量可表达为:

$$Q_s = KQ^\alpha S_{\pm}^\beta \tag{3-5}$$

式中　$Q_s$——输沙率;

　　　$Q$——流量;

　　　$K$——与边界条件有关的系数;

　　　$S_{\pm}$——上站含沙量;

　　　$\alpha$、$\beta$——流量和含沙量指数。

根据簸箕李引黄灌区的来沙级配特点,将泥沙按粒径分为 <0.01 mm、0.01~0.025 mm、0.025~0.05 mm 以及 >0.05 mm 四个粒径组,分别对条渠段、总干渠、二干渠的进出口含沙量关系进行统计回归,结果见表 3-21,由表可知:①小于 0.01 mm 的泥沙,

表 3-21　簸箕李引黄灌区各站不同粒径泥沙的系数

| 渠段 | 系数 | 泥沙粒径 | | | | 全沙 |
|---|---|---|---|---|---|---|
| | | $d \leqslant 0.01$ | $0.01 < d \leqslant 0.025$ | $0.025 < d \leqslant 0.05$ | $d > 0.05$ | |
| 沉沙<br>条渠 | $K$ | 1.231 | 0.498 | 0.385 | 0.358 | 0.456 |
| | $\alpha$ | 0.053 | 0.201 | 0.289 | 0.273 | 0.291 |
| | $\beta$ | 0.816 | 0.846 | 0.765 | 0.653 | 0.835 |
| | $R$ | 0.93 | 0.92 | 0.87 | 0.76 | 0.92 |
| 总干渠 | $K$ | 1.032 | 0.779 | 0.814 | 0.477 | 0.923 |
| | $\alpha$ | 0.036 | 0.064 | 0.084 | 0.211 | 0.023 |
| | $\beta$ | 0.925 | 0.892 | 0.842 | 0.649 | 0.925 |
| | $R$ | 0.92 | 0.91 | 0.89 | 0.78 | 0.93 |
| 二干渠<br>沙白段 | $K$ | 0.825 | 0.653 | 0.465 | 0.356 | 0.789 |
| | $\alpha$ | 0.074 | 0.134 | 0.253 | 0.415 | 0.136 |
| | $\beta$ | 0.934 | 0.912 | 0.901 | 0.783 | 0.897 |
| | $R$ | 0.92 | 0.91 | 0.85 | 0.74 | 0.93 |

注:$R$ 为相关系数。

其运动悬浮所要求的流速很小,运动形式表现为冲泻质,其含沙量仅受上站来沙量的控制,粗沙对流量更敏感,而细沙与进口含沙量的关系较好;②各粒径组泥沙对流量和上站含沙量的影响权重是不同的,粒径越细其含沙量与上站含沙量的关系越密切,泥沙粒径越粗则流量参数对其影响越大;③粗粒径泥沙不易输送,当水体中粗颗粒含沙量处于饱和时表现为淤积,含沙量越大淤积调整越快。而细颗粒泥沙则具有"多来多排"的特性,当来沙中细颗粒含量增加时,水流的输沙能力也能提高[6]。

### 3.3.2.3　簸箕李引黄灌区渠道水流挟沙力

簸箕李引黄灌区渠道水流挟沙力是指簸箕李引黄灌区渠道冲淤基本平衡时所挟带泥沙的能力。依据上述概念,筛选总干渠和二干渠 65 组水沙资料,参照武汉水利电力学院水流挟沙力公式形式进行回归分析[12],从而得到簸箕李引黄灌区水流挟沙力公式:

$$S_* = 1.326\left(\frac{U^3}{gR\omega}\right)^{0.657} \tag{3-6}$$

式中　$S_*$——水流挟沙力;

$U$——水流平均流速;

$R$——水力半径;

$g$——重力加速度;

$\omega$——泥沙平均沉速。

图 3-20 为公式实测值与计算值的对比,由图可见,实测值与计算值比较吻合,表明利用上述簸箕李引黄灌区水流挟沙力公式基本满足精度要求。依据上述计算公式可知,影响簸箕李引黄灌区水流挟沙力的主要因素是渠道糙率、渠道纵比降、渠道水力几何形态、渠道来水流量和渠道来沙组成,现就各影响因素简要分析如下。

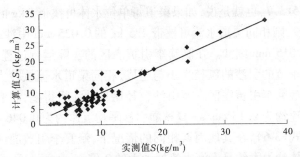

图 3-20　簸箕李引黄灌区水流挟沙力公式实测值与计算值的比较

1）引水流量

渠道引水流量是影响渠道水流挟沙力的最关键的因素,在过水断面固定的情况下,引水流量的大小直接决定了渠道水流流速的大小,由公式(3-6)可知,簸箕李引黄灌区水流挟沙力与水流流速的 1.97 次方成正比,也就是说渠道的引水流量增大 10%,则渠道水流挟沙力增加 21%,所以加大引水流量对提高渠道水流挟沙力十分有利,在簸箕李引黄灌区实际运行中,由于引水条件的限制,经常会出现小流量引水过程,从而造成渠道水流挟沙力减小,渠道淤积严重的现象。在今后的运行管理中,应尽量避免小流量引水过程,控制引水流量尽可能地接近渠道设计流量,使渠道处于大的水流挟沙力情况下运行,达到减少渠道泥沙淤积的目的。

2）引沙粒径的粗细与组成

由公式(3-6)可知,渠道水流挟沙力与泥沙平均沉速的 0.657 次方成反比,而泥沙平均沉速是由引沙的粒径大小与组成决定的。在渠道水流流速与水力半径不变的情况下,引沙粒径越粗,泥沙沉速越大,渠道水流挟沙力越小,渠道越容易淤积;引沙粒径越细,泥沙沉速越小,渠道水流挟沙力越大,渠道越不容易淤积。将 0.05 mm、0.025 mm、0.015 mm 三种粒径代入公式(3-6),在其他因素相同的情况下,依据引沙粒径粗细排序,渠道水流挟沙力相差倍数为1:2.5:3.7,也就是说,如果渠道每单位水体可挟带1 kg的0.05 mm粗沙,则相同渠道水流可挟带2.5 kg的0.025 mm中沙或3.7 kg的0.015 mm细沙。在簸箕李引黄灌区的实际运行过程中,由于不同季节的引沙的粒径大小与组成,相同渠道水流挟沙力差距很大。簸箕李引黄灌区春灌引沙粒径比夏秋灌粗得多,春灌引沙平均沉速约为0.13 cm/s,夏秋灌引沙平均沉速约为0.046 cm/s,代入公式(3-6),在其他因素相同的情况下,簸箕李引黄灌区夏秋灌水流挟沙力大约是春灌水流挟沙力的2倍。

3)渠道糙率

渠道糙率是引黄灌区渠道设计的一个重要参数,其合理性选择直接影响着渠道的输水输沙能力,由公式(3-6)可知,在相同的水力半径、比降和泥沙沉速条件下,渠道糙率与水流挟沙力的1.97次方成反比,也就是说,假设渠道糙率减小10%,则其水流挟沙力将增加23%,可见渠道糙率对水流挟沙力影响很大。根据簸箕李引黄灌区实测资料推算的簸箕李土渠的糙率大约为0.017,衬砌后渠道糙率大约为0.013,由此可见,土渠衬砌后,糙率降低了24%,依据公式(3-6)计算可知,在相同的水力半径、比降和泥沙沉速条件下,簸箕李渠道水流挟沙力提高1.7倍左右,说明渠道衬砌改造,减小糙率是提高簸箕李引黄灌区渠道输水输沙能力的重要手段。簸箕李引黄灌区渠道设计时,土渠的糙率采用0.02～0.025,衬砌渠道糙率采用0.015,结果使簸箕李引黄灌区渠道设计偏宽,容易发生渠道泥沙淤积,所以我们建议在以后的引黄灌区渠道设计时,土渠的糙率应以采用0.017左右,衬砌渠道糙率以采用0.013左右为宜。综合上述分析可知,渠道水流挟沙力对渠道糙率十分敏感,减小渠道糙率,比如加大渠道衬砌力度,清除渠道中阻水建筑物等措施均能明显提高渠道的输水输沙能力。

4)渠道纵比降

渠道纵比降是影响渠道输水输沙能力的重要因素,比降越大,渠道输水输沙能力越大,依据公式(3-6)可知,在相同的水力半径、糙率和泥沙沉速条件下,渠道水流挟沙力与渠道纵比降的1.02次方成正比,也就是说,假设渠道纵比降从1/7 000调整至1/6 670,相当于增加5%,则其水流挟沙力将增加7%,就簸箕李引黄灌区而言,地势平坦,坡度较缓,自然地形西南高,东北低。渠首至沙河站纵比降是1/5 000,沙河站至青坡沟纵比降是1/8 000,青坡沟至德惠新河纵比降是1/15 000,灌区上游的沉沙条渠与总干渠都基本上按照原地势比降进行设计,二干渠为了增大渠道比降,采用了地上渠和地下渠相结合的方式,上游为半地上渠,下游为地下渠。依据簸箕李引黄灌区实际运行观测情况,其渠道水面运行比降往往小于渠道设计比降,主要原因如下:

(1)渠道中阻水建筑物的壅水现象。由于穿越排水河道渡槽底板宽度与高程的限制,排水河道渡槽水面线的壅水现象时有发生。

(2)渠道上下游供需水互不协调造成的壅水现象。簸箕李渠道下游的阳信县和无棣县有时不能集中提水,使下游提水能力小于上游的来水能力,造成渠道水面形成壅水曲线,所以实际运行中,应尽量安排渠道下游的阳信县和无棣县集中提水,使下游提水能力大于上游的来水能力,造成渠道水面形成降水曲线,不仅降水渠段的水流速度将会增大,而且会造成上游渠道的溯源冲刷。

(3)渠道上下游过水能力设计问题造成的壅水现象。灌区不同渠段过水设计能力互不相同,一般是渠道上游过水设计能力大于渠道下游过水设计能力。有时集中供水时,引水流量较大,造成渠道下游过水设计能力不足,由此也造成渠道水面形成壅水曲线。

综合上述分析可知,由于受到原始地形的限制,增加渠道纵比降,会有相当大的困难和投资,但我们可以通过提高灌区科学调度水平,增加渠道水面比降,避免形成壅水曲线,从而提高渠道的输水输沙能力。

5）渠道水力几何形态

簸箕李引黄灌区干渠梯形断面的边坡系数有 1.5 和 2 两种取值方式,其对应的水力最优断面宽深比为 3.61 和 4.47。显然,按水力最优断面设计的渠道过于窄深,这种断面虽然工程量最小,但不便于施工,不能达到经济的目的,故实际设计中一般多采用既符合水力最优断面的要求,又有适应各种具体情况需要的实用经济断面。实用经济断面是在水力最优断面的基础上,通过适当改变过水断面面积的大小,达到改变水力最优条件下的渠道经济实用断面的宽深比,既不改变通过的流量,又能满足当地工程情况对渠道宽深比提出的要求。在实际工程中受地形地质施工及运行条件制约,簸箕李引黄灌区采用的渠道宽深比在 7~10,接近经济实用断面。

## 参 考 文 献

[1] 王延贵,张炳仁,刘和祥,等. 簸箕李灌区的泥沙及水资源利用对环境及排水河道的影响[R]. 北京:中国水利水电科学研究院,1995.

[2] 王延贵,胡春宏. 引黄灌区水沙综合利用及渠首治理[J]. 泥沙研究,2000(2).

[3] 王延贵,李希霞,周景新,等. 簸箕李灌区引水引沙特性分析[J]. 人民黄河,1996(1).

[4] 蒋如琴,彭润泽,黄永健,等. 引黄渠系泥沙利用[M]. 郑州:黄河水利出版社,1998.

[5] 曹文洪,戴清,方春明,等. 引黄灌区水沙配置与关键技术研究[M]. 北京:中国水利水电出版社,2008.

[6] 周景新. 簸箕李引黄灌区泥沙处理分析[J]. 山东水利,2006(4).

[7] 房本岩,王云辉,刘丽丽. 簸箕李引黄灌区水沙运行规律分析[J]. 中国农村水利水电,2001(11).

[8] 房本岩,周景新,姚庆锋,等. 簸箕李灌区渠首泥沙治理情况[R]. 簸箕

李引黄灌溉管理局,2001.

[9] 王延贵,李希霞,刘和祥. 典型灌区引黄对环境的影响[J]. 水利水电技术,1997(11).

[10] 史红玲,戴清,袁玉平,等.引黄灌区泥沙处理措施及提水设施的减淤作用[J].泥沙研究, 2003(6).

[11] 刘丽丽,等. 簸箕李引黄灌区水沙分布规律及优化调度经验浅谈[J]. 中国农村水利水电,2007(12).

[12] 张瑞瑾,谢鉴蘅,等.河流泥沙运动力学[M].武汉:武汉大学出版社,1980.

[13] 钱宁,万兆惠,周志德.泥沙运动力学[M].北京:科学出版社,1983.

# 第4章　位山灌区泥沙问题研究

## 4.1　位山灌区泥沙问题综述

### 4.1.1　位山灌区基本情况

位山灌区是全国六个特大型灌区之一,也是黄河中下游最大的引黄灌区,它承担了聊城市36万 hm² 的农业灌溉、工业及城镇建设的供水任务,同时还承担了引黄济津、引黄入卫两大跨流域调水任务,成为聊城乃至华北农业及整个国民经济发展的生命线[1],图4-1为位山灌区示意图。

位山灌区始建于1958年,1961年实际灌溉面积达到16.7万 hm²,1960~1964年灌区连降暴雨,灌区灌排系统又不配套,排水能力不足,实行大水漫灌,灌水方法比较落后,致使灌区内部分地区内涝、土地次生盐碱化严重,被迫于1962年停灌。由于灌区旱情的发展、农业生产的需要以及农民的强烈要求,1970年位山灌区重新复灌[2]。复灌后灌区渠首设计引水流量280 m³/s,设计灌溉面积28.8万 hm²。1981年对位山引黄闸进行了改建,改建后,设计引水流量240 m³/s,设计灌溉面积28.8万 hm²。80年代中后期,灌区改建规划调整,设计灌溉面积扩大为36万 hm²。

位山灌区工程模式主要采用骨干工程灌排分设,田间工程灌排合一为主的形式。在工程布局与工程配套现状上,灌区设有东、西输沙渠2条,长度30 km;东、西沉沙条池两片,9条沉沙条池;输水总干渠1条,长度3.4 km;干渠3条,长度233.8 km;分干渠53条,总长度961 km;支渠825条,总长度2 176.6 km,其中流量大于

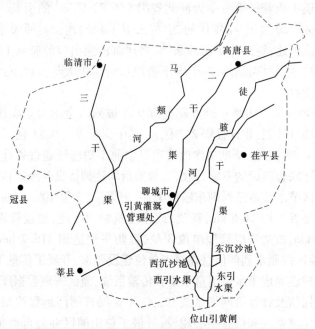

图 4-1 位山灌区示意图

1.0 m³/s 的支渠 385 条,总长度 2 100 km;主要建筑物 1 522 座,大型调控性建筑物 20 座。位山灌区东输沙渠设计流量 80 m³/s,长度 15 km,下接东沉沙区,有沉沙条池 3 条,已还耕 1 条,主要使用 1# 池和 3# 池,两池轮用,条池长度分别为 3.0 km 和 3.2 km,沉沙面积分别为 186.7 hm² 和 146.7 hm²。条池下接一干渠,设计流量 72 m³/s,长度 63.06 km,控制灌溉面积 8.7 万 hm²。西输沙渠设计流量 160 m³/s,长度 15 km,下接西沉沙区,有条池 6 条,主要使用 1# 池、5# 池和 6# 池。条池下接总干渠,长度 3.4 km,设计流量 148.5 m³/s,总干渠后为二、三干渠,其中二干渠渠首设计流量 65 m³/s,长度 92 km,设计灌溉面积 8.7 万 hm²;三干渠渠首设计流量 73.5 m³/s,长度 78.74 km,设计灌溉面积 18.7 万 hm²。另外,三干渠还担负着每年冬季为河北省引水 6.22 亿 m³ 的引黄入卫供水任务。20 世纪 90 年代初,引黄入卫工程的建设对西渠系统进行了改扩建,新开辟 6# 沉沙条池,兴建沉沙池出口节制闸 1 座,以及西输沙渠衬砌加高,三干渠下游段进行了扩大与该渠重点渠段的防渗衬砌[2]。

位山灌区 1998~2006 年连续 9 年被列入全国大型灌区节水改造项目计划,累计投资 2.2 亿元,其中国家投资 0.81 亿元,灌区匹配 1.39 亿元。9 期节水改造项目中前 5 期已经通过省计委、省水利厅联合组织的专家验收,工程质量均达到优良等级。目前,位山灌区节水改造已衬砌东输沙渠、一干渠、二干渠 109.7 km,改造支级渠首工程 24.6 km,新建、改建建筑物 308 座,建设管理道路 95.4 km,改造基层管理单位 3 处,堤防平整造田 416.7 hm²。同时,灌区按照水利部信息化试点单位建设要求,开展了信息工程建设。现已完成了水情信息采集和传输系统,灌区管理数据库系统,机关通信及计算机网络系统,二、三干渠渠首闸门远程控制系统,水情监测系统和信息中心建设;开展了位山灌区办公自动化平台系统、灌区网站、各管理所和各县专管机构信息化系统建设[3]。

## 4.1.2　位山灌区泥沙问题综述

位山灌区与全国其他大型灌区面临的不同的问题就是泥沙治理问题。灌区从 1970 年复灌以来,引进了大量的泥沙,总计约 3.29 亿 m³,其泥沙处理的方式主要是靠沉沙池集中沉沙、以挖待沉,以保证所需淤沙的容积。年复一年的清淤泥沙在沉沙池区的堆积,严重恶化了当地的生态环境及当地农民的生产生活条件,社会经济层面上的问题受到极大的挑战。泥沙治理成为灌区长期、经济、安全运行的主要问题[4]。

位山灌区的泥沙处理一直受到国家的高度关注。特别是从 1998 年开始实施的以节水增效为中心的续建配套与节水改造项目,共投资 2.2 亿元,通过对东输沙渠、干渠及大型分干渠为主体的渠道衬砌,新建改建各类水工建筑物的工程改造任务,极大地改善了灌区的工程条件。工程投入运行后,提高了东输沙渠、干渠的水流输沙能力,改善了池区两岸的生态环境。在输水管理中,灌区尽量错开用水高峰,采取了"高水位、大流量、速灌速停"的输水措施,改变了泥沙分布规律,达到了分散沉沙及泥沙远送的目的,为灌区均衡受益及农业丰收提供了保障,效果显著[5]。

目前摆在位山灌区引黄任务面前的突出问题仍然是泥沙治理问题,主要是西输沙渠泥沙淤积严重和西沉沙池的容积严重不足。对此,省、市有关部门进行了大量卓有成效的规划研究工作,2005年 6 月提出了《位山灌区泥沙开发治理规划与研究》,提出了缩窄西输沙渠、东西沉沙池联合运用的东西输沙渠连接工程的改造方案。2006 年 3 月,国家发改委、水利部[2006]650 号文指出了造成位山灌区输沉沙区泥沙问题的原因,主要原因之一是灌区缺乏全面、统一的泥沙处理规划,未能统筹考虑和处理引黄泥沙问题。

对位山灌区泥沙处理的全面、统一规划,核心是确定沉沙池最佳淤沉泥沙量。沉沙池的淤沉率决定了输入田间的泥沙量,同时要解决有限的沉沙容积和无限的来沙需求这一根本性矛盾的办法,是充分利用小浪底水库投入运行以来,以及近年来黄河的水沙条件造成的黄河干流河段含沙量大幅度减少,以及灌区工程条件有较大的改善,输沙、输水渠道水流挟沙能力得以提高的有利条件,改变沉沙池的运行功能,通过动态调度运行方式,使沉沙池实现以拦截粗颗粒泥沙为主,而将尽可能多的细颗粒泥沙从沉沙池中排出,减少沉沙池淤沉率,将尽可能多的泥沙通过输水渠道输送直至入田。输沙入田的泥沙,包括输水干渠及大的支渠部分落淤泥沙。通过清淤,泥沙堆积在渠道两边,由于分布广,能被当地农民自发运走,用于垫高房基地或作为工程材料,最终被转化到田间[6]。

对位山灌区的泥沙处理的全面、统一规划,统筹考虑和处理泥沙问题,就是要从灌区整体(包括输沙渠、沉沙池、干渠)来确定相应的工程措施。西输沙渠的泥沙淤积问题,是西输沙渠－西沉沙池这个系统的设计运行条件决定的。除西输沙渠渠道本身存在的小流量引水与大断面过流之间的不协调外,更重要的是西输沙渠入西沉沙池的水流条件,而西沉沙池出口处高程以及与之连接的总干渠、三干渠闸底高程均不足以形成有利的冲刷状态。这正是挟沙水流在从西输沙渠入西沉沙池时处呈现壅水状态,导致泥沙大量淤积的原因所在。

位山灌区的泥沙治理工作,从根本上来说是要对灌区泥沙优化配置。当前机遇和挑战并存,充分利用有利条件,适时改变灌区引水调度运行方式,转变沉沙池的功能,实现沉沙池动态调控运行,就能使得灌区泥沙实现由点(沉沙池)到线(干渠)到面(支渠以下直至田间)的转移,实现位山引黄灌溉走上良性循环、可持续发展的道路[6]。

# 4.2　新形势下位山灌区面临的主要泥沙问题

## 4.2.1　位山灌区水沙运行情况

位山灌区地处鲁西平原,是南水北调东线工程的必经之地,是全国六个特大型灌区之一和黄河下游最大的引黄灌区。灌区自1970年复灌以来,承担了聊城市65%以上耕地的灌溉任务,覆盖了8个县(市、区)85个乡(镇)的全部或大部分耕地,为聊城市工业及城镇建设提供了可靠的水源保证。同时还承担了引黄济津、引黄入卫跨流域调水任务,成为聊城乃至华北农业及整个国民经济发展的生命线[7]。

#### 4.2.1.1 引水、引沙量

位山灌区自 1970 年至 2004 年共引水 435.62 亿 $m^3$,其中引水灌溉、工业及城市建设用水 354 亿 $m^3$,引黄入卫 21.86 亿 $m^3$,引黄济津 59.76 亿 $m^3$。

#### 4.2.1.2 清淤量

引黄必引沙。灌区共引进泥沙 32 794 万 $m^3$。为了确保灌区正常引水,满足供水的需要,每年需对输沙渠和沉沙池进行清淤。根据 1970~2004 年清淤资料统计,共清淤泥沙 12 172.87 万 $m^3$,其中,东输沙渠 1 615.11 万 $m^3$,西输沙渠 3 342.51 万 $m^3$,东沉沙池 1 928.42 万 $m^3$,西沉沙池 5 286.83 万 $m^3$,分别占总清淤量的 13.27%、27.46%、15.84% 和 43.43%,见图 4-2,由图可知,西渠系统,包括西输沙渠、西沉沙池其清淤量共计 8 629.34 万 $m^3$,占整个灌区的 70.89%。由于年复一年的清淤,西输沙渠两侧大堤不断加高、展宽。所清出的泥沙颗粒粗、密实性差,每遇风天,飞沙铺天盖地而来,植被被埋没,农作物多半死亡。目前,输沙渠两岸已形成高于地面 7~15 m、每侧宽度 30~100 m 的沙质高地。西沉沙池的清淤弃土已形成高出地面 7 m 的沙质高地。目前,灌区沉沙池区沙质高地总计 0.15 万 $hm^2$,其中得到初步开发治理的沙质高地 0.067 万 $hm^2$,使得当地的生态环境严重恶化。可耕地面积不断减少,农民赖以生存的土地基础变得更加脆弱,严重影响当地农民的生产生活条件,社会经济层面受到极大的挑战。

### 4.2.2 位山灌区东、西输沙渠运行情况的对比分析

#### 4.2.2.1 东、西输沙渠设计输水输沙条件比较

比较东、西输沙渠设计参数可知,在设计流量引水条件下,西输沙渠的设计流速较东输沙渠设计流速大[8]。比较不同流量条件下东、西输沙渠上、下渠段流速值可知,西输沙渠流速值均大于东输沙渠流速值。比较东、西输沙渠引水含沙量值可知,两者无明

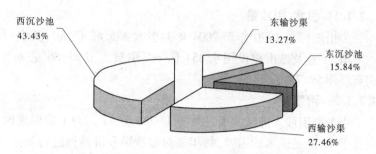

图 4-2　位山灌区东、西沉沙区清淤量情况对比

显差别。表 4-1 为东、西输沙渠不同流量级概率统计,由表可知,东输沙渠小引水流量的概率小于西输沙渠,大引水流量的概率则大于西输沙渠,这说明东输沙渠实际运行条件优于西输沙渠,西输沙渠长期小流量引水是造成泥沙淤积的原因之一。综合上述分析,从东、西输沙渠渠道的设计运行条件比较,引沙条件基本相当,引水条件东输沙渠略优于西输沙渠,而渠道设计本身,西输沙渠则优于东输沙渠。

表 4-1　位山灌区东、西输沙渠不同流量级概率统计

| 流量级 | 西输沙渠 | | | 东输沙渠 | | |
|---|---|---|---|---|---|---|
| | < 40 m³/s | 40 ~ 120 m³/s | > 120 m³/s | < 20 m³/s | 20 ~ 60 m³/s | > 60 m³/s |
| 概率 (%) | 15.26 | 65.87 | 18.87 | 20.39 | 47.98 | 31.63 |

### 4.2.2.2　东、西输沙渠实际运行情况比较

东、西输沙渠渠道实际运行情况表明,东、西输沙渠渠道中泥沙淤积状况明显不同:东输沙渠年内泥沙冲淤平衡;西输沙渠泥沙淤积严重。

西输沙渠泥沙淤积的原因分析:灌区输沙渠的运行情况,最直

接是看其挟沙水流在渠道内的水流运动条件中的水面比降,西输沙渠渠底比降为 1/7 000,实测资料表明,西输沙渠水面比降不论是小流量引水还是大流量引水,均小于渠底比降。同一年份的同一流量范围内的水面比降有一定的变化,清淤前的水面比降减小,最大减小到 1/11 017(1994 年 9 月 23 日 $Q = 133$ m³/s),水面比降减小是由于西输沙渠尾沉沙池口淤高导致水位的上升。当沉沙池淤积高程达到 35. 8 m 时,西输沙渠实际比降为 1/10 714。也就是说,西沉沙池口的淤积面高程高于西输沙渠尾的渠底高程(34. 82 m)约 1 m,按设计要求,当沉沙池原设计池底高程淤积至 34. 8 m 时就必须进行清淤,目前沉沙池运行按照沉沙池进口高程 34. 81 m,出口高程 34. 54 m,比降 1/20 000。但实际运行中是无法满足设计条件的。相比之下,东输沙渠的水面比降不论是小流量引水还是大流量引水,均大于 1/6 000,最大增至 1/4 322(1998 年 2 月 21 日 $Q = 28$ m³/s)。

东、西输沙渠至东、西沉沙池设计条件和实际运行特征见图 4-3,由图可知,在极端水面比降条件下,即东输沙渠水面比降 1/4 322,西输沙渠水面比降 1/11 017 的计算结果,东输沙渠尾王小楼站水位为 36. 31 m,较设计水位 36. 93 m 下降 0. 62 m;西输沙渠尾苇铺站水位 38. 06 m,较设计水位 37. 17 m 实际上升 0. 89 m。2006 年 3 月 6 日实测水面线成果王小楼站水位 37. 00 m、苇铺站水位 37. 86 m 与计算结果基本一致(见图 4-3)。而渠底比降,实测一干渠兴隆闸底高 32. 80 m,较设计底高 32. 59 m 抬高 0. 21 m;实测苇铺站渠底高程 36. 76 m,较设计渠底高程 34. 91 m 抬高 1. 85 m。很显然,一干渠兴隆闸前底高与沉沙池入口处近 3 000 m 范围有 1. 90 m 落差,此落差必然形成强烈的自沉沙池出口向上至东输沙渠渠道强烈的溯源冲刷。相反,西输沙渠、西沉沙池系统,实测水面线在西输沙渠整体上抬,二干渠周店闸两者基本相同,从水面线完全可以看出,没有明显的落差,呈现淤积态势。这就是东、西输沙渠泥沙淤积现状相差的原因所在。这对于西输沙渠的改造具有指导意义,在渠道比降无法调整的条件下,应着力改善渠道尾部入沉沙池口的水流条件,而这一条件的改善又依赖于沉沙池出口条件,因为沉沙池出口处高程作为整个系统的侵蚀基准面起着控制性作用。务须使西输沙渠的水面比降能达到设计的水面比降,从根本上改变输沙渠道的输沙条件和淤积状况[9]。

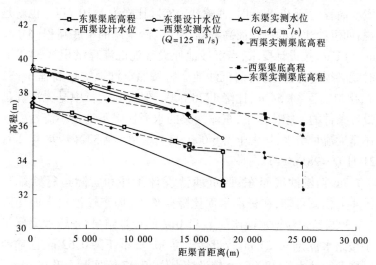

**图 4-3　位山灌区东、西输沙渠至东、西沉沙池设计条件和实际运行特征**

### 4.2.2.3　西输沙渠泥沙淤积以溯源淤积为主要特征

西输沙渠的泥沙淤积从理论上讲应包括自上而下的沿程淤积和自下而上的溯源淤积两种图形[10]。分析东、西输沙渠进、出口含沙量关系(见图 4-4 和图 4-5),东输沙渠出口含沙量基本上大于进口含沙量,验证了东输沙渠的渠道基本处于冲刷状态。西输沙渠的进、出口含沙量值,有时进大于出,有时出大于进,总体上是进口含沙量略大于出口含沙量,但进、出口含沙量的差别不会造成西输沙渠那么大的泥沙淤积量。因此,对西输沙渠这个特殊边界条件下,从图 4-3 可以看出,渠尾苇铺站淤得最多,淤高 1.85 m,高村站淤高 1.55 m,渠首淤高 0.46 m,显示了由沉沙池入口处泥沙淤积向上延伸,充分说明西输沙渠的泥沙淤积主要是泥沙溯源淤积。

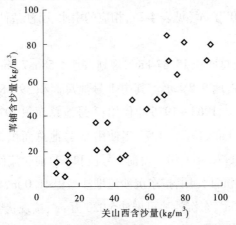

图 4-4　位山灌区西输沙渠进、出口含沙量关系

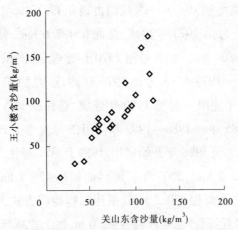

图 4-5　位山灌区东输沙渠进、出口含沙量关系

### 4.2.3　位山灌区东、西沉沙池运行情况对比分析

承担沉沙功能的东、西沉沙池,目前的剩余容积分别为 2 100 万 m³ 和 3 400 万 m³(见表4-2),相应的引水、引沙条件下,使用年限见表4-3。

东沉沙池总面积 15.87 km²,规划占地 1 586.7 hm²,共建有 3 个沉沙条池,占地 9.2 km²。其中 1 号池总面积 397.8 hm²,池内面积 375.8 hm²,1968~1976 年使用;2 号池总面积 197.1 hm²,池内面积 161.9 hm²,1972~1973 年使用;3 号池总面积 325.2 hm²,1973 年修建,1976 年使用。目前 1 号池和 3 号池轮流使用,尚有 4 km² 面积可供沉沙使用,按东沉沙池堆沙高程 41.0 m,新扩 4 号池容积 2 920 万 m³,东沉沙池可堆沙 5 020 万 m³,按现状容积引水引沙量条件可使用年限为 26.8 年。西沉沙池,南北长 5.5 km,平均宽 3.5 km,总面积 19.25 km²,规划占地 0.19 万 hm²,共建有 6 个沉沙条池。1 号池 1970 年建成,总面积 187.6 hm²,使用于 1971、1972 年和 1980、1981 年;2 号池 1970 年建成,总面积 207.1 hm²,使用于 1973~1977 年;3 号池 1975 年建成,总面积 169.6 hm²,1977~1979 年使用;4 号池 1980 年建成,总面积 332.5 hm²,分别在 1982~1985 年和 1988~1989 年使用;5 号池建于 1983 年,总面积 147.5 hm²,于 1986 年开始使用,1989 年和 1 号池合并使用,两池总面积 335.2 hm²,2003 年扩池后面积达 429.5 hm²;6 号池于 1994 年兴建,总面积 430.7 hm²,采用以挖待沉方式沉沙,目前仍在运用。规划西沉沙池堆沙高程 42.0 m,加上规划新扩 7 号池容积 2 550 万 m³,可堆沙 5 950 万 m³。按现状引水引沙条件可使用年限为 9.2 年[11]。东、西沉沙池沉沙容积对比见图 4-6、图 4-7。

表 4-2　位山灌区东、西沉沙池剩余堆放容积

| 项目 | | 剩余容积<br>（万 m³） | 项目 | | 剩余容积<br>（万 m³） |
|---|---|---|---|---|---|
| 东沉沙池 | 1 号池 | 1 000 | 西沉沙池 | 1、5 号池 | 1 300 |
| | 2 号池 | 700 | | 2、3 号池 | 1 100 |
| | 3 号池 | 400 | | 6 号池 | 1 000 |
| | 规划新 4 号池 | 2 920 | | 规划新 7 号池 | 2 550 |
| 合计 | | 5 020 | 合计 | | 5 950 |

表 4-3　位山灌区规划沉沙区使用年限分析

| 运用方式 | | 剩余容积<br>（万 m³） | 年均沉沙量（万 m³） | | | 使用年限<br>（年） | 备注 |
|---|---|---|---|---|---|---|---|
| | | | 2010 年前 | 2011 ~<br>2020 年 | 2021 年后 | | |
| 东沉<br>沙池 | 不扩池 | 2 100 | 52.47 | 52.47 | 51.5 | 40.5 | 1. 年均沉沙量按位山引沙量的 50% 计；<br>2. 引黄济津 2011 年停止供水 |
| | 扩池 | 5 020 | 52.47 | 52.47 | 51.5 | 97.2 | |
| 西沉<br>沙池 | 不扩池 | 3 400 | 472.48 | 234.1 | | 9.2 | |
| | 扩池 | 5 950 | 472.48 | 234.1 | 229.77 | 25.5 | |
| 联合<br>运用 | 不扩池 | 5 500 | 524.94 | 286.56 | 281.77 | 15.1 | |
| | 扩池 | 10 970 | 524.94 | 286.56 | 281.77 | 34.5 | |

## 4.2.3.1　传统沉沙池的设计与运用方式是沉沙池容积严重不足的原因

传统的沉沙池设计，以追求沉沙效果为目标，选择合适的沉沙池型式。湖泊式沉沙池由于水流进入池口后突然扩散，流速陡然减小，因而泥沙大量沉淤在沉沙池进口的部位，严重阻碍了正常的

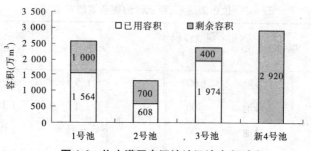

图4-6    位山灌区东沉沙池沉沙容积对比

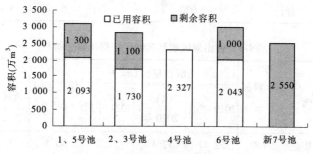

图4-7    位山灌区西沉沙池容积对比

引水,沉沙池有效容积得不到充分利用,不符合沉沙池拦粗排细的运用原则;带状条渠式沉沙池,由于在池子进口后的不远处断面突然变宽,上段落淤多,其尾部落淤就很少,首、尾两部位的落淤量相差可达3~4倍;梭形条渠式沉沙池,由于其断面进口处就开始逐渐放宽,然后再收缩,水流由急逐渐变缓,再逐步加速,泥沙在沿程能够比较均匀地下沉,首尾部位的泥沙厚度仅相差40%。打渔张灌区根据试验研究并结合苏联的经验[2],将渠首洼地划成若干梭形条渠式沉沙池(见图4-8),并在沉沙池出口处布设控制建筑物,以调节泄水流量,控制分水及池内水位,调节水流比降及流速,控制沉淤率和落淤的均匀度,达到了沉沙池拦粗排细、充分利用其有效库容、延长其使用寿命的目的。

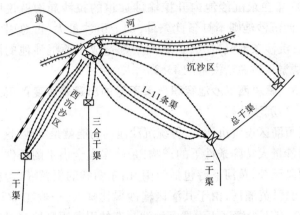

图 4-8　打渔张灌区沉沙总体布置示意图

### 4.2.3.2　东、西沉沙池的设计条件比较

西沉沙池南北长 6 000～7 100 m(5 号池和 6 号池),原设计底高程 34.5 m,目前沉沙池运行按照沉沙池进口高程 34.8 m,出口高程 34.54 m,比降 1/20 000;东沉沙池南北长 3 000～3 200 m(1 号池和 3 号池),进口高程 34.70 m,出口高程 34.58 m,比降 1/23 000。西沉沙池出口连接总干渠至二、三干分水闸,其高程为 33.95～33.93 m,其高差仅为 0.6 m 左右;东沉沙池出口直接连接一干渠,一干渠入口兴隆村闸底高程 32.59 m,其高差达 2.0 m。显示了东、西沉沙池出口条件相差甚远。西沉沙池出口设置了沉沙池出口闸,其底高程为 34.36 m,与沉沙池出口高程 34.54 m 相差仅 0.18 m。

东沉沙池入口紧连东输沙渠,连接段形状规则,可形成有利的流路;西沉沙池由西输沙渠尾部经过较长一段狭长段,流路不畅,易造成泥沙在口门段落淤。归纳起来看,东沉沙池入池时水流顺畅,出口处有较大的落差,容易造成减轻泥沙在池内落淤的水流特性,沉沙池清淤量仅占总清淤量的 15.84%,甚至可产生冲刷状态,2005 年在东沉沙池内开挖输沙通道的拉沙局面就说明了这点[8]。西沉沙池则不具备此条件,加上引沙量大,占总引沙量的 77.3%,沉沙条池又较长,这些因素都造成了西沉沙池的沉沙量大,其清淤量占总清淤量的 43.3%。

### 4.2.3.3　解决西沉沙池容积严重不足的出路是改变西沉沙池的沉沙功能

引黄灌区设置沉沙池,传统沉沙池的功能就是沉沙,这是针对黄河含沙量大特殊条件下的产物,是确保安全供水的条件[9]。自引黄灌溉至今,黄河下游包括河南、山东两省的引黄灌区,特别是河南省的引黄灌区,由于其灌区输沙渠比降大,一般在 1/2 500 ~ 1/4 500,有不少灌区不设置沉沙池。有的引黄灌区原来设置沉沙池运行,经过一段时间的运行,已没有可供沉沙的低洼盐碱荒地,也取消了沉沙池,通过灌区工程改造,采用浑水灌溉的方式,直接输沙入田。山东省目前也有不少灌区由于不具备沉沙条件,不设置沉沙池,有的灌区渠首不具备沉沙池的条件,采取通过长距离输沙将黄河水输送至灌区下游地区设置的沉沙池,如小开河灌区就是通过 52 km 长的输沙渠将黄河水输送至灌区下端的沉沙池,由沉沙池再向下游输水干渠送水的。

对于位山灌区而言,能否改变沉沙池的沉沙功能,即由拦截大含沙量引水时的沙峰和拦截粗颗粒泥沙的功能转变为主要拦截粗颗粒泥沙。把淤积在沉沙池的小于 0.05 mm 的细颗粒泥沙从沉沙池中"请"出去,以减少沉沙池的沉沙量。结论应该是可以的,因为灌区的引沙条件发生了变化,同时灌区的工程条件有了极大的改变。灌区下游一、二、三输水干渠水流挟沙能力的提高足以将更多的泥沙向其下游输送。

改变沉沙池沉沙功能的条件如下。

1)灌区引沙条件的改变

根据《中国河流泥沙公报》2005 年资料(见表 4-4),黄河花园口以下干流主要站的2001～2005年平均含沙量较多年平均含沙量减少了近2/3。

**表4-4　黄河上游测站实测泥沙特征值与多年平均值比较**

| 时段 | 多年平均含沙量(kg/m³) | | | | | |
|---|---|---|---|---|---|---|
| | 花园口 | | 高村 | | 艾山 | |
| | 均值 | 占总时段(%) | 均值 | 占总时段(%) | 均值 | 占总时段(%) |
| 1950～2005年 | 25.1 | | 25.1 | | 23.9 | |
| 2001～2005年 | 6.08 | 24.2 | 8.66 | 34.5 | 10.7 | 44.8 |

2)通过衬砌工程,干渠的水流输沙能力得以提高

中国水利水电科学研究院在1998年承担"小开河引黄灌区泥沙长距离输送研究"时曾整理了位山灌区1994～1996年一、二、三干渠(长度分别为24 km、52 km和40 km)进出口含沙量之比(即含沙量的沿程衰减)与进口含沙量关系(见图4-9～图4-11)[2]。由图可知,其挟沙水流特性如下:

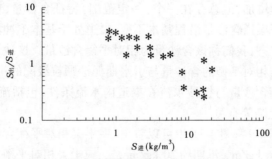

**图4-9　位山灌区一干渠 $S_{出}/S_{进}$ 与 $S_{进}$ 关系**

挟沙水流在渠道内时冲时淤,引水含沙量是决定冲淤的主要因素,较高含沙量引水时含沙量沿程减小和较低含沙量引水时含

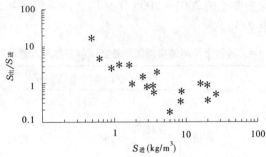

图 4-10　位山灌区二干渠 $S_{出}/S_{进}$ 与 $S_{进}$ 关系

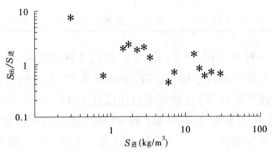

图 4-11　位山灌区三干渠 $S_{出}/S_{进}$ 与 $S_{进}$ 关系

沙量沿程增加,但总存在一个(一定范围)特征含沙量,在该含沙量条件下渠道含沙量沿程基本不变,渠道处于基本不冲不淤的相对平衡状态,我们称该含沙量为相对平衡含沙量。挟沙水流在渠道内处于相对平衡的含沙量与引水期泥沙颗粒级配的粗细有关。相对平衡含沙量与挟沙水流在渠道内水流条件,包括流速(引水流量)、比降等有关。

　　从图 4-9 ~ 图 4-11 中可以看出,一干渠相对平衡含沙量非汛期为 5 ~ 6 kg/m³,汛期约 20 kg/m³,二、三干渠相对平衡含沙量非汛期为 3 ~ 4 kg/m³,汛期约 17 kg/m³。分析实测资料可知,2000 ~ 2005 年一干渠兴隆村站汛期最大进口含沙量仅为 9.41 kg/m³,二、三干渠站仅有非汛期测验资料,最大含沙量仅有 2.42 kg/m³

和 2.49 kg/m³。能和 1994 ~ 1996 年资料相比的,仅有一干渠 2002 年汛期和非汛期较完整的资料,点绘的 $S_{出}/S_{进} \sim S_{进}$ 关系图见图 4-12,由图可知,规律基本一致,相对平衡含沙量在 6 ~ 7 kg/m³,也就是说,当渠道的进口含沙量小于 6 ~ 7 kg/m³ 时,渠道可保持冲淤平衡状态。

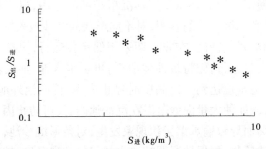

**图 4-12  位山灌区一干渠 2002 年 $S_{出}/S_{进}$ 与 $S_{进}$ 关系**

### 4.2.3.4  沉沙池动态调控运行的技术支撑、经验及成功实践

1)沉沙条渠泥沙冲淤特性

沉沙条渠泥沙冲淤特性是沉沙池动态调控运行的技术支撑。"八五"国家重点科技攻关项目"黄河治理与水资源开发利用"《引黄渠系泥沙利用》研究中,曾对山东滨州簸箕李引黄灌区沉沙条渠泥沙冲淤特性和机理进行了深入的分析研究,得出沉沙条渠泥沙冲淤特性主要是:①引水含沙量是造成沉沙条渠泥沙冲淤交替的主要因素;②沉沙条渠的冲淤以大含沙量引水的淤积和小含沙量引水的冲刷为主要特征;③粗颗粒泥沙在大含沙量引水时的淤积将在小含沙量引水时被冲刷出去。这就表明,沉沙条渠的作用是调节大含沙量引水的沙峰,调节粗颗粒泥沙含量,为其下游渠道的少淤和不淤创造条件。淤积时,小于 0.05 mm 的泥沙同样要淤积,只是比大于 0.05 mm 的泥沙淤积比要小;冲刷时,大于 0.05 mm 的泥沙同样会被冲刷。这就提供了这样一种可能性,通过对沉沙

条渠进行动态调控运行,即在大含沙量引水时,充分利用汛期泥沙颗粒细的条件,使尽可能少的泥沙淤积在沉沙条渠内,而在小含沙量引水时,采取一定的工程措施使尽可能多的淤积泥沙被冲刷出去,腾出"库容"。

2)沉沙池调控运行的经验

为了使沉沙池更好地发挥其沉粗排细的作用,以延长其使用寿命,充分利用沉沙池的容积,对不同形状的沉沙池采用不同调控方式:对湖泊式沉沙池,在非汛期采用低水位运行,汛期采用高水位与泄空交替运行,先将沉沙池泄空,再引水入池,加大输水渠比降,当沉沙池水位达到一定高度时停止进水,再向池外泄水,如此交替使用,既能使大量泥沙落淤在沉沙池内,又可防止因入池口处的迅速淤高而导致输水渠淤积现象发生;对条形沉沙池,在出口处设置控制建筑物,根据情况调控泄水闸门的开启高度,控制水流排出以提高其拦沙效果[10]。河南省人民胜利渠东三干渠1号沉沙池通过调控出口建筑物达到的拦沙效果,见图4-13。山东打渔张灌区采用梭形沉沙池型式,其出口采用叠梁板调节沉沙比,其试验效果见图4-14[2]。由图可见,叠梁板的高度对沉沙池沉沙效果的作用是非常明显的。也就是说,由出口泄流建筑物控制沉沙池尾部的水位就能达到所需要的沉沙池沉沙比。一般来说,在含沙量小,颗粒较粗时,宜低水位大比降运行,使泥沙尽量往下游移运;在含沙量大,颗粒较细时,高水位与低水位交替运行,保证沉沙池内沉淤泥沙的总量控制。

3)位山灌区东沉沙池冲沙的成功实践

2005年位山灌区为了解决一干渠上游段的冲刷,利用清淤时在使用的东沉沙区3号池内开挖了贯通自池进口至出口宽约20 m的池中输沙通道,经过一段时间的运行,最终从沉沙池冲出的泥沙被淤积在兴隆村至固堆王10.9 km范围的渠段,解决了渠堤脚的冲刷问题。据估计,从沉沙池中冲出的泥沙量为10.9×1 000 m×

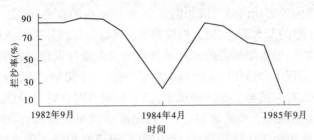

图 4-13 人民胜利渠东三干渠 1 号沉沙池拦沙效果示意图

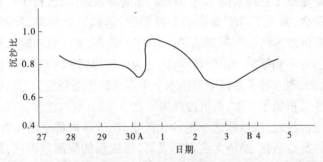

图 4-14 打渔张引黄灌区沉沙池出口控制运用时沉沙比变化情况

$15\ \mathrm{m} \times 1\ \mathrm{m} = 16.35$ 万 $\mathrm{m}^3$。其中渠底宽为 15 m,深 1 m。这是一次成功的实践,既解决了一干渠局部渠段的冲刷,又腾出了东沉沙池的容积,是一举两得的事。期望能将更多的泥沙冲出沉沙池,腾出更多的容积,继续解决剩下的冲刷渠段的护坡脚的问题。

# 4.3 位山灌区泥沙治理对策研究

## 4.3.1 位山灌区泥沙治理目标

### 4.3.1.1 位山灌区泥沙治理以生态环境良性循环、人与自然的协调发展为目标

引黄灌溉是造福子孙万代的伟业,但引黄必引沙。因此,对灌

区泥沙的治理始终是灌区长期安全、经济运行的首要问题[21]。灌区9年来的节水改造，极大地改善了灌区灌溉工程体系的条件，提高了输沙、输水渠渠道的水流挟沙能力。东输沙渠经过衬砌等工程后，实现了渠道年内泥沙基本冲淤平衡，一干渠渠道内泥沙基本不淤积，有时甚至呈现冲刷状态；二干渠渠道内有时有泥沙淤积，但当出现较大引水流量时，所淤积泥沙可被冲刷掉，无需进行清淤；三干渠由于比降缓，挟沙能力较低，渠道淤积较严重。近年由于沿渠建设了总提水能力约 100 m³/s 的提水泵站，改善了渠道的输水条件，减少了骨干渠道的泥沙淤积，达到了远距离输沙的目的。东沉沙池已多年不需清淤。东输沙渠、东沉沙池和输水干渠沿岸已看不到堆积如山的黄沙，代之为一排排郁郁葱葱的树林，这一切极大地改善了灌区下游输水干渠沿线的生态环境。但西输沙渠泥沙淤积仍很严重，西沉沙池内年复一年的沉沙、挖沙、再沉沙，不断侵占耕地，沉沙池区土地沙化严重，沉沙区内群众的生存、生活条件日益恶化，经济无法得到发展，形成新的局部贫困区，影响党和国家建设社会主义新农村的战略目标的落实[3]。

　　位山灌区的泥沙问题一直受到国家的高度重视。2006 年 3 月 30 日国家发改委、水利部办公厅《关于做好山东聊城位山引黄工程泥沙治理有关工作的通知》(发改委农经[2006]650 号文)中指出了造成位山灌区输沉区泥沙问题的主要原因之一是灌区缺乏全面、统一的泥沙处理规划，未能统筹考虑和处理好引黄泥沙问题。

　　对灌区泥沙处理全面、统一规划，从根本上来说就是把灌区泥沙作为和水资源一样，视为一种可转换的资源，进行合理的安排。当进入灌区的泥沙被输送入田间时，就实现了泥沙作为宝贵资源的转变，泥沙不再是害，不再是"包袱"，使泥沙资源中"宝"的部分得到最大限度的利用，而把有害部分降低到最小程度，并且通过对"害"的治理使之变为利，这样就可使生态环境得到良性循环，人与自然得以协调发展,这就是对灌区泥沙资源优化配置的根本目标。灌区上游东输沙渠、东沉沙池范围和灌区下游干渠沿线,已经看到了这一前景。有理由相信,这一前景在西输沙渠和西沉沙池也能实现。

#### 4.3.1.2 位山灌区泥沙治理是要对泥沙进行合理安排

对灌区泥沙合理安排,就是要实现灌区泥沙由点(沉沙池)到线(干渠)到面(支渠以下直至田间)的转变。

(1)沉沙池的功能由原来的尽可能多沉沙变为尽可能将大于0.05 mm粒径的泥沙淤沉,尽可能将小于0.05 mm粒径的泥沙减少侵占沉沙池容积;通过沉沙池动态调控运行,变沉沙池的"死"容积为"动"容积,成为可调节使用的容积。

(2)输沙渠以大含沙量条件下的淤积和小含沙量条件下的冲刷为运行条件,保持年内泥沙冲淤平衡。

(3)输水干渠略有淤积,保持多年泥沙冲淤平衡。

### 4.3.2 位山灌区泥沙治理的核心是用好沉沙池

#### 4.3.2.1 用好沉沙池的含义

我们讲用好沉沙池,有两层含义,直接的含义是因为现在沉沙池,特别是西沉沙池,容积严重不足。西沉沙池承担了灌区总引水量80.33%,总引沙量77.28%,处理泥沙任务的难度是显而易见的。同时,从更深的含义和更高的层面上,用好沉沙池是为了使尽可能多的泥沙被输送入田,实现泥沙资源的战略转移。

#### 4.3.2.2 沉沙池的沉沙效率决定输送入田的泥沙量

灌区输沙入田间泥沙量的多少主要取决于沉沙池的沉沙效率。

1)河南省引黄灌区

根据河南省引黄灌区的有关资料,河南省的引黄灌区,其渠道纵比降在1/2 500~1/4 500,在不设沉沙池条件下,渠系泥沙淤积量占引沙量的 10%～30%,输沙入田的泥沙量为 65%～87%。设沉沙池的灌区,渠系泥沙淤积量在 7%～30%,与不设沉沙池的灌区的情况基本相同,输入田间的泥沙量在 10%～74%。当沉沙池沉沙量为总引沙量的 1.0%～7.5%(祥符朱、杨桥、花园口),即基本不淤时,输入田间的泥沙量为 68.0%～84.5%;当沉沙池沉沙量为总引沙量的 13.1%～18.5%(黑岗口、柳园口)时,输入田间的泥沙量为 52.9%～62.5%;当沉沙池沉沙量为总引沙量的 59%(黄河渠)时,输入田间的泥沙量为 18%;当沉沙池沉沙量为30.2%(韩董庄)时,进入田间的泥沙量为 37.4%。

　　2)山东省引黄灌区

　　山东省引黄灌区,当渠道比降在 1/7 500～1/8 000 时,不设沉沙池的灌区,如陈垓、簸箕李灌区,经过对渠道采取衬砌综合改造措施后,输沙入田泥沙量占总引沙量的 10%～30%,麻湾灌区在渠道未衬砌的条件下,通过运用调度调节节制闸和扬水站前的水位,加大渠道的水面比降,造成渠道有利的输沙条件,输入田间的泥沙量可达 60%,渠道多年不清淤。陈垓灌区目前使用沉水池(沉沙条渠)沉沙,其沉沙池沉沙量占总引沙量的 46.3%,其输入田间的泥沙量达到 29.1%。据簸箕李灌区 1985～1993 年资料统计,沉沙条渠淤沉泥沙量占总引沙量的 24.7%,输入田间的泥沙量占 32.8%[2]。

　　3)位山灌区

　　东输沙渠 - 东沉沙池 - 一干渠系统的统计资料显示:如按1970～2004 年多年清淤量统计,东输沙渠清淤量占总清淤量的13.27%,东沉沙池清淤量占总清淤量的 15.84%,两者合计29.11%;按 2002～2004 年沉沙池区泥沙淤积量统计,东输沙渠冲刷了 17.8 万 t,东沉沙池总引沙量 498.8 万 t,淤积量为 155.1万 t,淤积率 31.1%。两种统计资料,表明了有大约 70%的泥沙是被输沙渠沿线的分干渠(引出 79 万 t)、沉沙区沿岸(引出 19.6 万

t)以及一干渠沿线消化掉了。因为大的分干渠把泥沙从输沙渠或沉沙池引出后,即使是淤积在渠道,通过清淤泥沙堆积在渠道两侧,最终还是通过多种途径进入了田间。

西输沙渠 – 西沉沙池 – 二、三干渠系统,按 1970 ~ 2004 年多年清淤量统计,西输沙渠泥沙淤积量占 27.46%,西沉沙池清淤量占 43.43%,合计占 70..89%;按 2002 ~ 2004 年沉沙池区泥沙淤积分布计,西输沙渠清淤量占 13.2%,西沉沙池占 34.2%,合计 47.4%,约 50%。二、三干渠均有一定的渠道淤积量。粗略估计输入田间泥沙量约 20%。

沉沙池淤泥率与输入田间的泥沙百分数之间的关系清楚地表明,沉沙池淤沉率不仅关系到沉沙池容积是否允许的问题,而且涉及进入灌区的泥沙有多少能够输沙入田。而输入田间的泥沙量的多寡决定了有多少泥沙转换成宝贵的资源。

### 4.3.2.3　位山灌区沉沙池最佳沉沙效率

沉沙池最佳沉沙效率,取决于需要沉多少和可能承载多少之间的矛盾统一。而需要沉多少沙取决于引黄泥沙悬移质颗粒级配中需要处理的粗颗粒泥沙的含量,即大于 0.05 mm 的部分,据黄河干流泺口站的资料显示,汛期大于 0.05 mm 的泥沙占 15.4%,非汛期大于 0.05 mm 的泥沙占 25.5%(见表 4-5)。因此,沉沙池淤沉的沉沙量占总引沙量的 20% 左右是合理的。灌区泥沙承载能力需要深入研究,由未来若干时段内灌区灌溉面积、引水量、引水时间和含水量及可提供沉沙的容积等综合分析才能得出。目前规划部门在有关报告中列出的数字:2010 年前东沉沙池需沉沙 102 万 m³,西沉沙池需沉沙 477.2 万 m³;2011 ~ 2020 年东沉沙池需沉沙 85.8 万 m³,西沉沙池需沉沙 200.2 万 m³。

目前尚缺乏位山灌区沉沙池淤积粗颗粒级配系统观测资料,根据有关资料(见表 4-6)提供,在沉沙池的淤沉沙中,大于 0.05 mm 的泥沙含量仅为 15.9%,也就是说 84.1% 的沉沙池容积由小

于 0.05 mm 的泥沙占据。这显然是不经济的。目前,西沉沙池的
沉沙效率是 42.26%,若能把沉沙效率减少一半,约 20%,也就是
说让小于 0.05 mm 的泥沙尽可能从沉沙池中排出去,通过输水干
渠长距离输送至渠道沿线,就可大幅度减少沉沙池的沉沙量。

表 4-5　黄河干流泺口站悬移质平均颗粒级配

| 时期 | 小于某粒径的百分数(%) | | | | | | | 中值粒径<br>(mm) |
|---|---|---|---|---|---|---|---|---|
| | 0.005<br>mm | 0.01<br>mm | 0.025<br>mm | 0.05<br>mm | 0.1<br>mm | 0.25<br>mm | 0.5<br>mm | |
| 汛期 | 34.7 | 43.9 | 63.1 | 84.6 | 99.6 | 100 | | 0.014 |
| 非汛期 | 23.6 | 32.8 | 51.3 | 74.5 | 98.2 | 99.9 | 100 | 0.018 |

表 4-6　位山灌区不同部位淤积泥沙颗粒级配

| 部位 | 小于某粒径的百分数(%) | | | | | |
|---|---|---|---|---|---|---|
| | 0.25 mm | 0.10 mm | 0.05 mm | 0.025 mm | 0.010 mm | 0.007 mm |
| 沉沙池 | 100 | 99.8 | 84.1 | 31.7 | 8.3 | 3.8 |
| 分干、支渠 | 100 | 97.3 | 91.2 | 66 | 9.2 | 6.2 |

## 4.3.3　位山灌区泥沙治理工程措施

### 4.3.3.1　把西输沙渠、西沉沙池作为一个整体,统一考虑其工程改造方案

在前面我们分析了西输沙渠泥沙淤积严重的原因,除引水流
量达不到设计流量,长时期小流量引水外,主要是挟沙水流由西输
沙渠入沉沙池时运行条件差,不能自流入池,壅水条件下泥沙淤积
并产生由下而上向西输沙渠的溯源淤积,是西输沙渠泥沙淤积的
主要特征[1]。

在规划设计部门的改造方案中,提出把输沙渠的渠底宽度由

目前的 50~54 m 缩小到 40 m,并对断面型式进行优化,全断面衬砌等措施。这将有助于渠道水流条件的改善,特别是小流量引水条件。但要从根本上改善西输沙渠泥沙淤积严重的状况,在考虑西输沙渠断面缩窄、衬砌等工程措施的同时,要着力改善西输沙渠入西沉沙池的入流条件,而入流条件的改善依赖于沉沙池出口处能否形成大的水流落差。因此,把西输沙渠、西沉沙池,加上西沉沙池的改造作为一个整体加以考虑。

### 4.3.3.2　采用井字形输沉沙引水渠首,优化灌区引水调度方式

在前面我们分析了东输沙渠系统,输沙渠运行过程中保持较大的水面比降,入沉沙池水流条件顺畅,出口处有较大的落差,以及小流量引水概率小等有利条件,呈现出良好的运行状态。因此,充分利用东输沙渠－东沉沙池,特别是在小流量引水条件下,用以代替西输沙渠－西沉沙池系统,不仅在一定程度上缓解西沉沙池泥沙淤积容积不足的问题,更重要的是从灌区泥沙治理中优化引水调度方式的需要出发,充分利用东输沙渠－东沉沙池系统,承担灌区满足引水灌溉的需要和跨流域引水的需要。其中关键问题是要确保连接渠的安全、长期、正常运行,对这一方案需要深入论证。

### 4.3.3.3　改建西沉沙池出口闸实现西沉沙池的动态调控运用和彻底改善西输沙渠的输沙条件

位山灌区沉沙池出口闸是引黄入卫工程时建的,兴建的目的是控制沉沙池出口水位和出池含沙量,提高沉沙池的运用效果。该闸设计流量 148.5 m³/s,加大至 170.8 m³/s,闸室采用开敞式,共 8 孔,设计挡水高度 2.41 m,闸室上游侧设拦沙叠梁闸门,门高1.2 m,由 4 块叠梁组成,兴建后一直没有投入运行。要使沉沙池出口闸满足西沉沙池动态调控运行的功能和彻底改善西输沙渠－西沉沙池整个系统的输水输沙条件,必须加以改造。改造后的沉沙池出口闸应具备调节功能,引水含沙量大,即需要拦沙时,加大拦沙力度;引水含沙量小,即不需要拦沙时,让沉沙池作为输沙通

道;需要恢复沉沙池容积时,降低尾部水位,使沉沙池内直至西输沙渠形成溯源冲刷的条件,将尽可能多的泥沙冲出沉沙池,恢复沉沙池的容积;同时,加大西输沙渠的水面比降,提高水流挟沙能力。

### 4.3.3.4 充分考虑增加新的动力条件

位山灌区引黄灌溉,从引水闸自流引水,自流入沉沙池,到干渠引水闸输水入干渠及其以下这一系统,它的建设是与国民经济的整个发展水平相一致的。它基本上是靠水自身的动力来完成它的功能的。今天,进入21世纪,我们国家的发展水平和经济实力,从长远来看应考虑增加新的动力条件,如渠首兴建大型的浮动提水泵站,适应引水条件的变化。小浪底水库运行造成黄河下游干流渠段的冲刷,引水闸前床面冲深至 1 m 左右,在黄河干流流量380 m³/s 条件下,西输沙渠可引 160 m³/s 减少为 80 ~ 90 m³/s 的新问题,从更长的时间来看,一旦黄河干流床面继续冲刷,引水有可能面临更大的困难,适当增加新的取水方式的论证是值得的[1]。同时,西输沙渠入西沉沙池入流条件的改善,也可研究扬水入池的方式。这种方式能改善渠道内的水流流态,提高水流挟沙能力,同时还可调节入池流量,取得泥沙在沉沙池的合理分布。

## 参 考 文 献

[1] 许晓华,李春涛,陈文清,等. 位山灌区续建配套和泥沙处理利用的实践与研究[R].聊城市位山灌区管理处,2006.
[2] 蒋如琴,彭润泽,黄永健,等. 引黄渠系泥沙利用[M]. 郑州:黄河水利出版社,1998.
[3] 周宗军. 引黄灌区泥沙远距离分散配置模式及其应用[D].北京:中国水利水电科学研究院,2008.
[4] 张治昊,胡春宏. 黄河下游引黄灌区渠道淤积危害与治理措施[C]//第七届全国泥沙基本理论会议论文集.西安:西安理工大学出版社,2007.
[5] 许晓华,李春涛,等. 位山灌区引黄泥沙开发治理规划与研究[R].聊城

市位山灌区管理处,2005.

[6] 胡春宏,王延贵,等.流域泥沙资源化配置关键技术问题的探讨[J].水利学报,2005,36(12).

[7] 蒋如琴,彭润泽,等.引黄渠系泥沙利用及对平原排水影响的研究[R].北京:中国水利水电科学研究院,1995.

[8] 王景元,吴春友.小开河引黄灌区建设绿色生态型灌区[J].中国水利,2005(11).

[9] 戴清,刘春晶,张治昊,等.浅谈引黄灌区泥沙资源化实践中的若干问题[J].水利经济,2007(1).

[10] 钱宁,万兆惠,周志德.泥沙运动力学[M].北京:科学出版社,1983.

[11] 许晓华,李春涛,陈文清,等.山东省聊城市位山灌区引黄工程泥沙治理规划[R].聊城市位山灌区管理处,2006.

# 第5章　三义寨灌区泥沙数学模型的开发与验证

## 5.1　三义寨灌区概况[1]

### 5.1.1　工程概况

　　三义寨灌区是 1958 年兴建的大型引黄灌区,原设计流量 520 $m^3/s$,1974 年改建后引水能力为 300 $m^3/s$,1990 年再次改造后引水能力为 150 $m^3/s$,有总干渠 1 条,干渠 10 余条,有黄河故道平原水库 5 座,兰考东方红提灌站 1 座,流量 10 $m^3/s$。1992 年又开工兴建了新三义寨引黄工程。工程经过多年反复演变,实际形成了各自独立的三片灌区,即兰考东方红提水灌区、三义寨开封灌区、三义寨商丘灌区[1]。

　　三义寨引黄工程西起兰考县三义寨引黄闸,东至民权县部队农场桥。全部工程项目有:①渠道护砌工程总长 31.17 km,包括总干渠 0.75 km,商丘总干渠 16.29 km,东分干渠 8.28 km,兰考干渠 5.85 km;②沉沙条渠工程总长 8.96 km,其中条渠长 7 km,退水渠 1.96 km;③新建各种渠道建筑物共 82 座(其中分水枢纽工程 2 座,支(斗)渠分水闸 8 座,公路桥 2 座,跨渠生产桥 20 座,跨渠人行桥 1 座,跨沉沙条渠生产桥 4 座,排水入渠涵洞 29 座,排水入渠口 6 处,坝窝闸以下桥梁 10 座)。新三义寨引黄工程实施后,三义寨闸设计流量 107 $m^3/s$,年引水量可达 9.6 亿 $m^3$,其中向商丘供水 6.5 亿 $m^3$,灌溉面积 248.47 $khm^2$。其中正常灌区 78.93 $khm^2$(开封 44.6 $khm^2$,商丘 34.33 $khm^2$),补灌面积 169.8 $khm^2$(开封

39. 13 khm$^2$,商丘 130. 67 khm$^2$)。

## 5. 1. 2　输水输沙情况

三义寨灌区,在配水上都采用正常灌溉与补源相结合、自流灌溉与提水灌溉相结合、井灌与渠灌相结合的形式,在泥沙处理上各灌区根据自身的具体情况采用了不同的形式。东方红灌区和开封灌区采用分散沉沙、分散处理方式,不设沉沙池,泥沙分别沉积在各级渠系和田间,通过每年清淤,保证工程的正常运行。三义寨商丘灌区,由于地势、行政区划及灌区配水结构等原因,灌区在泥沙处理上,采用长距离输送、集中沉沙方式,由三义寨闸流经 25.2 km 干渠后进沉沙条渠,通过每年集中清淤来确保渠道引水畅通,表5-1 为三义寨灌区各渠段设计水力要素。

表5-1　三义寨灌区各渠段设计水力要素

| 项目 | 商丘总干渠 | 东分干渠 | 沉沙条渠 | 退水渠 | 商丘干渠 |
|---|---|---|---|---|---|
| 渠长(km) | 16.29 | 8.28 | 7 | 1.96 | 19.58 |
| 流量(m$^3$/s) | 63 | 44.5 | 56 | 56 | 56 |
| 水深(m) | 2.5 | 2.5 | 3~3.26 | 2.75 | 2.65 |
| 底宽(m) | 13.8 | 10 | 100 | 34.63 | 28.2 |
| 边坡(m:1) | 2 | 2 | 3 | 3 | 3 |
| 渠底起点高程(m) | 68.23 | 64.51 | 62.37 | 62.41 | 62.35 |
| 渠底起点高程(m) | 64.61 | 62.92 | 61.9 | 62.35 | 61.37 |
| 水面起点高程(m) | 70.73 | 67.01 | 65.37 | 65.16 | 65 |
| 水面终点高程(m) | 67.11 | 65.42 | 65.16 | 65.1 | 64 |
| 渠底比降 | 1/4 500 | 1/5 200 | 1/15 000 | 1/30 000 | 1/20 000 |
| 水面比降 | 1/4 500 | 1/5 200 | 1/30 000 | 1/30 000 | 1/20 000 |
| 护砌情况 | 护 | 护 | 未护 | 未护 | 未护 |

渠道两侧堆沙情况是:商丘总干渠:两侧宽 20.25 m,高 1 ~ 2 m;东分干渠:两侧各宽 20.30 m,高 2.4 m;沉沙条渠:左侧宽 100 ~ 140 m,高 4 ~ 5 m,右侧宽 200 ~ 280 m,高 1.2 m。因泥沙堆放空间有限,在年引水量远未达到设计引水的情况下,清淤泥沙已占据 60% 左右的空间,按目前的引水水平,所余空间仅够 4 年时间淤积堆放。目前沉沙区泥沙堆放形成了人工高地,因缺乏有效的保护措施,给周边环境及当地群众生活带来了诸多不便,造成了一定的经济损失。加上处理措施不当,清淤得不到当地配合,工作阻力大。泥沙问题在三片灌区中商丘灌区最为严重[1]。

## 5.1.3　气候特征

三义寨灌区属大陆性季风气候,多年平均降水量 714.2 mm,降水年内分配不均,6 ~ 9 月份占全年降水量的 66.8%。年季降水量变化较大,丰水年、枯水年降水量相差 2.5 ~ 3.9 倍,年平均气温 14 ℃ 左右,全区平均无霜期 213 d 左右,年日照时数 2 319 h,多年平均蒸发量 144.4 mm。年均干旱指数 1.60,春、冬两季干旱指数为 2.62 和 2.54,春旱和冬旱明显。

## 5.1.4　地形地貌及土壤

三义寨灌区位于黄淮海平原的西南部。地形地貌从成因上分三种类型:①废黄河高滩地:位于灌区北部,故道以北,历史上黄河挟带大量泥沙经历年沉积而形成,西高东低,高程 52 ~ 70 m,平均坡降 1/7 500,该区为正常灌区,土壤以砂土和砂壤土为主;②废黄河背河洼地:位于废黄河故道南大堤南侧,呈东西方向条带分布,西高东低,高程 46 ~ 64 m,平均地面坡降 1/7 000,灌溉面积不足灌区可灌总面积的 10%,主要由砂壤土和中砂壤土组成;③河间低平地:在废黄河背河洼地以南,是黄河泥沙冲积和受惠济河、沱河、浍河诸河流分割而逐渐形成的河间低平洼地,地势低平,由西北向东南微倾,高程 30 ~ 64 m,平均坡降 1/5 000 左右,灌溉面积占灌区耕地面积的 70% 左右,以补源为主,土壤主要为砂壤土和中壤土[1-5]。

## 5.1.5　农业种植

三义寨灌区内现有耕地 220.5 khm$^2$,农业人口 252 万人,人均耕地 0.087 hm$^2$,土地利用率约为 60%,种植作物以小麦、玉米、棉花、花生为主,分别占耕地面积的 76.7%、29%、24.8%、15.9%。复种指数为 1.89。

## 5.1.6　水资源情况

商丘市河川径流量多年平均为 8.99 亿 m$^3$,浅层地下水 17.68 亿 m$^3$,总量 26.67 亿 m$^3$,单位面积平均水量 3 810 m$^3$/hm$^2$,人均 312 m$^3$,分别占全省单位面积平均及人均的 60% 和 69%,居全省各地市的第 10 位和第 11 位。目前年供水能力 15.74 亿 m$^3$,其中地表水 1.43 亿 m$^3$,占总量的 9%,地下水 14.31 亿 m$^3$,占总量的 91%,地下水开采程度已大大超过全省平均水平,导致局部地区地下水位逐年下降。据预测,到 2010 年全市需水量 28.24 亿 m$^3$,已超出了本地区的水资源量,开源节流发展引黄灌溉是缓解当地水资源供需矛盾的主要措施[1]。

## 5.1.7　水利工程现状

三义寨灌区内水利工程按功能划分,主要有蓄水工程、引水工程、面上配套工程、井灌工程。蓄水工程以 5 座沿黄河故道串联的平原水库为主,面上主要河道建有拦水闸,总蓄水量达 1.4 亿 m$^3$ 左右。其中 5 座水库兴利库容 1 亿 ~ 13 亿 m$^3$,通过拦蓄降雨径流

和调蓄引黄水,用以灌溉、防洪、养殖;河道拦水闸拦蓄水 0.27
亿 m³ 左右,通过拦蓄径流和引水用以提灌和补源。

面上配套工程在布局上采用灌排合一方式。引水渠道和主要
河道及排水沟,相互贯通形成输水网络。

灌区现有机井 42 000 眼,已配套 39 900 眼,平均每眼控制面
积 4.13 hm²。灌区配水全部采用引提结合方式进行。正常灌区
采用一级提灌或二级提灌,补源灌区全部采用一级提灌方式。在
配水制度上,灌溉时期优先保证正常灌区用水,多余的水供补源灌
区直接提灌,在非灌溉期进行补源。引黄水首先进入水库,再经各
级渠系流进田间或入渗补给地下水。目前引黄水主要供农业灌溉
用水,少量补给地下水供城乡生活及工业用水[1]。

## 5.1.8　存在的主要问题

(1)泥沙问题。三义寨商丘灌区引水干渠长,清淤难度大,而
在引水干渠的下游又有调蓄水库,为防止水库淤积,引水入库之前
必须进行集中沉沙,设计 70% 的泥沙沉积在沉沙条渠内。泥沙处
理是制约灌区能否持续发展的主要因素,也是目前灌区首要解决
的问题。

(2)节水意识。三义寨灌区引水量计划偏大,缺少节水意识。
正常灌区以引水提灌为主,井灌相对较少,灌水方式单一,缺乏水
资源统一规划、联合运用,造成大量浪费,引水毛灌溉定额在 6 000
m³/hm² 以上,田间灌溉基本上是大水漫灌,既浪费了水资源,又大
量引沙造成清淤负担。

# 5.2 三义寨灌区泥沙数学模型的开发

## 5.2.1 基本方程

描述水流泥沙运动的一维恒定非均匀流模型的基本方程包括:

(1)水流连续方程:

$$\frac{\partial A}{\partial t} + \frac{\partial Q}{\partial x} - q_1 = 0 \tag{5-1}$$

式中:$A$ 为过水断面的面积;$Q$ 为流量;$q_1$ 为侧向流量,$q_1 > 0$ 为入流,$q_1 < 0$ 为分流;$x$ 为沿流程坐标;$t$ 为时间。

(2)水流运动方程:

$$\frac{\partial}{\partial x}\left(\frac{Q^2}{A}\right) + gA\left(\frac{\partial Z}{\partial x} + J\right) - u_1 q_1 = 0 \tag{5-2}$$

式中:$Z$ 为水位;$u_1$ 为侧向流动的流速在主流方向的分量;$J$ 为能坡;$g$ 为重力加速度。

(3)悬移质泥沙连续方程[2-5]:

$$\frac{\partial}{\partial x}(QS_k) + K_s \alpha_* \omega_k B(f_1 S_k - S_{*k}) = 0 \tag{5-3}$$

式中 $S_k$——第 $k$ 组泥沙断面平均含沙量;

$S_{*k}$——第 $k$ 组泥沙对应的挟沙能力;

$\omega_k$——第 $k$ 组泥沙的沉速;

$B$——断面宽;

$f_1$——泥沙非饱和系数,$f_1 = \left(\frac{S}{S_*}\right)^{0.1/\arctan\left(\frac{S}{S_*}\right)}$;

$K_s$——附加系数,取 $K_s = 0.5\kappa^{4.47}[u_*^{1.5}/(V^{0.5}\omega)]^{0.63}$($\kappa$ 为卡门常数;$u_*$ 为摩阻流速;$\omega$ 为泥沙沉速;$V$ 为平均流速)。

$\alpha_*$——平衡含沙量分布系数[2]。

（4）河床变形方程：

$$\frac{\partial Z_{bij}}{\partial t} = \frac{K_s \alpha_* \omega_k B}{\gamma_0}(f_1 S_{kij} - S_{*kij})\qquad(5\text{-}4)$$

式中　$Z_{bij}$——河床高程；

　　　$\gamma_0$——淤积物干容重；

　　　$i$——断面号；

　　　$j$——子断面号。

上述四个基本方程中，水流连续方程、水流运动方程和泥沙连续方程是对整个断面的，而河床变形方程则是对子断面的，其中子断面含沙量 $S_{ij}$ 与断面平均含沙量 $S_i$ 可以用较符合黄河情况的以下经验关系求得：$\dfrac{S_{ij}}{S_i} = c_1 \exp[(S_{Vi} - a_f)j]$，其中 $c_1 = Q_i / \sum\limits_{j=1}^{m} Q_{ij} \exp[(S_{Vi} - a_f)j]$，$S_{Vi} = S_i/\gamma_s$。

## 5.2.2　方程的离散和数值方法

采用非耦合解法，即先单独求解水流连续方程和水流运动方程，然后再求解泥沙连续方程和河床变形方程。方程的离散采用有限差分法，具体离散形式略[7,8]。

## 5.2.3　有关问题处理

### 5.2.3.1　水流挟沙力计算

水流挟沙力计算采用张红武公式[3]：

$$S_* = 2.5\left[\frac{(0.0022 + S_V)V^3}{\kappa \dfrac{\gamma_s - \gamma_m}{\gamma_m} gh\omega_s}\ln\left(\frac{h}{6D_{50}}\right)\right]^{0.62}\qquad(5\text{-}5)$$

式中　$D_{50}$——床沙中值粒径；

　　　$S_V$——体积含沙量。

推移质输沙，采用 Meyer-peter 公式和文献[4]中推移质单宽输沙率公式计算。

### 5.2.3.2 悬移质泥沙级配计算

库区沿程各断面悬移质泥沙级配采用如下理论公式计算:

$$p_i = 0.798 \int_0^{T_i} e^{-t^2/2} dt \tag{5-6}$$

式中 $p_i$——悬移质级配中较第 $i$ 组为细颗粒的沙重百分比;

$T_i$ 可采用下式计算:

$$T_i = 2.53 \sqrt{\frac{\gamma_s - \gamma}{\gamma} g d_i} \frac{1}{u_*} \tag{5-7}$$

### 5.2.3.3 干支流倒灌计算

基于动床泥沙模型试验显示出的物理图形,概化出干支流分流比计算方法如下[8]:

(1)支流位于三角洲顶坡段,干、支流均为明流:

$$Q_1 = b_1 h_1 \frac{1}{n_1} h_1^{2/3} J_1^{1/2} \tag{5-8}$$

$$Q_2 = b_2 h_2 \frac{1}{n_2} h_2^{2/3} J_2^{1/2} \tag{5-9}$$

设干、支流糙率 $n$ 值相等,则支流分流比 $\alpha$ 为:

$$\alpha = K \frac{b_2 h_2^{5/3} J_2^{1/2}}{b_1 h_1^{5/3} J_1^{1/2}} \tag{5-10}$$

式中 $Q$、$b$、$h$、$n$、$J$——流量、河宽、水深、糙率、比降,角标 1、2 分别代表干流及支流。

(2)支流位于干流异重流潜入点下游,干、支流均为异重流:

$$Q_{e1} = b_{e1} h_{e1} \sqrt{\frac{8}{\lambda_{t_1}} g h_{e1} J_1 \frac{\Delta \gamma_1}{\gamma_{m_1}}} \tag{5-11}$$

$$Q_{e2} = b_{e2} h_{e2} \sqrt{\frac{8}{\lambda_{t_2}} g h_{e2} J_2 \frac{\Delta \gamma_2}{\gamma_{m_2}}} \tag{5-12}$$

式中　$Q_e$、$b_e$、$h_e$——异重流流量、宽度、水深；

　　　$\lambda_t$——阻力系数；

　　　$\Delta\gamma$——清、浑水容重差；

　　　$\gamma_m$——浑水容重。

设干、支流交汇处阻力系数 $\lambda_t$ 及水流含沙量相等，即 $\lambda_{t1} = \lambda_{t2}$，$\Delta\gamma_1 = \Delta\gamma_2$，$\gamma_{m1} = \gamma_{m2}$，则支流分流比 $\alpha$ 为：

$$\alpha = K\frac{b_{e2}\,h_{e2}^{3/2}\,J_2^{1/2}}{b_{e1}\,h_{e1}^{3/2}\,J_1^{1/2}} \tag{5-13}$$

$K$ 为考虑干、支流的夹角 $\theta$ 及干流主流方位而引入的修正系数。由此可计算出支流分流量，假定支流水流含沙量与干流相同，则可计算出进入支流的沙量。通过支流输沙计算可得到沿程淤积量及淤积形态[9,10]。

# 5.3　三义寨灌区渠道泥沙数学模型验证计算

## 5.3.1　三义寨灌区沉沙条渠泥沙淤积量计算

由于三义寨灌区沉沙条渠在施工过程中的实际困难，后改为开挖长度5.69 km。1994年、1995年各引水1.3亿 m³，在1995年底清淤后，沉沙条渠渠首直接与上游渠道相接，护坡段长1.2 km，底宽18.0~104.8 m；中间等宽段长4.19 km，底宽104.8 m；尾部收缩段长300 m，底宽由104.8 m 缩至39.4 m，边坡系数3。利用三义寨灌区在沉沙条渠进口、出口及渠内布置断面对引水和沉沙项目开展观测研究，掌握第一手材料，通过建立三义寨灌区渠道水流泥沙数学模型对沉沙条渠水流泥沙运动规律进行模拟计算，计算结果见表5-2。

**表 5-2　三义寨灌区沉沙条渠淤积量与计算值比较**

| 断面号 | 1996 年 | | 断面号 | 1997 年 | |
|---|---|---|---|---|---|
| 进口 | 计算值 | 实测值 | 进口 | 计算值 | 实测值 |
| 1 | 15 401. 51 | 13 599 | 1 | 96 731. 29 | 79 520 |
| 2 | 108 802. 9 | 84 728 | 2 | 131 989. 2 | 122 200 |
| 3 | 217 972. 3 | 209 792 | 3 | 307 593. 3 | 315 040 |
| 4 | 280 520. 7 | 264 400 | 4 | 298 742. 1 | 322 200 |
| 5 | 241 995. 5 | 228 200 | 5 | 209 246. 2 | 248 500 |
| 6 | 205 112. 4 | 222 900 | 6 | 160 535 | 193 040 |
| 7 | 141 775. 9 | 206 517 | 出口 | 22 675. 66 | 23 594 |
| 出口 | 3 994. 718 | 4 041 | | | |
| 总计 | 1 215 576 | 1 234 177 | | 1 227 513 | 1 304 094 |

## 5. 3. 2　三义寨灌区沉沙条渠淤积纵剖面计算

　　根据建立的三义寨灌区渠道水流泥沙数学模型对沉沙条渠沿程各个断面计算结果与沉沙条渠现场观测沿程各个断面高程,作三义寨灌区沉沙条渠泥沙淤积纵剖面实测值与计算值比较图,见图 5-1,由图可知,利用三义寨灌区渠道水流泥沙数学模型对沉沙条渠沿程各个断面计算结果与沉沙条渠现场观测沿程各个断面高程基本一致,而且正确反映了进口段河底倒比降情况。其中,1997年进口断面河底高程为 64. 5 m,与计算结果差异较大,与情况类似的 1996 年实测资料也有较大差异,由于现场实际情况比较复杂,考虑是否有其他非水动力学因素。

## 5. 3. 3　三义寨灌区沉沙条渠悬移质颗粒级配计算

　　根据建立的三义寨灌区渠道水流泥沙数学模型对沉沙条渠进

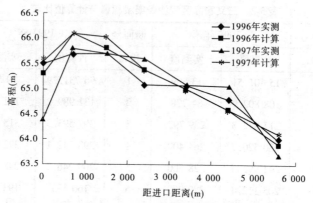

**图 5-1　沉沙条渠泥沙淤积纵剖面实测值与计算值比较**

出口断面的悬移质颗粒级配计算结果,作三义寨灌区沉沙条渠悬移质颗粒级配沿程变化计算结果图,见图 5-2,由图可知,三义寨灌区沉沙条渠泥沙沿程淤积,悬移质泥沙颗粒变细,与沉沙条渠现场观测悬移质泥沙颗粒沿程变化情况相符合。

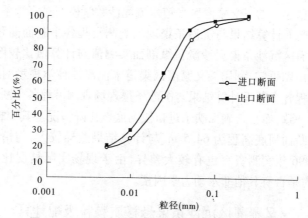

**图 5-2　沉沙条渠悬移质颗粒级配沿程变化计算结果**

### 5.3.4　三义寨灌区沉沙条渠验证计算结果

由表 5-2 及图 5-1 可知,从进口至下游 700 m 处,渠底高程呈上升趋势,出现反比降,再往下游淤厚呈递减趋势。上游出现反比降是因为在扩散段随着渠宽逐渐增加,导致水流的流速逐渐减小,水流的挟沙能力也随之降低,沉沙量因而逐渐增大,所以沉沙条渠淤积厚度逐渐增加。距进口断面 700～1 500 m,为沉沙条渠内淤积厚度最大部分,从 1 500 m 往下游的条渠等宽段,水流流速稳定,断面平均淤积厚度逐渐减小,分布相当均匀,成果与理论相当符合。收缩段由于水流流速迅速增大,其水流挟沙能力也相应增大,所以淤积厚度随之锐减。

### 5.3.5　主要结论

(1)从两年来沉沙条渠使用效果来看,表现出了很高的一致性,如果排除淤积量的影响,渠底线基本吻合,最大淤积厚度都在扩散段与等宽段衔接位置附近,等宽段除首尾受上下游水流影响外,中间绝大部分渠段淤积厚度均匀分布。

(2)实测结果与数学模型计算结果比较,前者两年各淤积泥沙体积分别为 $1.234 \times 10^6$ m³、$1.304 \times 10^6$ m³,后者的淤积泥沙体积分别为 $1.216 \times 10^6$ m³、$1.228 \times 10^6$ m³,与实测结果相比,相对误差小于 5%,表明模型计算与实际施测基本一致。

(3)通过利用在沉沙条渠进口、出口及渠内布置断面对引水和沉沙等项目开展观测研究,掌握第一手资料,在此基础上利用建立的水流泥沙数学模型能够正确模拟沉沙条渠水流泥沙运动规律,反映泥沙淤积速度与输水流量及含沙量的关系,沉沙条渠淤积分布及泥沙颗粒级配分布规律,从而制定相应的清淤措施,安排适当的清淤时间,延长条渠的使用年限,保证引水渠道的正常运行,最大限度地发挥工程效益。此外,通过对淤积泥沙颗粒的分析,来研究泥沙的利用措施,避免对生态环境产生不利影响。

## 参 考 文 献

[1] 张志川,李秀灵,张湛,等. 新三义寨引黄灌区泥沙处理利用技术研究
[R]. 新三义寨引黄灌区泥沙处理利用技术研究课题组,1999.
[2] 史红玲. 灌区渠道悬移质冲刷计算模型及提水灌溉作用与效果研究
[D]. 北京:中国水利水电科学研究院,1999.
[3] 吴伟明,李义天. 一种新的河道一维水流泥沙运动数值模拟方法[J].
泥沙研究,1992(1).
[4] 韦直林,等. 黄河一维泥沙数学模型研究[R]. 武汉:武汉水利电力大学
河流模拟研究室,1993.
[5] 张红武,江恩惠,刘月兰,等. 黄河河道数学模型研究[C]∥第二届全国
泥沙基本理论研究学术讨论会论文集. 北京:中国建材工业出版社,
1993.
[6] 李义天,尚全民. 一维不恒定流泥沙数学模型研究[J]. 泥沙研究,1998
(1).
[7] 李义天,高凯春. 三峡枢纽下游宜昌至沙市河段冲刷的数值模拟研究
[J]. 泥沙研究,1996(2).
[8] 张瑞瑾,谢鉴衡,等. 河流泥沙运动力学[M]. 北京:水利电力出版社,
1988.
[9] 谢鉴衡. 河流模拟[M]. 北京:水利电力出版社,1988.
[10] 曹祖德,王运洪. 水动力泥沙数值模拟[M]. 天津:天津大学出版社,
1994.

# 第6章 引黄灌区泥沙淤积机理及其对环境的危害

## 6.1 引黄灌区泥沙分布与颗粒组成

利用沉沙池集中沉沙是黄河下游引黄灌区采用的主要的泥沙处理方式。为了满足沉沙的需要,沉沙池大多采用"以挖待沉"的运用方式,即沉沙池的平面位置基本固定,淤积到一定程度后进行清淤,用清出的库容容纳之后渠道输水带来的泥沙,如此重复进行。对于渠道而言,为了维持渠道一定的输水输沙能力,保证引黄灌区的正常运行,渠道每年都需要进行清淤。无论是沉沙池还是渠道,清出的泥沙都是沿沉沙池或渠道两侧堆放,以一些典型灌区为例,三义寨灌区在输水干渠两侧有约 5 km 长、1~6 m 高、40~50 m 宽的弃沙;位山灌区 144 km² 沉沙池两侧,清淤出的泥沙堆高达数米,高台面积达 533 hm²,东、西输沙干渠两侧,清淤出的泥沙形成了 4 条长 15 km、宽 70 多 m、高近 7 m 的沙垄,面积达 400 hm²。上述情况在引黄灌区普遍存在。为了维护灌区的正常运行,清淤工作年复一年,清淤泥沙面积逐年增长,以位山灌区为例,近年来,由于向天津送水,增加了泥沙的处理负担,清淤泥沙占地形势严峻,目前清淤泥沙正在以每年 27 hm² 的速度向外扩展。综合上面的分析可知,黄河下游引黄灌区清淤泥沙面积巨大,且呈逐年增长之势[1]。

依据潘庄、簸箕李、小开河三个典型灌区不同部位泥沙颗粒级配资料,作泥沙级配曲线(见图6-1),由图6-1可知,黄河下游引黄灌区泥沙颗粒组成特征如下:

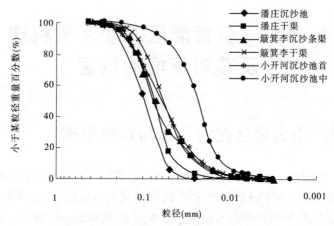

图 6-1　黄河下游典型引黄灌区泥沙级配曲线

（1）不同灌区泥沙颗粒组成依据灌区所处位置沿黄河自上游至下游逐渐变细。黄河来沙粗,引沙颗粒也粗,黄河来沙细,引沙颗粒相应变细,由于受黄河来沙沿程细化的影响,不同灌区泥沙沿黄河自上游至下游逐渐变细[2]。图 6-1 中,依据三个典型灌区沿黄河位置自上而下,粒配曲线自左向右的排列顺序基本上能反映出上述规律。

（2）相同灌区泥沙颗粒组成依据淤沉部位沿渠道自上游至下游逐渐变细。灌区泥沙沿渠道的泥沙输送和河道输沙规律一致,都有沿程逐渐细化的特点。所以,相同灌区泥沙颗粒沿渠道自上而下逐渐细化,以簸箕李灌区为例,其泥沙中值粒径沿渠道明显由大变小。

（3）灌区泥沙颗粒组成集中分布于某一较窄的粒径范围内。图 6-1 中三个典型灌区泥沙粒配曲线形状有一共同特征,占粒径比重绝大部分的曲线中间段较陡,占粒径比重微小的曲线首尾段较平直,反映出灌区泥沙颗粒小于某一粒径和大于某一粒径的比重较小,集中分布在这两个粒径之间的较窄的范围内。比如潘庄灌区干渠,泥沙粒径小于 0.01 mm 的占 1%,大于 0.25 mm 的占 0.1%,0.01~0.25 mm 的比例高达 98.9%。

# 6.2　引黄灌区泥沙淤积机理研究

## 6.2.1　引黄灌区泥沙淤积机理

### 6.2.1.1　水沙条件

一维泥沙数学模型常用的河床变形方程[3]:

$$\gamma' \frac{\partial Z}{\partial t} = \alpha \omega (S - S_*) \qquad (6\text{-}1)$$

由式(6-1)可知,造成渠道淤积的根本原因是渠道水流挟沙力 $S_*$ 与渠道水流含沙量 $S$ 的对比关系,渠道 $(S - S_*)$ 值大于 0、小于 0、等于 0 分别表示渠道处于淤积、冲刷、冲淤平衡三种状态。由式(6-1)右侧可明显看出,渠道淤积取决于渠道水流含沙量 $S$、水流挟沙力 $S_*$ 和泥沙沉速 $\omega$,其中渠道水流挟沙力 $S_*$ 的一般表达式如下[4]:

$$S_* = K \left( \frac{U^3}{g \omega R} \right)^m \qquad (6\text{-}2)$$

分析式(6-2)可知,在渠道引水引沙条件中,引水含沙量 $S$ 的大小直接影响渠道淤积与否及其淤积程度;引沙级配决定了泥沙加权沉速 $\omega$,$\omega$ 通过影响水流挟沙力 $S_*$ 间接影响着渠道淤积,同时其绝对值的大小直接影响着渠道淤积程度;引水流量决定了水流流速 $U$,进而影响了水流挟沙力 $S_*$,间接影响着渠道淤积。所以,作为渠道进口的来水来沙条件,渠道引水引沙条件与渠道淤积关系密切。水沙条件还包括沿程水沙条件,对渠道而言,主要指沿程支渠的分水分沙条件。渠道沿程分水分沙的多少,将改变渠道水流含沙量 $S$、水流挟沙力 $S_*$、泥沙级配,直接改变了渠道淤积状态。渠道沿程分水分沙的模式,主要包括提水和自流两种方式,直接影响着分水口上游和下游的水面比降调整,主要是通过改变水流挟沙力 $S_*$,间接地影响着渠道淤积。综合上述分析,与其他河床演变现象一样,水沙条件是决定渠道淤积与否的最根本因素。在黄河下游引黄灌区实际运行中,近年来,由于黄河来水量大幅度减少,而沿程工农业用水量呈增加的趋势,黄河下游各引黄闸引水流量必须统一进行调配,使得各引黄闸分配到的引水流量往往大大小于其设计流量,小流量低流速的引水极易淤积;同时,上述黄河供需水之间的矛盾也使得多数灌区不得不在黄河汛期水流含沙量很高的状态下长时间引水,势必会造成渠道严重淤积。在沿程水沙调度中,由于渠道上下游供需水的矛盾,有时分到下游渠道的流量太小,造成渠道在小流量下运行;有时分到下游渠道的流量太大,超过了下游渠道的过水能力,又造成壅水。两种情况都会造成下游渠道的淤积。此外,黄河下游引黄灌区沿程分水分沙的模式大多为自流模式,这也加重了渠道的淤积程度。

### 6.2.1.2　比降

渠道淤积不仅取决于渠道的水沙条件,而且与渠道边界条件关系密切。渠道的纵比降 $J$ 是反映渠道纵向边界条件的重要指标。水力学广泛应用的曼宁公式:

$$U = \frac{1}{n}R^{\frac{2}{3}}J^{\frac{1}{2}} \tag{6-3}$$

将其代入水流挟沙力公式(6-2)中可得:

$$S_* = K\left(\frac{RJ^{\frac{3}{2}}}{n^3 g\omega}\right)^m \tag{6-4}$$

分析式(6-4)可知,渠道水流挟沙力 $S_*$ 与渠道纵比降 $J$ 的 $1.5m$ 次方成正比,表明渠道纵比降 $J$ 是影响渠道水流挟沙力 $S_*$ 的重要因素,渠道纵比降 $J$ 越平缓,渠道水流挟沙力 $S_*$ 越小。

由于受黄河下游灌区地形条件所限,渠道纵比降 $J$ 一般比较平缓,其值一般在 1/6 000～1/10 000,致使渠道自然输水输沙的能力较低,必然会造成渠道的淤积。而且,随着运行年份的增多,多数灌区渠首地区由于泥沙的淤积,地面普遍抬高,更加重了地势的平缓程度,使渠首段比降变得更小,从而加重了渠道的淤积。如果将渠道水流概化为均匀流,其断面平均流速与水流动能系数均沿程不变,水流流速水头 $\dfrac{\alpha U^2}{2g}$ 亦沿程不变,总水头线、水面线、渠底线三线平行,即水面比降 $i$ 与渠道纵比降 $J$ 相等,此状态下输水输沙能力最大,而在实际运行中,水面比降 $i$ 往往小于渠道纵比降 $J$,主要原因有:①渡槽等跨渠建筑物的阻水作用造成建筑物前壅水;②渠道沿程水沙调度不合理造成渠道下游行水能力小于上游来水量,使水面形成壅水曲线。壅水造成水面比降 $i$ 小于渠道纵比降 $J$,势必会降低渠道输水输沙能力,增大渠道的淤积[5]。

### 6.2.1.3 渠道断面形态

黄河下游引黄灌区渠道通常采用梯形断面,梯形断面湿周表达式为[5]:

$$\chi = \frac{A}{h} - mh + 2h\sqrt{1 + m^2} \tag{6-5}$$

令 $\dfrac{\mathrm{d}\chi}{\mathrm{d}h} = 0$,可得:

$$h_{极} = \frac{b}{2(\sqrt{1 + m^2} - m)} = \frac{b}{\beta_{佳}} \tag{6-6}$$

式(6-6)中,$\beta_{佳} = 2(\sqrt{1 + m^2} - m)$ 为渠道水力最佳断面的宽深比。由 $\dfrac{\mathrm{d}^2\chi}{\mathrm{d}h^2} = \dfrac{2A}{h^3} > 0$ 可知,$h_{极}$ 为极小值。实际应用中由于受施工与管理技术限制,引黄灌区通常采用的渠道断面均比水力最佳断面宽浅,也就是 $\beta_{实} > \beta_{佳}$,则 $h_{实} < h_{极}$,那么由上述条件可知,湿周 $\chi$ 在 $h_{实} < h_{极}$ 的范围内,与水深 $h$ 的函数关系为减函数,即水深

$h$ 越大,湿周 $\chi$ 越小,而渠道湿周 $\chi$ 越小,水力半径 $R$ 越大,由式(6-4)可知,渠道水流挟沙力 $S_*$ 越大。上述理论分析表明,实际工程中,渠道窄深有利于输水输沙。而在引黄灌区实际运行过程中,渠道往往是在宽浅断面状态下输水输沙。主要原因有两点:一是设计方面的原因,土渠实际糙率一般为 0.017~0.019,衬砌渠道为 0.012~0.014,但在渠道设计时,糙率设计值常常比实际糙率大 30%~40%,结果使得渠道设计偏宽,水流泥沙在宽渠道状态下通过,极易淤积;二是由于黄河有时供水不足或灌区需水的限制,引黄闸引水流量并不都是在设计流量下进行引水,常常是在小于设计流量 50%~70% 的情况下运行,而近年黄河来水的大幅度减少,造成下游各引黄闸日常分配到的引水流量更小,经常小到渠道设计流量的 10%~20%,在这样的情况下,引黄灌区渠道大部分时间是在小流量大底宽渠道下运行的,渠道必然发生淤积。

## 6.2.2　引黄灌区泥沙淤积治理措施

### 6.2.2.1　科学调度水沙过程

既然水沙条件是影响渠道淤积的最根本因素,就必须在灌区运行过程中,科学调度水沙过程,以减轻渠道的淤积程度。调度水沙过程的基本原则是保证渠道在年内运行中达到冲淤平衡的理想状态。黄河下游引黄灌区的实际运行表明,一年中,夏秋灌期间由于引水量大,引水含沙量高,远远超过了渠道输水输沙能力,渠道处于淤积状态;而在春冬灌期间由于引水含沙量较低,渠道一般处于冲刷状态。为了保证渠道在一年时间内不出现淤积,又能充分利用渠道自身年内良好的冲淤调整功能,可利用下式作为水沙调度控制关系式:

$$\sum_{i=1}^{n}(S_{*ci}Q_{ci}T_{ci}-S_{ci}Q_{ci}T_{ci})-\sum_{j=1}^{m}(S_{xj}Q_{xj}T_{xj}-S_{*xj}Q_{xj}T_{xj})\geqslant 0$$

(6-7)

式中 $i$——一年内春冬灌期间不同的引水时段；

     $n$——春冬灌期间共有 $n$ 个引水时段；

     $S_{*ci}$、$S_{ci}$、$Q_{ci}$、$T_{ci}$——在第 $i$ 个引水时段内，渠道水流挟沙
                     力、平均含沙量、平均流量、引水时间；

     $j$——一年内夏秋灌期间不同的引水时段；

     $m$——夏秋灌期间共有 $m$ 个引水时段；

     $S_{xj}$、$S_{*xj}$、$Q_{xj}$、$T_{xj}$——在第 $j$ 个引水时段内，渠道平均含沙量、
                     水流挟沙力、平均流量、引水时间。

    分析式(6-7)可知，渠道的输水输沙过程是非恒定水流过程，所以渠道瞬时的冲淤必定处于一种不断调整变化的过程，控制渠道水流瞬时含沙量 $S$ 一直小于水流挟沙力 $S_*$ 是不科学的，也是难以实现的，我们只要控制在某段时间内 $SQT$ 小于 $S_*QT$，就能保证该时间内渠道不会淤积。从引黄灌区实际运行考虑，我们将一年作为控制时间段，允许在夏秋灌期间渠道处于淤积状态，而在随后冬春灌期间将前期淤积的泥沙冲刷掉，给予渠道自身年内一个充分的冲淤调整的空间，不仅防止了渠道冬春灌期间由于冲刷造成工程的损坏，而且极大地减轻了年内清淤处理泥沙的数量和难度，使得渠道年内水沙调度效果达到最优。

    在遵循上述水沙调度控制关系式的基础上，水沙调度的实际操作过程中需要注意的主要问题有：①引水过程中，尽量大流量集中引水，尽量达到或接近渠道设计引水流量，做到速灌速停，缩短引水时间，杜绝细水长流；②引沙过程中，由于汛期黄河含沙量高，要尽量避开沙峰引水，以减少泥沙的引入，对于有条件的灌区，应通过分析灌区常年实测淤积率与引水含沙量的关系，得出灌区临界最高含沙量作为控制含沙量，当引水含沙量超过控制含沙量时，应停止引水；③沿程水沙过程调度中，在考虑渠道上下游用水需要的同时，应结合渠道引水情况和各干渠引水能力，合理地调配分水量，适时改变轮灌组合，使分流后下游渠道流量大小适中，做到下

游渠道少淤积或不淤积。

### 6.2.2.2　调整渠系,增大渠道比降

文献[1]中对黄河下游典型灌区实测资料回归分析,得出渠道水流挟沙力公式(6-4)中 $m$ 值为 0.546,按照此值进行估算,假设渠道原比降为 1/6 000,水流挟沙力为 40 kg/m³,在其他因素不变的情况下,将渠道比降调整为 1/3 000,那么渠道的水流挟沙力可增加为原来的 1.76 倍,高达 70.4 kg/m³,如此大幅度地提高渠道的水流挟沙力,对于黄河这样高含沙河流的引水特别是汛期引水是十分有利的,必定会大大减轻渠道的淤积程度。分析式(6-4)也可明显看出,影响渠道水流挟沙力 $S_*$ 的诸因素中,渠道纵比降 $J$ 仅次于糙率因素,与水流挟沙力 $S_*$ 是 $1.5m$ 次方的关系,表明调整渠系,增大渠道纵比降 $J$ 是增大渠道水流挟沙力 $S_*$ 的重要手段。在实际运行中,我们应根据各个引黄灌区的具体情况,对已有的渠道工程进行系统分析,结合工程扩建、工程技术改造,通过抬高引水口高程、改善输沙路线、合理调整渠网布置、挖底渠尾高程等措施,尽可能增大输水渠道纵坡。根据人民胜利渠、花园口灌区的实践经验,渠道纵坡比降达到 1/3 000 左右时,渠道输沙能力明显增强,淤积程度大大减轻,大部分入渠泥沙可长距离输送入田间。从增大渠道水面比降的角度出发,应采取的措施主要有:改造沿程跨渠建筑物的底板高程,避免渠道行水过程中局部建筑物阻水现象的发生;合理调度沿程水沙过程,避免出现渠道下游行水能力小于上游来水量,造成水面形成壅水曲线[7]。

### 6.2.2.3　合理改造断面形态

针对上述黄河下游引黄灌区实际运行过程中,渠道断面形态与引水引沙不相适应的原因,建议灌区管理部门应对渠道断面形态进行合理的必要的改造,采取的主要措施包括:

(1)全面衬砌渠道,减少渗漏,降低糙率。引水灌溉实践表明,渠道衬砌具有减小糙率,提高流速,减少水流沿程损失,增加输

沙能力,规整断面,减少渗漏等良好作用。其中,混凝土光面衬砌易于接受与推广。土质渠道糙率一般为 0.02~0.022 5,而混凝土光面衬砌的糙率一般为 0.014~0.015[4],运用式(6-5)和式(6-6)进行估算,在其他参数相同的情况下,混凝土光面渠道流速比土质渠道大 40%左右,水流挟沙力大 50%以上。因此,全面衬砌渠道是减小渠道形态阻力,增大渠道输水输沙能力的有效措施。

(2)合理利用渠底淤积泥沙,构建渠道复式断面形态,提高断面输沙能力。如图 6-2 所示,对于淤积严重的宽浅渠道,我们可以充分利用渠底淤积泥沙,沿渠道淤积相对较少的一侧 A 将淤积于渠底的泥沙挖出,填放于淤积相对较多的另一侧 A₁,从而在单式的梯形断面中,构建出一个窄深的复式断面,该断面的构建不仅减少了清淤工程量,而且其窄深的形态将大大提高渠道的水流挟沙力。在构建这种临时复式断面的过程中,主槽的过水面积应与相应期间渠道平均引水流量的大小相当,结合引黄灌溉实践,主槽的合理宽深比可取 6~10,王延贵[1]曾利用水力学公式推导得出渠道梯形断面的最佳边坡系数方程:

$$m^2 \sqrt{1+m^2}(B^2-b^2)+(Bb+b^2)(1+m^2)$$
$$-2Bbm-(B-b)^2\sqrt{1+m^2}=0 \qquad (6\text{-}8)$$

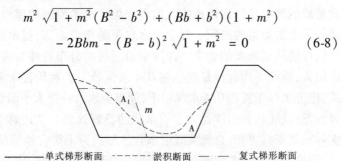

————单式梯形断面 ------淤积断面 ——— 复式梯形断面

**图 6-2 簸箕李引黄灌区渠道改造复式梯形断面示意图**

利用式(6-8)可计算出主槽应采用的最佳边坡系数 $m$,这样构建出的复式断面主槽接近了相应期间渠道输水输沙能力最大的断面,使原来处于宽浅状态下的渠道行水变成了在最佳输水输沙断面形态下行水,对于减轻渠道的淤积十分有利。由于黄河供需水矛盾在短期内难以解决,所以在一定时期内,渠道的引水流量大大小于设计流量的现状无法改变,在保证改造后的复式断面能满足相应期间最大引水流量的前提下,这种复式断面的改造是合理可行的。由于这种改造是临时的,构造断面的材料是淤积于渠道的泥沙,所以在引黄灌区引水流量发生较大变化时,也可及时清淤,将这种复式断面恢复为原来的单式断面,由此表明这种改造的方式是灵活的,易于操作的。综合上述优点可知,合理利用淤积泥沙,构建复式断面在某些淤积严重的引黄灌区的实际运行中有一定的推广价值。

### 6.2.2.4　大力推广提水灌溉方式

在灌区基本条件包括渠道比降、断面形态确定的情况下,要想借用外力,改善渠道应变黄河水沙多变的能力,采用提水灌溉的方式是经引黄实践证明了的最有效措施。提水灌溉方式对于分水口上游渠道最大的影响是增加了渠道水面附加比降,从而使水流流速明显增大,挟沙力大大提高,尤其在分水口处增加幅度最大,由此造成的溯源冲刷在较长的范围内向渠道上游发展传递[8],大大减轻了上游渠道的淤积。对于分水口下游渠道而言,提水灌溉方式同样能达到减淤的效果。含沙量沿垂线的分布特性为表层小、底层大,断面平均含沙量发生在 0.4 水深处[5]。利用提水灌溉方式,把进水口布置在 0.4 水深以下,使得提水含沙量大于断面平均含沙量,就能达到引沙比大于引水比的良好效果。从簸箕李灌区实际观测资料可知,自流灌溉引水含沙量约为干渠含沙量的 0.98 倍,而提水灌溉引水含沙量约为干渠含沙量的 1.08 倍;同时,粗细沙沿垂线的分布更不均匀,粗沙底部含量远远大于表层[7],提水灌溉方式分走了底部粗沙,起到"分粗留细"的效果,所以提水灌溉方式明显改善了进入下游渠道的水沙条件,相对提高了下游渠道的水流挟沙力。地处黄河口的曹店灌区,天然地势平缓,但由于其修建了50座扬水站用于沿程提水灌溉,成功地实现了50 km泥沙长距离输送,渠道基本保持了年内冲淤平衡,运行多年不用清淤,显示了提水灌溉方式对渠道输沙的巨大作用。所以,在黄河下游经济允许的地区,提水灌溉方式值得大力推广。

# 6.3 引黄灌区泥沙对环境的危害与防治

黄河下游引黄灌区在引水的同时也引来了大量的黄河泥沙,就黄河下游地形条件,目前无论是泥沙运动基本理论还是引黄工程实践技术,都不可能将泥沙全部远距离输送,尤其是其中较粗的部分,均集中淤积于沉沙池、渠道等关键部位。为了保证灌区的正常运行,必须定期进行清淤,清出的泥沙一般沿渠道两侧堆放,日积月累,清淤泥沙堆积如山,形成了人造沙漠,极大破坏了周边的生态环境,严重影响了人民的生产生活和经济的可持续发展[5]。本节首先总结了泥沙危害生态环境的主要方式,在此基础上,依据泥沙运动基本原理,深入分析了泥沙危害生态环境的程度与机理,最后提出了泥沙危害的防治措施,试图为科学治理清淤泥沙提供技术支撑。

## 6.3.1 引黄灌区泥沙危害生态环境的方式

黄河下游引黄灌区清淤泥沙长期暴晒于阳光下,使堆沙颗粒含水量为0,无黏结力,成为易于搬运的散粒泥沙堆积体。在自然力的作用下,大量保水保肥性能较差的粗沙在迁移过程中,势必对引黄灌区周边的生态环境造成危害。由于所受自然力不同,其危害方式主要表现为两种方式:一是水沙流失,造成水沙流失的自然力主要是降雨,降雨时,渠道两侧的清淤泥沙极易遭到雨水的侵蚀,清淤泥沙从高处顺着雨水一边流进渠道周边的高产良田,造成大片良田沙化,一边又流进了渠道,增大了渠道清淤工程的数量与难度,提高了渠道清淤工程费用。以簸箕李灌区为例,该灌区淤积最严重的沉沙条渠长 22 km,两侧堆沙宽度 120 ~ 200 m,高度为 4 ~ 6 m,形成"条状沙漠",在遇到降雨天气时,黄沙满地流,渠道外侧的良田里的庄稼淹没在黄泥汤中,天长日久,渠道两侧良田的土壤被沙化,保水保肥性能降低,农作物的收成大大减少;同时,在渠道内侧,大量的黄沙被雨水重新带入渠道,造成渠道重复性淤积,据测算,这部分泥沙占该灌区年清淤量的 10% 左右,达到 10万 t,由此增加的年非引水性清淤费用高达 62 万元。二是风沙运动,造成清淤泥沙风沙运动的自然力是风力,风速垂向分布遵循指数规律,清淤泥沙的堆高直接将散粒泥沙送入了垂向高风速区。在干燥多风的春冬季节,灌区大范围沙尘天气十分频繁,推移运动的大量沙粒顺着风向,朝渠道两侧良田跃移前进,直接侵占耕地,加剧了良田的沙化;同时,悬移运动的细颗粒泥沙横向输移距离长,纵向达到的高度高,对灌区周边几公里甚至是上百公里范围内的生态环境和人类生产生活危害极大。据簸箕李灌区现场观测,大风天气时,大量沙粒在清淤泥沙表面 30 ~ 50 cm 的垂向范围内形成了一层沙云,像一张移动的地毯,朝渠道两侧良田跃移前进,不需多长时间,渠道两侧的耕地与农作物都穿上了一层"沙衣";同时,悬移运动的黄沙漫天飞舞,天日为之变色,灌区笼罩在一个巨大的沙幕中,大量细颗粒泥沙飞进田野,飞进村庄,有时直接飞进农户,形成"关着门窗喝泥汤",严重时造成某些疾病的流行与传播。

## 6.3.2　引黄灌区泥沙危害生态环境机理研究

### 6.3.2.1　水沙流失危害机理

　　黄河下游引黄灌区清淤泥沙的水沙流失过程大致可分为三个阶段,第一阶段为雨水溅蚀阶段,大量雨滴自高空形成后,因具有质量和高度而获得势能,在下落过程中,其势能逐渐转化为动能,在接触到清淤泥沙表面的瞬间,雨滴原有的势能全部转换为动能对清淤泥沙作功,使原本松散的清淤泥沙颗粒四处飞溅,完成了雨水对清淤泥沙表面的溅蚀过程。美国学者 Wischmeier 和 Smith 曾建立了降雨功能经验公式:

$$E = 89\lg I + 210.2 \tag{6-9}$$

式中 $E$——降雨功能;

$I$——降雨强度。

由式(6-9)可知,降雨强度越大,产生的动能也越大,按自由落体计算,直径 6 mm 的雨滴降落时具有的动能为 $4.67 \times 10^4$ 尔格,可产生将 46.7 g 的物体上举 1 cm 高度所作的功。所以,降雨强度越大,对清淤泥沙表面的溅蚀作用越突出。第二阶段为径流侵蚀产生和发展阶段,随着清淤泥沙表面雨水的大量汇集和泥沙的大量溅蚀,清淤泥沙的径流侵蚀就形成了。按照清淤泥沙表面水流的性质,径流可分为坡面片流和细小股流,两种流同时存在,其形成的大小主要取决于降雨的方式,集中型的暴雨易形成坡面片流,连绵细雨易产生细小股流。径流状态不同,侵蚀方式也不同,坡面片流造成清淤泥沙表面大面积的侵蚀,而细小股流造成泥沙沿着雨水冲刷形成的沟槽被水流输至灌区周边的田间、洼地、排水河道等。第三阶段为重力侵蚀阶段,文献[4]中对斜坡土体运动机理进行了分析,土体发生位移由下滑力与抗滑阻力之间的对比关系来决定,即:

$$K = \frac{抗滑阻力}{下滑力} = \frac{\tau_f}{T} = \frac{N\tan\varphi + CA}{T} \tag{6-10}$$

式中 $N$——土体重力垂直于坡面的分力;

$\varphi$——土体内摩擦角;

$C$——黏结力;

$A$——接触面面积。

当 $K < 1$ 时,土体将失去稳定状态,发生位移。清淤泥沙越堆

越高,沙体边坡角度 $\theta$ 越来越大,清淤泥沙沙体的稳定性变差,随着雨水径流侵蚀过程的发展,沙体边坡变得更陡,角度 $\theta$ 更大,使得清淤泥沙沙体的稳定性变得更差;同时,随着清淤泥沙堆放时间的增长,含水量越来越低,使沙体颗粒黏结力越来越小,直至接近于 0。结合式(6-10)分析可知,随清淤泥沙增高和堆放时间的增长,沙体的抗滑阻力呈减小的趋势,当清淤泥沙沙体 $\tau_f < T$ 时,清淤泥沙沙体在重力作用下崩塌、错位、滑坡,大块沙体一侧堆进了灌区周边的良田,另一侧重新滑进渠道堆积,至此,清淤泥沙的水沙流失过程基本完成。清淤泥沙的水沙流失过程同时也是危害灌区周边环境的过程,对环境的危害程度主要取决于水沙流失的数量。水沙流失的数量可以用下面的经验关系式表达:

$$W = k \frac{V^\alpha I^\beta}{d_{50}^\gamma} \tag{6-11}$$

式中　$W$——清淤泥沙的水沙流失量;

　　　$V$——清淤泥沙的体积;

　　　$I$——降雨强度;

　　　$d_{50}$——清淤泥沙颗粒中值粒径;

　　　$k$——系数;

　　　$\alpha$、$\beta$、$\gamma$——指数。

式(6-11)可定性表达清淤泥沙的水沙流失量与其主要影响因素的关系,清淤泥沙的水沙流失量 $W$ 与清淤泥沙的体积 $V$ 呈正相关关系,即清淤泥沙越多,清淤泥沙的水沙流失量越大,清淤泥沙越少,清淤泥沙的水沙流失量越小;清淤泥沙的水沙流失量 $W$ 与降雨强度 $I$ 呈正相关关系,即降雨强度 $I$ 越大,清淤泥沙的水沙流失量 $W$ 越大,降雨强度 $I$ 越小,清淤泥沙的水沙流失量 $W$ 越小;清淤泥沙的水沙流失量 $W$ 与清淤泥沙颗粒中值粒径 $d_{50}$ 呈负相关关系,即清淤泥沙颗粒越粗,清淤泥沙的水沙流失量 $W$ 越小,清淤泥沙颗粒越细,清淤泥沙的水沙流失量 $W$ 越大。对于黄河下游某个具体引黄灌区而言,式(6-11)中的系数 $k$ 和指数 $\alpha$、$\beta$、$\gamma$ 可以采用实测资料回归分析进行率定。除上述几个主要因素的影响外,清淤泥沙表面无任何植被和再生植被保护也是清淤泥沙的水沙流失量较大的一个重要原因。

### 6.3.2.2 风沙运动危害机理

1) 风沙起动

曹文洪等基于风沙起动的微观力学模式,从理论上推导了风沙起动速度公式:

$$V_{t} = 5.75A \sqrt{\frac{\rho_{s}}{\rho}gd} \lg \frac{z}{z_0} \qquad (6\text{-}12)$$

式中　$A$——系数;

$\rho_{s}$——沙粒密度;

$\rho$——气流密度;

$g$——重力加速度;

$d$——沙粒粒径;

$z$——距离地面的高程;

$z_0$——床面粗糙度。

利用式(6-12),反算不同风力情况下,三个典型灌区所能起动的泥沙粒径的大小,式中 $A$ 和 $z_0$ 依据灌区实测资料确定,$z$ 取距离地面 2 m 高程。然后依据灌区泥沙颗粒级配资料,采用线性插值的方法,求出不同风级清淤泥沙的起动概率,见表6-1。由表6-1可知,在将清淤泥沙认为是散粒堆积体的前提下,不考虑泥沙颗粒之间的遮蔽作用,风力达到 1 级时,潘庄灌区干渠清淤泥沙16.7%可以起动,簸箕李灌区沉沙条渠清淤泥沙27.7%可以起动,小开河灌区沉沙池池中泥沙84.2%可以起动,风力达到 2 级时,潘庄灌区清淤泥沙98.5%以上均可以起动,簸箕李灌区、小开河灌区清淤泥沙99.1%以上均可以起动;风力达到 3 级时,三个典型灌区清淤泥沙的起动概率为100%,即全部泥沙从理论上讲都可以起动。在黄河下游地区,风力达到3级的情况经常发生,表明黄河下游引黄灌区清淤泥沙极易起动进入输移状态,同时黄河下游地区是我国重要的粮棉生产基地,人类生产活动密集,机械车辆跑动频繁,大大增加了灌区风沙受扰动再次起动的概率[9,10]。

表6-1　黄河下游典型灌区不同风级泥沙起动概率

| 风级 | 潘庄灌区(%) | | 簸箕李灌区(%) | | 小开河灌区(%) | |
|---|---|---|---|---|---|---|
| | 沉沙池 | 干渠 | 沉沙条渠 | 干渠 | 沉沙池池首 | 沉沙池池中 |
| 1 | 5.6 | 16.7 | 27.7 | 34.1 | 14.8 | 84.2 |
| 2 | 98.5 | 98.9 | 99.1 | 99.4 | 99.4 | 100 |
| 3 | 100 | 100 | 100 | 100 | 100 | 100 |

2)风沙推移质运动

近地面的跃移运动是风沙的推移质运动的主要方式。曹文洪等在群体颗粒平均概念的基础上,依据跃移阻力与风对沙粒的拖曳力相平衡的物理模式,推导了风沙推移质输沙率公式:

$$g_b = \varphi \rho_s d (u_* - \lambda u_{*c}) \left( \frac{u_*}{u_{*c}} \right)^n \qquad (6-13)$$

式中　$\varphi$、$\lambda$——系数;

　　　$\rho_s$——沙粒密度;

　　　$d$——沙粒粒径;

　　　$u_*$——摩阻风速;

　　　$u_{*c}$——起动摩阻风速。

文献[3]中对该公式进行了验证计算,与实测资料吻合较好。利用公式(6-13)对三个典型灌区风沙推移质输沙率进行计算,式中按经验 $\varphi$ 取0.009,$\lambda$ 取0.8,$n$ 取2,起动摩阻风速 $u_{*c}$ 的计算利用 B. Fletcher 风沙起动摩阻流速公式[4]:

$$U_{*c} = \left(\frac{\gamma_s - \gamma}{\gamma}\right)^{\frac{1}{2}} \left[0.13(gD)^{\frac{1}{2}} + 0.057\left(\frac{c}{\rho_s}\right)^{\frac{1}{4}}\left(\frac{\nu}{D}\right)^{\frac{1}{2}}\right]$$

$$(6-14)$$

式中　$C$——泥沙颗粒之间的黏结力；

　　　$\rho_s$——泥沙的密度；

　　　$\nu$——水流运动的黏滞系数。

计算结果见图 6-3,由图可知,灌区风力达到 2 级时,三个典型灌区的风沙推移质已经开始输沙运动,灌区风力达到 4 ~ 5 级时,风沙推移质运动已经相当活跃,此后,随着风力的加强,风沙推移质输移量逐渐增大,且风力越大,增大的趋势越明显。

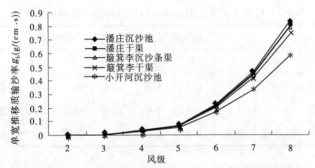

图 6-3　黄河下游典型引黄灌区不同风级单宽推移质输沙率

根据现场观测,在灌区风力较大时,大量沙粒在沉沙池和清淤堆沙表面 30 ~ 50 cm 的垂向范围内形成了一层沙云,顺着风向,朝渠道两侧良田跃移前进,所以风沙推移危害的方式是贴近地面的跃移前进,危害的结果是直接侵占耕地,造成良田沙化。拜格诺[17]曾提出风沙沙波推移速度公式：

$$c = \frac{g_b}{\gamma_* \Delta} \qquad (6-15)$$

式中　$g_b$——风沙单宽输沙率；

　　　$\gamma_*$——风沙沉积物的容重；

Δ——沙波波高。

利用公式(6-15)计算了风沙推移侵占耕地的速度,式中 Δ 采用现场观测的灌区沙波波高,计算结果见表6-2,由表可知,风力越强,灌区风沙推移速度越快。结合灌区实际情况,如果灌区风力够强,且有一定持续时间,灌区风沙推移侵占耕地的速度是很快的。比如簸箕李灌区沉沙条渠清淤堆沙在风力达到 6 级时,推移速度为 6.3 cm/d,沉沙条渠全长 22 km 均有堆沙,那么一天内清淤堆沙推移运动可侵占耕地 1 395 m²,而簸箕李灌区沉沙条渠两侧均为大面积高产良田,风沙推移导致良田沙化,农作物减产,造成较大的经济损失。

表6-2　黄河下游典型引黄灌区风沙推移侵占耕地速度统计

| 灌区 | 部位 | 不同风级风沙推移侵占耕地速度(mm/d) | | | | | | |
|---|---|---|---|---|---|---|---|---|
| | | 2 | 3 | 4 | 5 | 6 | 7 | 8 |
| 潘　庄 | 干渠 | 0.1 | 1.3 | 8.3 | 21.1 | 66.1 | 135.6 | 241.9 |
| 簸箕李 | 干渠 | 0.2 | 1.5 | 8.6 | 20.9 | 63.4 | 128.1 | 226.4 |
| 小开河 | 沉沙池 | 0.4 | 1.8 | 8.0 | 18.1 | 51.7 | 101.7 | 176.5 |

3)风沙悬移质运动

一般而言,小于 0.1 mm 的泥沙起动后,由于其沉速经常小于气流的向上的脉动分速,以悬移的形式运动的几率较大。三个典型灌区小于 0.1 mm 的泥沙所占比重在85%以上,极易悬浮漂移,而其悬移所能达到的距离和高度以及在空气中持续的时间与其危害程度密切相关,冯·卡门曾提出过风沙悬移距离、时间、高度公式如下:

$$L = \frac{40\varepsilon\mu^2 U}{\rho_s^2 g^2 D^4} \tag{6-16}$$

$$t = \frac{40\varepsilon\mu^2}{\rho_s^2 g^2 D^4} \tag{6-17}$$

$$H = \sqrt{2\varepsilon t} \tag{6-18}$$

式中 $\mu$——空气黏滞系数,在常温下为 $1.81 \times 10^{-5}$ N·s/m$^2$;

$U$——风速;

$\rho_s$——泥沙密度;

$\varepsilon$——紊动交换系数,取值为 $10^5$ cm/s。

利用式(6-16)~式(6-18)计算了不同粒径泥沙悬移所能达到的最远距离、在空中持续悬浮的最长时间与所能达到的最大高度,计算结果见图6-4与表6-3。由图6-4和表6-3可知,随着灌区悬沙粒径由粗变细,风力条件由小变大,悬沙输移距离由近到远,悬浮高度由低到高,悬浮时间由短到长,且变化范围较大。

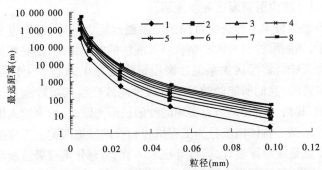

图6-4 黄河下游引黄灌区不同风级悬沙输移最远距离

表6-3 黄河下游引黄灌区悬移质持续悬浮的最长时间与达到的最大高度

| 泥沙粒径(mm) | 0.1 | 0.05 | 0.025 | 0.01 | 0.005 |
|---|---|---|---|---|---|
| 悬浮最长时间(s) | 2 | 31 | 497 | 19 430 | 310 880 |
| 悬浮最大高度(m) | 6 | 25 | 100 | 623 | 2 493 |

由表 6-3 可知,灌区中小于 0.05 mm 的悬沙在空中悬浮时间长,理论计算的悬浮高度远远超过周围村庄、树木、建筑物的高度,所以在一定的风力条件下,悬沙运动的垂向范围完全覆盖了周边人民生产生活所利用的垂向空间,对周围人类活动和农作物的生长构成极大威胁;其中小于 0.01 mm 的悬沙悬浮持续时间长达 5 h,能达到 600 m 的高空,影响的程度和范围更是巨大。综合上述分析,灌区因小于 0.1 mm 的泥沙所占比重较大,泥沙在风力吹扬下极易远走高飞,其横向输移距离长,纵向达到的高度高,对灌区周边几千米甚至是上百千米范围内的生态环境和人类生产生活危害极大。

## 6.3.3　引黄灌区泥沙危害生态环境的防治对策

### 6.3.3.1　减少引黄灌区泥沙来源

要想从根本上解决引黄灌区清淤泥沙危害问题,首先应从源头入手,切断堆沙的来源。结合引黄灌区的实际情况,彻底杜绝堆沙来源意味着将灌区渠系泥沙淤积量降低为 0,从技术上讲是不可能实现的,我们所能做的是尽量减少泥沙在灌区沉沙池和渠道的淤积,其根本途径是努力实现泥沙的长距离输送,增大输入田间的泥沙比例。具体措施分为工程措施和管理措施两类。工程措施的出发点是在灌区设计、运行等技术环节上,充分重视渠道断面形态、纵比降、糙率等水力因子的优化调整,以期获得渠道最大的输沙能力。通常采用的工程措施有:灌区设计中渠道断面优化设计,工程技术改造中衬砌渠道、缩窄渠道底宽、调整渠道纵比降等。管理措施主要是依据灌区水沙运动机理,优化水沙调度,减轻渠道淤积。常用的管理措施包括大流量集中引水、避免高含沙量时引水、减少汛期引水、加强用水管理等[10]。

### 6.3.3.2　实现引黄灌区泥沙资源的优化配置

引黄灌区泥沙堆积越多、时间越久,对环境的危害越大,因此应想方设法在短时间内将清淤泥沙合理地消耗掉。随着"人水和谐"新的治水理念的确立,我们应摒弃过去将灌区泥沙处理当做包袱的老观念,树立泥沙资源化的新观念,变害为利,将灌区泥沙处理社会效益最大化。对清淤泥沙及时改土还耕仍然是处理大量清淤泥沙经济合理的有效方式。2005年,簸箕李灌区结合当地国土部门土地综合治理项目,沿灌区干渠两侧将清淤泥沙机械推平,不仅处理掉长年堆积的清淤泥沙,而且获得了 1 000 hm² 土地,种植了花生等经济作物,取得了良好的社会经济效益。将清淤泥沙开发为建筑材料是实现开发型泥沙处理应该大力推广的有效方法[8]。以清淤泥沙为原料,可烧制各类砖瓦,还可进行淤沙混凝土建材开发,不仅能持续不断地消耗大量清淤泥沙,还可取得可观的经济效益。山东东明县兴建砖厂,利用灌区清淤泥沙制造砂砖,年产砂砖 3 000 万块,消耗泥沙 7 万 t,盈利 90 万元。此外,有计划地组织当地农民挖运清淤泥沙,用来垫压宅基地或其他,不需另辟新的用土场地,既减轻了堆沙负担,又能方便群众,还能节省土地。

### 6.3.3.3　采取生物防护措施

采取生物防护措施,在灌区沉沙池、渠道两侧,统筹规划,合理安排,植草种树,构建一道生物防护体系,可将清淤泥沙对周边环境的威胁降至最低。灌区植被对遏制清淤泥沙水沙流失的作用表现为:①植物的茎叶枝干能拦截雨滴,削弱了雨滴对堆沙的直接打击,延缓了堆沙表面径流的产生;②植物能起到保护堆沙周边的土壤、增加地面糙率、分散堆沙径流、减缓流速及促进挂淤等作用;③植物根系能促成灌区及周边土壤的表土、心土连成一体,增强土体的固结力[11]。灌区植被对防治风沙的作用表现为:①灌区植被增加了床面粗糙度,提高了起动风速,使清淤泥沙难以起动进入输移状态;②植物的茎叶对气流的扰动作用,削弱了贴近地层的风速,降低了风沙推移质输沙率;③生物防护林带不仅可以大幅度降低进入灌区的风速,而且由于其垂向高度较高,可直接阻滞风沙的悬移运动[9-11]。综合上面分析可知,在引黄灌区植草种树,全面绿化,是根治清淤泥沙水沙流失与风沙运动危害的有效措施。

## 参 考 文 献

[1] 蒋如琴,彭润泽,黄永健,等. 引黄渠系泥沙利用[M]. 郑州:黄河水利出版社,1998.

[2] 曹文洪,戴清,方春明,等. 引黄灌区水沙配置与关键技术研究[M]. 北京:中国水利水电出版社,2008.

[3] 周景新. 簸箕李灌区泥沙处理分析[J]. 山东水利,2006(4).

[4] 房本岩,王云辉,刘丽丽. 簸箕李引黄灌区水沙运行规律分析[J]. 中国农村水利水电,2001(11).

[5] 刘丽丽,姚庆锋,刘文军,等. 簸箕李引黄灌区总干渠、二干渠水流挟沙能力及粗细泥沙挟沙特性分析[J]. 山东水利,2007(1).

[6] 王延贵,张炳仁,刘和祥,等. 簸箕李灌区的泥沙及水资源利用对环境及排水河道的影响[R]. 北京:中国水利水电科学研究院,1995.

[7] 王延贵,胡春宏. 引黄灌区水沙综合利用及渠首治理[J]. 泥沙研究,2000(2).

[8] 张治昊,曹文洪,等. 黄河下游引黄灌区风沙运动对环境的危害与防治[J]. 泥沙研究,2008(3).

[9] 张治昊,胡春宏. 黄河下游引黄灌区渠道淤积危害与治理措施[C]//第七届全国泥沙基本理论会议论文集. 西安:西安理工大学出版社,2007.

[10] 岳德鹏,刘永兵,等. 北京市永定河不同土地利用类型风蚀规律研究[J]. 林业科学,2005,41(4).

[11] 王礼先. 水土保持学[M]. 北京:中国林业出版社,1995.

# 第 7 章　引黄灌区水沙资源优化配置数学模型

## 7.1　引黄灌区水沙资源优化配置研究的必要性

随着黄河下游引黄灌溉事业的不断发展,黄河两侧适宜做沉沙池的低洼盐碱地几乎用尽,并经过处理和农田基本建设,已变成中、高产良田,失去了自流集中沉沙的必备条件。有些灌区采用"以挖待沉"集中处理泥沙,将输沙渠和沉沙池淤沙堆积在两侧,随着清淤量累积性增加,清淤的难度越来越大,占压耕地累积性增加,造成了严重的沙化并在不断扩大。泥沙处理带来的渠首沙化、堆沙场地殆尽、生态环境恶化、弃水弃沙带来的河道淤积等问题越来越突出,引黄泥沙已成为黄河下游引黄灌溉事业发展的制约因素[1]。

据河南、山东两省引黄以来到 2000 年统计,河南省共规划设计各类沉沙池 155 处,使用了 110 处,沉沙池面积规划设计 16 196 hm²,已经使用了 14 178 hm²,沉沙池设计容积 55 159 万 m³,已经使用了 42 603 万 m³,淤改背河洼地与盐碱地近 10 000 hm²,使大部分沙化程度轻重不同的土地连成了一片。山东省自引黄复灌以来共开辟沉沙池约 15 万 hm²,累积沉沙量达 8.2 亿 m³,干渠以上渠道泥沙清淤量达 5 亿 m³,按平均摊高 4 m 计算,占压土地 1.4 万 hm²,其中,沉沙池内因还耕不及时,已经有 50% 以上的面积出现了沙化。渠道和"以挖待沉"沉沙池清除的淤积泥沙对土地沙化造成了非常严重的影响。例如,位山引黄灌区连年在东西各长

15 km 的输沙渠清淤,已经堆成了 4 条各长 15 km、宽约 70 m、高近 7 m 的沙岗,总面积达 400 hm$^2$。在 144 km$^2$ 沉沙区内,还有"以挖代沉"沉沙池清除的泥沙,堆高达数米,高台面积达 533 hm$^2$。近年来,由于向河北和天津引黄送水,平均每年约 1 亿 m$^3$ 的引黄水量,增加了泥沙的处理负担,堆沙占地形势更加严峻,约以每年 27 hm$^2$ 的速度向外扩大,土地沙化问题越来越严重,直接威胁着当地的农业生产。上述情况在山东省引黄灌区内普遍存在,部分典型引黄灌区土地沙化[2]。

针对上述问题,通过黄河下游灌区泥沙分布的分析研究,找出泥沙在灌区中分布的特点和规律,确定渠系和田间泥沙合理配置。在此基础上,提出了灌区泥沙合理配置的基本条件和主要措施,保证黄河下游引黄灌溉事业持续稳步地发展。泥沙在灌区中优化配置是引黄灌溉事业持续发展的方向,研究引黄灌区泥沙资源的利用与优化配置,找出合理利用黄河泥沙的途径,解决引黄泥沙问题,使沿黄地区在兴利的同时不破坏环境,走可持续发展之路,对保证引黄灌溉事业的可持续发展具有重要意义[3]。

引黄灌区水沙资源优化配置的目标:一是优化配置水沙资源,改善灌渠输水输沙能力;二是合理利用水沙资源,创造最大的社会、经济和生态多目标综合效益。本章针对典型的引黄灌区,开展灌区水沙资源多目标优化配置的研究,寻求最优的配置方案[4,5]。

## 7.2　水沙资源配置数学模型方程及其求解

### 7.2.1　多目标优化配置线性规划数学模型方程的构造

多目标优化配置线性规划数学模型方程由综合目标函数和配置约束条件构成。

综合目标函数:

$$F(x) = \sum_{j=1}^{n} \beta_j X_j = \max$$

配置约束条件：

$$\sum_{j=1}^{n} a_{ij} X_j \leq b_i \quad (\text{或} \geq b_i, = b_i, i = 1, 2, \cdots, m)$$

式中　$F(x)$——综合目标函数；

　　　$\beta_j$——权重系数；

　　　$X_j$——配置方式变量；

　　　$n$——配置方式变量个数；

　　　$a_{ij}$——系数。

上述模型方程的求解为求一组配置变量的值，满足优化配置约束条件，使优化配置的综合目标函数达到最大或拟最大。由于优化配置子目标之间常常存在效益冲突，通常采用层次分析法来确定权重系数，根据配置要求、配置平衡关系和控制条件确定配置约束条件。

由于综合目标函数决定优化配置的评价效果，甚至影响优化配置方案，因此采用层次分析法、改进的层次分析法和改进权重确定方案的层次分析法来构造优化配置的综合目标函数。利用层次数学分析方法，对各配置层次的组成元素进行两两比较，得到判断矩阵，求出其权重系数，通过逐层的矩阵运算方法求各决策变量的权重系数 $\beta_j$，构造综合目标函数。

#### 7.2.1.1　层次分析法(AHP)构造综合目标函数

1) 层次分析法的基本思想

层次分析法是美国匹兹堡大学 A. L. Saaty 于 20 世纪 70 年代提出的一种解决多因素复杂系统，特别是难以定量描述的社会系统的分析方法。其基本思想是根据问题的性质和要求达到的目标，将问题按层次分析成各个组成因素，通过两两比较的方式确定诸因素之间的相对重要性(权重)、下一层次的重要性，即同时考虑本层次和上一层次的权重因子,这样一层层计算下去,直至最后一层。比较最后一层各个因素相对于高层的相对重要性权重值,进行排序、决策。

2)确定层次分析结构

对问题所涉及的因素进行分类,然后构造一个各因素之间相互联结的层次结构模型。因素分类:一为目标类;二为准则类,这是衡量目标能否实现的标准;三为措施类,是指实现目标的方案、方法、手段等。按目标到措施的自上而下地将各类因素之间直接影响关系排列于不同层次,并构成一层次结构图,得出层次分析表,如表7-1所示。

表7-1　层次分析表

| 层次 | 层次分析内容 | | | | | |
|---|---|---|---|---|---|---|
| 总目标层 $A$ | 目标 $A$ | | | | | |
| 准则层 $C$ | 准则 $C_1$ | | 准则 $C_2$ | | 准则 $C_3$ | |
| 方案层 $P$ | 方案 $P_1$ | 方案 $P_2$ | 方案 $P_3$ | 方案 $P_4$ | 方案 $P_5$ | 方案 $P_6$ |

3)构造层次分析法的两两比较判断矩阵

采用9标度法构造两两比较判断矩阵,Saaty根据心理学的研究提出了9标度法(如表7-2所示),这种方法早已被人们熟悉和采用[6]。

表7-2　9标度法

| 标度 $a_{ij}$ | 定义 |
|---|---|
| 1 | $i$ 因素与 $j$ 因素相同重要 |
| 3 | $i$ 因素比 $j$ 因素略重要 |
| 5 | $i$ 因素比 $j$ 因素明显重要 |

续表 7-2

| 标度 $a_{ij}$ | 定义 |
| --- | --- |
| 7 | $i$ 因素比 $j$ 因素非常重要 |
| 9 | $i$ 因素比 $j$ 因素绝对重要 |
| 2,4,6,8 | 为以上两判断之间的中间状态对应的标度值 |
| 倒数 | 若 $j$ 因素与 $i$ 因素比较,得到的判断值为 $a_{ji}=1/a_{ij}$, $a_{ii}=1$ |

根据 9 标度法得出的 $a_{ij}$ 的值,得出两两判断矩阵:

**A - C 判断矩阵**

| $A$ | $C_1$ | $C_2$ | $\cdots$ | $C_k$ |
| --- | --- | --- | --- | --- |
| $C_1$ | $a_{11}$ | $a_{12}$ | $\cdots$ | $a_{1k}$ |
| $C_2$ | $a_{21}$ | $a_{22}$ | $\cdots$ | $a_{2k}$ |
| $\vdots$ | $\vdots$ | $\vdots$ | | $\vdots$ |
| $C_k$ | $a_{k1}$ | $a_{k2}$ | $\cdots$ | $a_{kk}$ |

**$C_i$ - P 判断矩阵** ($i=1,2,\cdots,k$)

| $C_i$ | $P_1$ | $P_2$ | $\cdots$ | $P_n$ |
| --- | --- | --- | --- | --- |
| $P_1$ | $a_{11}$ | $a_{12}$ | $\cdots$ | $a_{1n}$ |
| $P_2$ | $a_{21}$ | $a_{22}$ | $\cdots$ | $a_{2n}$ |
| $\vdots$ | $\vdots$ | $\vdots$ | | $\vdots$ |
| $P_n$ | $a_{n1}$ | $a_{n2}$ | $\cdots$ | $a_{nn}$ |

4) 层次单排序及其一致性检验

层次单排序是指根据判断矩阵计算对于上一层次因素而言,本层次与之有联系的因素重要性次序的权重,它是本层次中所有因素对于上一层次而言的重要性进行排序的基础。

要计算判断矩阵的最大特征值 $\lambda_{\max}$ 及相应的标准化特征向量。因为客观事物的复杂性及人们认识事务的多样性和模糊性,所给出的判断矩阵不一定能保持一致,所以需要检验判断矩阵的一致性。具体步骤如下:

(1)计算矩阵 $A$ 的最大特征值 $\lambda_{\max}$ 及相应的标准化特征向量。

(2)确定判断矩阵一致性指标 $C.I.$:

$$C.I. = \frac{\lambda_{\max} - n}{n - 1}$$

(3)查表(见表7-3)求相应的平均随机一致性指标 $R.I.$。

**表 7-3　平均随机一致性指标**

| 矩阵阶 | 1 | 2 | 3 | 4 | 5 | 6 | 7 | 8 | 9 | 10 | 11 | 12 | 13 |
|---|---|---|---|---|---|---|---|---|---|---|---|---|---|
| $R.I.$ | 0 | 0 | 0.58 | 0.90 | 1.12 | 1.24 | 1.32 | 1.41 | 1.45 | 1.49 | 1.51 | 1.54 | 1.56 |

(4)计算一致性比率 $C.R.$:

$$C.R. = \frac{C.I.}{R.I.}$$

(5)判断。当 $C.R. < 0.1$ 时,认为判断矩阵 $A$ 有满意一致性;若 $C.R. \geqslant 0.1$,应考虑修正判断矩阵 $A$。

5)层次总排序及其一致性检验

层次总排序就是计算措施层对于目标层的相对重要性次序,实际上是措施层对于准则层与准则层对于目标层权重值的累积值,为组合权重。与层次单排序一样,需要评价层次总排序的计算结果一致。

### 7.2.1.2　改进的层次分析法(IAHP)构造综合目标函数

层次分析法是对人们的主观判断作定量描述的一种有效方法,被广泛应用于许多难以完全用定量方法来分析的复杂系统。因为用9标度法必须经过一致性检验,在实际应用中,一般都凭着大致的估计来调整判断矩阵,虽然往往行之有效,但毕竟带有盲目性,并且不能排除需要经过多次调整才能通过一致性检验的可能性。所以,以解决上述问题为出发点,利用最优传递矩阵的概念,对 AHP 进行改进,使之满足一致性要求,直接求出权重值。

层次分析法的改进同层次分析法一样,经过确定层次结构,构造两两比较判断矩阵 $A$,计算 $A$ 的传递矩阵 $B = \lg A$,再计算出 $B$ 的最优传递矩阵 $C$,那么 $A^* = 10^C$ 可认为是 $A$ 的一个拟优阵,它满足使 $\sum\limits_{i=1}^{n} \sum\limits_{j=1}^{n} (\lg a_{ij}^* - \lg a_{ij})^2$ 最小[7]。

一般而言,用改进的层次分析法求判断矩阵的特征向量,并不需要高的精度,故用近似的方法计算即可[8]。这里用方根法计算特征向量。

方根法求特征向量的计算步骤如下:

(1)计算判断矩阵每行所有元素的几何平均值:

$$\overline{\omega}_i = \sqrt{\sum_{j=1}^{n} a_{ij}} \quad (i = 1,2,\cdots,n)$$

得到 $\overline{\omega} = (\overline{\omega}_1, \overline{\omega}_2, \cdots, \overline{\omega}_n)^T$。

(2)将 $\overline{\omega}_i$ 归一化,即计算:

$$\omega_i = \frac{\overline{\omega}_i}{\sum\limits_{j=1}^{n} \overline{\omega}_j} \quad (i = 1,2,\cdots,n)$$

得到 $\overline{\omega} = (\omega_1, \omega_2, \cdots, \omega_n)^T$,即为所求特征向量的近似值,这也是各因素的相对权重。

用方根法求 $A^*$ 的特征向量出于以下考虑:首先是因为判断矩阵本身有相当的误差范围,不需要追求较高的精度;其次方根法实际上是以超几何平均的方法求权重值,可以在一定的范围内,使拟最优 $A^*$ 的特征值更接近于最优 $A^*$ 的特征向量。

## 7.2.2　多目标优化配置线性规划数学模型方程的求解

　　单纯形法(Simple Mehtod)是线性规划求解的主要方法,该法由单塞(Dantzing)于1947年提出,后经多次改进而成,是求解线性规划问题的实用算法。单纯形法实质上是一个迭代过程,该迭代即是从可行解集合的一个极点移到另一个邻近的极点,直到判断某一极点为最优解为止[9]。

　　用单纯形法求解线性规划数学模型,其基本思路是:根据问题的标准,从可行域中某个基可行解(一个顶点)开始,转换到另一个基可行解(顶点),并且使目标函数达到最大值时,问题就得到了最优解。

　　即首先把综合目标函数和约束条件变为如下标准形式:

$$\max Z = c_1 x_1 + c_2 x_2 + \cdots + c_n x_n$$

$$\left.\begin{array}{l} a_{11}x_1 + a_{12}x_2 + \cdots + a_{1n}x_n = b_1 \\ a_{21}x_1 + a_{22}x_2 + \cdots + a_{2n}x_n = b_2 \\ \vdots \\ a_{m1}x_1 + a_{m2}x_2 + \cdots + a_{mn}x_n = b_m \\ x_1, x_2, \cdots, x_n \geqslant 2 \end{array}\right\}$$

$$P = \begin{bmatrix} c_1 & c_2 & c_3 & \cdots & c_n & 0 \\ a_{11} & a_{12} & a_{13} & \cdots & a_{1n} & b_1 \\ a_{21} & a_{22} & a_{23} & \cdots & a_{2n} & b_2 \\ \vdots & & & & & \vdots \\ a_{m1} & a_{m2} & a_{m3} & \cdots & a_{mn} & b_m \end{bmatrix}$$

　　然后对 $P$ 进行标准化,记 $a_i = \begin{bmatrix} a_{1i} & a_{2i} & a_{3i} & a_{mi} \end{bmatrix}^T$,如果 $a_i$ 是只有一个分量为1的单位向量,那么把 $P$ 第一行中的 $c_i$ 通过矩阵变换,变成0,标准化完成。标准化的目的是将第一行中的系数 $c_1$,$c_2, \cdots, c_n$ 变为检验数,其中非基变量的系数均为0,基变量的系数则未必为 0。

接着对 $P$ 进行变换,首先在 $P$ 矩阵的第一行第 1 到第 $n$ 个分量中找出一个最大数,如果这个最大数不大于 0,则不用进行再次迭代,直接得到最终变换矩阵 $g$。反之,用 $k$ 记下最大数所对应的列。然后进行判断:如果 $P$ 的第 $k$ 列的第 2 至第 $m$ 个数全都小于或等于 0,那么此线性规划问题无界,迭代结束。反之,用 $P$ 的最后一列的第 2 至第 $m$ 个分量分别除以第 $k$ 列对应的数,如果碰到除数小于或等于 0 则跳过。在所得结果中找出最小的那个数,用 $j$ 记下该数所对应的行,于是得到主元素 $P(j,k)$。接下来是对第 $j$ 行进行行变换,将 $P(j,k)$ 变为 1。然后对其他行进行行变换,使 $P$ 矩阵的第 $k$ 列的其他分量都变为 0,于是第一轮变换结束。接下来回到变换过程的开始,重复迭代过程直到跳出迭代过程为止,最后对结果矩阵进行智能分析。其中需要人工进行的步骤是构造计算矩阵 $P$ 和分析迭代结果两步,以使求解过程比较简便且可靠性高。

具体计算步骤如下:

(1)把数学模型化为标准型:

$$\max = \sum_{j=1}^{n} \beta_j X_j$$

$$\sum_{j=1}^{n} a_{ij} X_j \leqslant b_i \quad (\text{或} \geqslant b_i, = b_i, i = 1,2,\cdots,m)$$

在各不等式中分别加上一个松弛变量,使不等式变为等式,这时得到标准型:

$$\max = \sum_{j=1}^{n} c_j x_j$$

$$\begin{cases} \sum_{j=1}^{n} a_{ij} x_j = b_j \quad (i = 1,2,\cdots,m; j = 1,2,\cdots,n) \\ x_j \geqslant 0 \end{cases}$$

（2）找出初始可行基,确定初始基可行解,建立初始单纯形表。

（3）检验各非基变量 $x_j$ 的检验数是 $\sigma_j = c_j - \sum_{i=1}^{m} c_i a_{ij}$,若 $\sigma_j \leqslant 0, j = m + 1, \cdots, n$,则已得到最优解,可停止计算,否则转入下一步。

·（4）在 $\sigma_j > 0, j = m + 1, \cdots, n$ 中,若有某个 $\sigma_k$ 对应 $x_k$ 的系数列向量 $p_k \leqslant 0$,则此问题是无界的,停止计算。否则,转入下一步。

（5）根据 $\max(\sigma_j > 0) = \sigma_k$,确定 $x_k$ 为环入变量,按 $\theta$ 规则计算:

$$\theta = \min\left(\frac{b_i}{a_{ik}} \middle| a_{ik} > 0\right) = \frac{b_l}{a_{lk}}$$

可确定 $x_l$ 为换出变量,转入下一步。

（6）以 $a_{lk}$ 为主元素进行迭代(即用高斯消去法或称为旋转运算),把 $x_k$ 所对应的列向量:

$$p_k = \begin{pmatrix} a_{1k} \\ a_{2k} \\ \vdots \\ a_{lk} \\ \vdots \\ a_{mk} \end{pmatrix} \text{变换为} \begin{pmatrix} 0 \\ 0 \\ \vdots \\ 1 \\ \vdots \\ 0 \end{pmatrix} \leftarrow \text{第 } l \text{ 行}$$

将 $X_B$ 列中的 $x_l$ 换为 $x_k$,得到新的单传形表。重复步骤(2)~(5),直到终止。

求解流程示意图如图 7-1 所示,并采用 matlab 语言编制程序,不仅提高计算速度,而且可以提高计算的准确性。

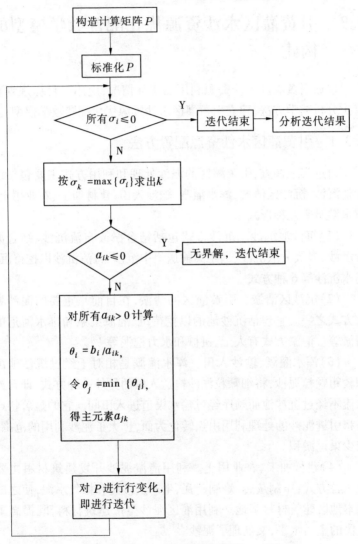

**图 7-1　求解流程示意图**

# 7.3　引黄灌区水沙资源优化配置数学模型的构建

　　根据引黄灌区水沙资源利用的实际情况,应用多目标规划和层次分析数学方法,建立引黄灌区水沙资源优化配置数学模型。

## 7.3.1　引黄灌区水沙资源配置方法

　　通过实地调查,引黄灌区的泥沙处理和利用方式主要包括沉沙池沉沙,沉沙区清淤,浑水灌溉、输沙入田,建材加工、农业用土,节水灌溉等几种形式。

　　(1)沉沙池沉沙。沉沙方式包括结合淤改自流沉沙、结合淤背沉沙、多级分散沉沙、远距离输送集中沉沙、自流沉沙以挖待沉、扬水沉沙等6种方式[10]。

　　(2)沉沙区清淤。引黄灌区的清淤,在目前是重要的泥沙处理方式之一。它包括沉沙池的以挖待沉、灌溉渠系和排水河道的清淤等。清淤方式有人工、机械和水力挖泥等[13]。

　　(3)浑水灌溉、输沙入田。浑水灌溉是相对于经过沉沙池沉积较粗颗粒泥沙,将细颗粒泥沙输送入田的另外一种方式,即含沙水流不经过沉沙池而顺序经过输水渠道进入田间。它的显著特点是将引进泥沙的处理利用由点转化为面,扩大了泥沙利用的范围,减少渠道淤积。

　　(4)建材加工、农业用土。利用清淤泥沙开发建筑材料主要有三种方式:压制灰砖、烧制砖瓦、生产灰沙砖和掺气水泥,使之成为本地区建筑材料基地。利用灌区泥沙生产建筑材料,既提高了人民的生活水平,又处理了泥沙[11]。

　　(5)节水灌溉。灌区的节水技术包括渠道衬砌、低压管道输水灌溉、喷灌、微灌及田间工程改造和井渠结合,地表水、地下水联合运用等节水措施。节约用水,减少渠道淤积。

引黄灌区水沙资源优化配置就是采用多种方式合理利用和配置水沙资源,达到最大的社会、经济和生态综合效益。因此,采用多目标规划层次分析方法,依据引黄灌区的实际情况,确定的层次分析表如表7-4所示。

**表7-4　引黄灌区水沙资源多目标优化配置层次分析表**

| 层次 | 层次分析内容 | | | | | |
|------|------|------|------|------|------|------|
| 总目标层 $A$ | 引黄灌区水沙资源多目标优化配置 $A$ | | | | | |
| 子目标层 $B$ | 生态效益目标 $B1$ | | 社会效益目标 $B2$ | | 经济效益目标 $B3$ | |
| 效益指标层 $C$ | 改善土地沙化 $C1$ | 减少占压耕地 $C2$ | 防洪减淤排涝 $C3$ | 加固堤防 $C4$ | 创造经济收入 $C5$ | 节省水资源 $C6$ |
| 配置方式层 $D$ | 沉沙池沉沙 $D1$ | 沉沙区清淤 $D2$ | 浑水灌溉、输沙入田 $D3$ | 建材加工、农业用土 $D4$ | | 节水灌溉 $D5$ |

引黄灌区水沙资源优化配置采用的多目标规划方法,包括多目标线性规划模型和多目标动态规划两种方法,相应的引黄灌区水沙资源优化配置数学模型包括多目标线性规划模型和多目标动态规划模型两种,优化配置数学模型一般由综合目标函数和约束条件方程两部分构成,求解模型得到一个最优或拟最优的规划方案,本书采用多目标线性规划数学模型。

## 7.3.2　引黄灌区水沙优化配置方程

引黄灌区水沙优化配置方程采用7.2论述的多目标优化配置线性规划数学模型方程,由综合目标函数和配置约束条件构成。

#### 7.3.2.1　建立系统的层次结构

为了分析引黄系统中各个因素的关系,结合水资源配置,以泥沙资源配置为重点,建立层次分析结构,并对各层中元素的重要性进行排序,运用层次分析法、改进层次分析法和改进权重确定方案的层次分析法,求出权重系数 $\beta_j$,为水沙配置方式各变量进行重要性排序,构造三个目标函数。

#### 7.3.2.2　确定配置约束条件

引黄灌区水沙资源多目标优化配置方案受约束条件控制,通过深入研究水沙资源优化配置的方式和措施,根据水沙配置要求、处理泥沙能力和配置水沙平衡关系等,确定水沙资源优化配置数学模型的 5 个约束条件,这些约束条件主要包括:

（1）沉沙池沉沙能力约束。利用渠首沉沙池集中沉沙是长期以来引黄泥沙处理的主要方式,根据不同的自然地理等条件,沉沙池可修建成梭形、条带形和湖泊形等平面形式,并在沉沙池出口修建调控工程措施,以使其合理运行,充分发挥效益。考虑沉沙池布置形式、规划布设、水沙运行规律及调控运用等技术水平,确定沉沙池沉沙能力约束。

（2）浑水灌溉、输沙入田能力约束。主要应考虑渠道的输沙能力。所以,通过确定渠道的比降、糙率、渠道断面形式及引水引沙的调控能力等,确定输沙入田能力约束。

（3）沉沙区清淤能力约束。受气候、种植作物、劳力、财力等因素制约,考虑上述制约因素,确定沉沙区清淤能力约束。

（4）建材加工、农业用土能力约束。建材加工主要是利用河道泥沙烧制砖瓦。由于现有的技术水平,还不能充分利用泥沙制造更多的建筑材料。考虑现有的技术水平,确定建材加工能力约束。

（5）灌溉能力约束。灌区灌溉主要通过渠道防渗衬砌、井渠结合、地表水与地下水联合调度,提高灌溉水利用率,节约用水。

渠道防渗衬砌主要受渠道形式和衬砌材料约束,井渠结合要考虑地下水分布,维持地下水平衡。所以,充分考察灌区情况,建立灌区灌溉能力约束[12]。

### 7.3.2.3　方程求解

引黄灌区水沙优化配置方程采用7.2节编制的matlab程序求解。

## 7.4　水沙资源优化配置的综合目标函数

由于综合目标函数决定优化配置的评价效果,因此本节采用改进层次分析法构造引黄灌区水沙资源综合目标函数。根据引黄灌区水沙资源优化配置层次分析表(见表7-4),对各配置层次组成元素进行两两比较,由9标度法得到判断矩阵$A$,经过计算$A$的传递矩阵$B = \lg A$,再计算出$B$的最优传递矩阵$C$,那么$A^* = 10^C$可认为是$A$的一个拟优阵,它满足使$\sum_{i=1}^{n}\sum_{j=1}^{n}(\lg a_{ij}^* - \lg a_{ij})^2$最小。用方根法求$A^*$的特征值及特征向量,求判断矩阵的最大特征值及相应的特征向量,得到各层次的权重系数,构造综合目标函数[13]。

### 7.4.1　子目标层$B$对于总目标层$A$的评价

子目标层$B$对于总目标层$A$的评价的判断矩阵为:

| 总目标$A$ | 生态效益$B1$ | 社会效益$B2$ | 经济效益$B3$ |
|---|---|---|---|
| 生态效益$B1$ | 1 | 1/2 | 2 |
| 社会效益$B2$ | 2 | 1 | 3 |
| 经济效益$B3$ | 1/2 | 1/3 | 1 |

则传递矩阵 $B$ 为:

| $B$ | 生态效益 $B1$ | 社会效益 $B2$ | 经济效益 $B3$ |
|---|---|---|---|
| 生态效益 $B1$ | 0 | -0.301 0 | 0.301 0 |
| 社会效益 $B2$ | 0.301 0 | 0 | 0.477 1 |
| 经济效益 $B3$ | -0.301 0 | -0.477 2 | 0 |

最优传递矩阵 $C$ 为:

| $C$ | 生态效益 $B1$ | 社会效益 $B2$ | 经济效益 $B3$ |
|---|---|---|---|
| 生态效益 $B1$ | 0 | -0.259 4 | 0.259 4 |
| 社会效益 $B2$ | 0.259 4 | 0 | 0.518 8 |
| 经济效益 $B3$ | -0.259 4 | -0.518 8 | 0 |

拟优阵 $A^*$ 为:

| $A^*$ | 生态效益 $B1$ | 社会效益 $B2$ | 经济效益 $B3$ |
|---|---|---|---|
| 生态效益 $B1$ | 1.000 0 | 0.550 3 | 1.817 1 |
| 社会效益 $B2$ | 1.817 1 | 1.000 0 | 3.302 0 |
| 经济效益 $B3$ | 0.550 3 | 0.302 8 | 1.000 0 |

利用方根法计算出 $A^*$ 的权重系数为 $\mu = [0.296\ 9, 0.539\ 6, 0.163\ 4]$。

## 7.4.2　效益指标层 $C$ 对于子目标层 $B$ 的评价

(1)$C$ 层生态效益指标关于生态效益子目标层 $B1$ 的判断矩

阵为：

| 生态效益子目标 $B1$ | 改善土地沙化 $C1$ | 减少占压耕地 $C2$ |
|---|---|---|
| 改善土地沙化 $C1$ | 1 | 2 |
| 减少占压耕地 $C2$ | 1/2 | 1 |

则传递矩阵 $B$ 为：

| $B$ | 改善土地沙化 $C1$ | 减少占压耕地 $C2$ |
|---|---|---|
| 改善土地沙化 $C1$ | 0 | 0.301 0 |
| 减少占压耕地 $C2$ | −0.301 0 | 0 |

最优传递矩阵 $C$ 为：

| $C$ | 改善土地沙化 $C1$ | 减少占压耕地 $C2$ |
|---|---|---|
| 改善土地沙化 $C1$ | 0 | 0.301 0 |
| 减少占压耕地 $C2$ | −0.301 0 | 0 |

拟优阵 $A^*$ 为：

| $A^*$ | 改善土地沙化 $C1$ | 减少占压耕地 $C2$ |
|---|---|---|
| 改善土地沙化 $C1$ | 1.000 0 | 2.000 0 |
| 减少占压耕地 $C2$ | 0.500 0 | 1.000 0 |

利用方根法计算出 $A^*$ 的权重系数为 $\mu_1^{(3)} = [0.666\,7, 0.333\,3]$。

(2) $C$ 层社会效益指标关于社会效益子目标 $B2$ 的判断矩阵为：

| 社会效益子目标 $B2$ | 防洪减淤排涝 $C3$ | 加固堤防 $C4$ |
| --- | --- | --- |
| 防洪减淤排涝 $C3$ | 1 | 3 |
| 加固堤防 $C4$ | 1/3 | 1 |

则传递矩阵 $B$ 为：

| $B$ | 防洪减淤排涝 $C3$ | 加固堤防 $C4$ |
| --- | --- | --- |
| 防洪减淤排涝 $C3$ | 0 | 0.477 1 |
| 加固堤防 $C4$ | −0.477 2 | 0 |

最优传递矩阵 $C$ 为：

| $C$ | 防洪减淤排涝 $C3$ | 加固堤防 $C4$ |
| --- | --- | --- |
| 防洪减淤排涝 $C3$ | 0 | 0.447 1 |
| 加固堤防 $C4$ | −0.477 1 | 0 |

拟优阵 $A^*$ 为：

| $A^*$ | 防洪减淤排涝 $C3$ | 加固堤防 $C4$ |
| --- | --- | --- |
| 防洪减淤排涝 $C3$ | 1.000 0 | 3.000 2 |
| 加固堤防 $C4$ | 0.333 3 | 1.000 0 |

利用方根法计算出 $A^*$ 的权重系数为 $\mu_2^{(3)} = [0.750\ 0, 0.250\ 0]$。

(3)$C$ 层经济效益指标关于经济效益子目标 $B3$ 的判断矩阵为：

| 经济效益子目标 B3 | 创造经济收入 C5 | 节省水资源 C6 |
|---|---|---|
| 创造经济收入 C5 | 2 | 1/4 |
| 节省水资源 C6 | 4 | 1 |

则传递矩阵 $B$ 为：

| B | 创造经济收入 C5 | 节省水资源 C6 |
|---|---|---|
| 创造经济收入 C5 | 0.301 0 | -0.602 1 |
| 节省水资源 C6 | 0.602 1 | 0 |

最优传递矩阵 $C$ 为：

| C | 创造经济收入 C5 | 节省水资源 C6 |
|---|---|---|
| 创造经济收入 C5 | 0 | -0.451 5 |
| 节省水资源 C6 | 0.451 5 | 0 |

拟优阵 $A^*$ 为：

| A* | 创造经济收入 C5 | 节省水资源 C6 |
|---|---|---|
| 创造经济收入 C5 | 1.000 0 | 0.353 6 |
| 节省水资源 C6 | 2.828 4 | 1.000 0 |

利用方根法计算出 $A^*$ 的权重系数为 $\mu_3^{(3)} = [0.261\ 2, 0.738\ 8]$。

### 7.4.3 效益指标层 $C$ 对于总目标层 $A$ 的评价

由效益指标层 $C$ 对于子目标层 $B$ 判断矩阵的计算特征向量,可以得到效益指标层 $C$ 的合成特征矩阵:

$$U^{(3)} = \begin{bmatrix} 0.6667 & 0.3333 & 0 & 0 & 0 & 0 \\ 0 & 0 & 0.7500 & 0.2500 & 0 & 0 \\ 0 & 0 & 0 & 0 & 0.2612 & 0.7388 \end{bmatrix}$$

得到 $C$ 层各效益指标对总目标 $A$ 的归一化权重系数向量:

$$\beta^{(3)} = \mu u^{(3)} = [0.1979, 0.0990, 0.4047, 0.1349, 0.0427, 0.1208]$$

根据权重系数,$C$ 层各配置方式对总目标 $A$ 的重要性排序为:①渠道减淤、防洪排涝 $C3$;②改善土地沙化 $C1$;③加固黄河大堤 $C4$;④节省水资源 $C6$;⑤减少占压耕地 $C2$;⑥创造经济收入 $C5$。此排序基本符合引黄灌区综合治理和水沙资源综合利用要求[14]。

### 7.4.4 配置方式层 $D$ 对于效益指标层 $C$ 的评价

(1)$D$ 层配置方式关于改善土地沙化 $C1$ 的判断矩阵为:

| 改善土地沙化 $C1$ | 沉沙池沉沙 $D1$ | 渠道清淤 $D2$ | 输沙入田 $D3$ | 建材加工 $D4$ | 节水灌溉 $D5$ |
|---|---|---|---|---|---|
| 沉沙池沉沙 $D1$ | 1 | 4 | 1/3 | 2 | 3 |
| 渠道清淤 $D2$ | 1/4 | 1 | 1/6 | 1/3 | 1/2 |
| 输沙入田 $D3$ | 3 | 6 | 1 | 4 | 5 |
| 建材加工 $D4$ | 1/2 | 3 | 1/4 | 1 | 2 |
| 节水灌溉 $D5$ | 1/3 | 2 | 1/5 | 1/2 | 1 |

则传递矩阵 $B$ 为:

| B | 沉沙池沉沙 D1 | 渠道清淤 D2 | 输沙入田 D3 | 建材加工 D4 | 节水灌溉 D5 |
|---|---|---|---|---|---|
| 沉沙池沉沙 D1 | 0 | 0.602 1 | −0.477 2 | 0.301 0 | 0.477 1 |
| 渠道清淤 D2 | −0.602 1 | 0 | −0.778 2 | −0.477 2 | −0.301 0 |
| 输沙入田 D3 | 0.477 1 | 0.778 2 | 0 | 0.602 1 | 0.699 0 |
| 建材加工 D4 | −0.301 0 | 0.477 1 | −0.602 1 | 0 | 0.301 0 |
| 节水灌溉 D5 | −0.477 2 | 0.301 0 | −0.669 0 | −0.301 0 | 0 |

最优传递矩阵 $C$ 为：

| C | 沉沙池沉沙 D1 | 渠道清淤 D2 | 输沙入田 D3 | 建材加工 D4 | 节水灌溉 D5 |
|---|---|---|---|---|---|
| 沉沙池沉沙 D1 | 0 | 0.702 4 | −0.527 5 | 0.205 6 | 0.415 8 |
| 渠道清淤 D2 | −0.702 4 | 0 | −0.942 9 | −0.406 7 | −0.196 5 |
| 输沙入田 D3 | 0.527 5 | 0.942 9 | 0 | 0.536 2 | 0.746 5 |
| 建材加工 D4 | −0.205 6 | 0.406 7 | −0.536 2 | 0 | 0.210 2 |
| 节水灌溉 D5 | −0.415 8 | 0.196 5 | −0.746 5 | −0.210 2 | 0 |

拟优阵 $A^*$ 为：

| $A^*$ | 沉沙池沉沙 D1 | 渠道清淤 D2 | 输沙入田 D3 | 建材加工 D4 | 节水灌溉 D5 |
|---|---|---|---|---|---|
| 沉沙池沉沙 D1 | 1.000 0 | 5.039 4 | 0.296 8 | 1.605 5 | 2.605 2 |
| 渠道清淤 D2 | 0.198 4 | 1.000 0 | 0.114 0 | 0.022 6 | 0.282 9 |
| 输沙入田 D3 | 3.369 1 | 8.768 8 | 1.000 0 | 29.542 7 | 3.091 0 |
| 建材加工 D4 | 0.622 9 | 2.550 9 | 0.290 9 | 1.000 0 | 1.622 7 |
| 节水灌溉 D5 | 0.383 9 | 1.572 0 | 0.179 3 | 0.616 3 | 1.000 0 |

计算 $A^*$ 的权重系数为 $\mu_1^{(4)} = [\,0.180\,5, 0.021\,4, 0.607\,3,$ $0.118\,1, 0.072\,7\,]$。

(2)D 层配置方式关于减少占压耕地 C2 的判断矩阵为：

| 减少占压耕地 C2 | 沉沙池沉沙 D1 | 渠道清淤 D2 | 输沙入田 D3 | 建材加工 D4 | 节水灌溉 D5 |
|---|---|---|---|---|---|
| 沉沙池沉沙 D1 | 1 | 1/4 | 1/5 | 1/3 | 1/2 |
| 渠道清淤 D2 | 4 | 1 | 1/2 | 2 | 3 |
| 输沙入田 D3 | 5 | 2 | 1 | 3 | 4 |
| 建材加工 D4 | 3 | 1/2 | 1/3 | 1 | 2 |
| 节水灌溉 D5 | 2 | 1/3 | 1/4 | 1/2 | 1 |

则传递矩阵 B 为：

| B | 沉沙池沉沙 D1 | 渠道清淤 D2 | 输沙入田 D3 | 建材加工 D4 | 节水灌溉 D5 |
|---|---|---|---|---|---|
| 沉沙池沉沙 D1 | 0 | -0.602 1 | -0.699 0 | -0.477 2 | -0.301 0 |
| 渠道清淤 D2 | 0.602 1 | 0 | -0.301 0 | 0.301 0 | 0.477 1 |
| 输沙入田 D3 | 0.699 0 | 0.301 0 | 0 | 0.477 1 | 0.602 1 |
| 建材加工 D4 | 0.477 1 | -0.301 0 | -0.477 2 | 0 | 0.301 0 |
| 节水灌溉 D5 | 0.301 0 | -0.477 2 | -0.602 1 | -0.301 0 | 0 |

最优传递矩阵 $C$ 为：

| $C$ | 沉沙池沉沙 $D1$ | 渠道清淤 $D2$ | 输沙入田 $D3$ | 建材加工 $D4$ | 节水灌溉 $D5$ |
|---|---|---|---|---|---|
| 沉沙池沉沙 $D1$ | 0 | −0.747 6 | −1.073 8 | −0.415 8 | −0.200 0 |
| 渠道清淤 $D2$ | 0.747 6 | 0 | −0.200 0 | 0.215 8 | 0.431 7 |
| 输沙入田 $D3$ | 1.073 8 | 0.200 0 | 0 | 0.415 8 | 0.631 7 |
| 建材加工 $D4$ | 0.415 8 | −0.215 8 | −0.415 8 | 0 | 0.215 8 |
| 节水灌溉 $D5$ | 0.200 0 | −0.431 7 | −0.631 7 | −0.215 8 | 0 |

拟优阵 $A^*$ 为：

| $A^*$ | 沉沙池沉沙 $D1$ | 渠道清淤 $D2$ | 输沙入田 $D3$ | 建材加工 $D4$ | 节水灌溉 $D5$ |
|---|---|---|---|---|---|
| 沉沙池沉沙 $D1$ | 1.000 0 | 0.178 8 | 0.084 4 | 0.383 9 | 0.631 0 |
| 渠道清淤 $D2$ | 5.592 8 | 1.000 0 | 0.631 0 | 3.528 8 | 1.522 4 |
| 输沙入田 $D3$ | 11.852 5 | 1.584 9 | 1.000 0 | 18.784 9 | 2.658 0 |
| 建材加工 $D4$ | 2.605 2 | 0.608 4 | 0.383 8 | 1.000 0 | 1.643 8 |
| 节水灌溉 $D5$ | 1.584 9 | 0.370 1 | 0.233 5 | 0.608 4 | 1.000 0 |

计算 $A^*$ 的权重系数为 $\mu_2^{(4)} = [0.042\ 5, 0.235\ 0, 0.512\ 7, 0.130\ 5, 0.079\ 4]$。

（3）$D$ 层配置方式关于防洪减淤排涝 $C3$ 的判断矩阵为：

| 防洪减淤排涝<br>$C3$ | 沉沙池沉沙<br>$D1$ | 渠道清淤<br>$D2$ | 输沙入田<br>$D3$ | 建材加工<br>$D4$ | 节水灌溉<br>$D5$ |
|---|---|---|---|---|---|
| 沉沙池沉沙 $D1$ | 1 | 1/4 | 1/5 | 6 | 4 |
| 渠道清淤 $D2$ | 4 | 1 | 3 | 9 | 7 |
| 输沙入田 $D3$ | 2 | 1/3 | 1 | 7 | 5 |
| 建材加工 $D4$ | 1/6 | 1/9 | 1/7 | 1 | 1/3 |
| 节水灌溉 $D5$ | 1/4 | 1/7 | 1/5 | 3 | 1 |

则传递矩阵 $B$ 为：

| $B$ | 沉沙池沉沙<br>$D1$ | 渠道清淤<br>$D2$ | 输沙入田<br>$D3$ | 建材加工<br>$D4$ | 节水灌溉<br>$D5$ |
|---|---|---|---|---|---|
| 沉沙池沉沙 $D1$ | 0 | − 0.6021 | − 0.699 0 | 0.778 2 | 0.602 1 |
| 渠道清淤 $D2$ | 0.602 1 | 0 | 0.477 1 | 0.954 2 | 0.8451 |
| 输沙入田 $D3$ | 0.301 0 | − 0.477 2 | 0 | 0.845 1 | 0.699 0 |
| 建材加工 $D4$ | − 0.778 2 | − 0.954 2 | − 0.845 1 | 0 | − 0.477 1 |
| 节水灌溉 $D5$ | − 0.602 1 | − 0.845 1 | − 0.699 0 | 0.477 1 | 0 |

**最优传递矩阵 $C$ 为：**

| $C$ | 沉沙池沉沙<br>$D1$ | 渠道清淤<br>$D2$ | 输沙入田<br>$D3$ | 建材加工<br>$D4$ | 节水灌溉<br>$D5$ |
|---|---|---|---|---|---|
| 沉沙池沉沙 $D1$ | 0 | -1.110 8 | -0.525 0 | 0.626 8 | 0.349 6 |
| 渠道清淤 $D2$ | 1.110 8 | 0 | 0.302 1 | 1.186 6 | 0.909 5 |
| 输沙入田 $D3$ | 0.525 0 | -0.302 1 | 0 | 0.884 5 | 0.607 4 |
| 建材加工 $D4$ | -0.626 8 | -1.186 6 | -0.884 5 | 0 | -0.277 1 |
| 节水灌溉 $D5$ | -0.349 6 | -0.909 5 | -0.607 4 | 0.277 1 | 0 |

**拟优阵 $A^*$ 为：**

| $A^*$ | 沉沙池沉沙<br>$D1$ | 渠道清淤<br>$D2$ | 输沙入田<br>$D3$ | 建材加工<br>$D4$ | 节水灌溉<br>$D5$ |
|---|---|---|---|---|---|
| 沉沙池沉沙 $D1$ | 1.000 0 | 0.077 5 | 0.298 6 | 4.234 1 | 2.236 9 |
| 渠道清淤 $D2$ | 12.905 4 | 1.000 0 | 2.005 0 | 25.875 4 | 2.957 4 |
| 输沙入田 $D3$ | 3.349 3 | 0.498 7 | 1.000 0 | 1.670 4 | 1.186 5 |
| 建材加工 $D4$ | 0.236 2 | 0.065 1 | 0.130 5 | 1.000 0 | 0.528 3 |
| 节水灌溉 $D5$ | 0.447 1 | 0.123 2 | 0.247 0 | 1.892 9 | 1.000 0 |

计算 $A^*$ 的权重系数为 $\mu_3^{(4)} = [0.101\ 0, 0.624\ 5, 0.173\ 9, 0.034\ 8, 0.065\ 8]$。

（4）$D$ 层配置方式关于改善河道治理 $C4$ 的判断矩阵为：

| 加固堤防 $C4$ | 沉沙池沉沙 $D1$ | 渠道清淤 $D2$ | 输沙入田 $D3$ | 建材加工 $D4$ | 节水灌溉 $D5$ |
|---|---|---|---|---|---|
| 沉沙池沉沙 $D1$ | 1 | 3 | 2 | 6 | 4 |
| 渠道清淤 $D2$ | 1/3 | 1 | 1/2 | 4 | 2 |
| 输沙入田 $D3$ | 1/2 | 2 | 1 | 5 | 3 |
| 建材加工 $D4$ | 1/6 | 1/4 | 1/5 | 1 | 1/3 |
| 节水灌溉 $D5$ | 1/4 | 1/2 | 1/3 | 3 | 1 |

则传递矩阵 $B$ 为：

| $B$ | 沉沙池沉沙 $D1$ | 渠道清淤 $D2$ | 输沙入田 $D3$ | 建材加工 $D4$ | 节水灌溉 $D5$ |
|---|---|---|---|---|---|
| 沉沙池沉沙 $D1$ | 0 | 0.477 1 | 0.301 0 | 0.778 2 | 0.602 1 |
| 渠道清淤 $D2$ | - 0.477 2 | 0 | - 0.301 0 | 0.602 1 | 0.301 0 |
| 输沙入田 $D3$ | - 0.301 0 | 0.301 0 | 0 | 0.699 0 | 0.477 1 |
| 建材加工 $D4$ | - 0.778 2 | - 0.602 1 | - 0.699 0 | 0 | - 0.477 1 |
| 节水灌溉 $D5$ | - 0.602 1 | - 0.301 0 | - 0.477 1 | 0.477 1 | 0 |

最优传递矩阵 $C$ 为:

| $C$ | 沉沙池沉沙 $D1$ | 渠道清淤 $D2$ | 输沙入田 $D3$ | 建材加工 $D4$ | 节水灌溉 $D5$ |
|---|---|---|---|---|---|
| 沉沙池沉沙 $D1$ | 0 | 0.726 3 | 0.363 1 | 0.942 9 | 0.612 3 |
| 渠道清淤 $D2$ | -0.726 3 | 0 | -0.210 2 | 0.536 2 | 0.205 6 |
| 输沙入田 $D3$ | -0.363 1 | 0.210 2 | 0 | 0.746 5 | 0.415 8 |
| 建材加工 $D4$ | -0.942 9 | -0.536 2 | -0.746 5 | 0 | -0.330 6 |
| 节水灌溉 $D5$ | -0.612 3 | -0.205 6 | -0.415 8 | 0.330 6 | 0 |

拟优阵 $A^*$ 为:

| $A^*$ | 沉沙池沉沙 $D1$ | 渠道清淤 $D2$ | 输沙入田 $D3$ | 建材加工 $D4$ | 节水灌溉 $D5$ |
|---|---|---|---|---|---|
| 沉沙池沉沙 $D1$ | 1.000 0 | 5.324 7 | 2.307 5 | 8.768 7 | 4.095 4 |
| 渠道清淤 $D2$ | 0.187 8 | 1.000 0 | 0.616 3 | 0.115 7 | 0.487 4 |
| 输沙入田 $D3$ | 0.433 4 | 1.622 7 | 1.000 0 | 0.703 2 | 0.889 3 |
| 建材加工 $D4$ | 0.114 0 | 0.290 9 | 0.179 3 | 1.000 0 | 0.467 0 |
| 节水灌溉 $D5$ | 0.244 2 | 0.622 9 | 0.383 9 | 2.141 1 | 1.000 0 |

计算 $A^*$ 的权重系数为 $\mu_4^{(4)} = [0.607\ 7, 0.065\ 7, 0.152\ 6, 0.055\ 4,$ $0.118\ 6]$。

（5）$D$ 层配置方式关于创造经济收入 $C5$ 的判断矩阵为：

| 创造经济收入<br>$C5$ | 沉沙池沉沙<br>$D1$ | 渠道清淤<br>$D2$ | 输沙入田<br>$D3$ | 建材加工<br>$D4$ | 节水灌溉<br>$D5$ |
|---|---|---|---|---|---|
| 沉沙池沉沙 $D1$ | 1 | 1/3 | 1/4 | 1/6 | 1/5 |
| 渠道清淤 $D2$ | 3 | 1 | 1/2 | 1/4 | 1/3 |
| 输沙入田 $D3$ | 4 | 2 | 1 | 1/3 | 1/2 |
| 建材加工 $D4$ | 6 | 4 | 3 | 1 | 2 |
| 节水灌溉 $D5$ | 5 | 3 | 2 | 1/2 | 1 |

则传递矩阵 $B$ 为：

| $B$ | 沉沙池沉沙<br>$D1$ | 渠道清淤<br>$D2$ | 输沙入田<br>$D3$ | 建材加工<br>$D4$ | 节水灌溉<br>$D5$ |
|---|---|---|---|---|---|
| 沉沙池沉沙 $D1$ | 0 | -0.477 2 | -0.602 1 | -0.778 2 | -0.699 0 |
| 渠道清淤 $D2$ | 0.477 1 | 0 | -0.301 0 | -0.602 1 | -0.477 2 |
| 输沙入田 $D3$ | 0.602 1 | 0.301 0 | 0 | -0.477 2 | -0.301 0 |
| 建材加工 $D4$ | 0.778 2 | 0.602 1 | 0.477 1 | 0 | 0.301 0 |
| 节水灌溉 $D5$ | 0.699 0 | 0.477 1 | 0.301 0 | -0.301 0 | 0 |

最优传递矩阵 $C$ 为：

| $C$ | 沉沙池沉沙 $D1$ | 渠道清淤 $D2$ | 输沙入田 $D3$ | 建材加工 $D4$ | 节水灌溉 $D5$ |
|---|---|---|---|---|---|
| 沉沙池沉沙 $D1$ | 0 | $-0.5858$ | $-0.9251$ | $-0.9429$ | $-0.7465$ |
| 渠道清淤 $D2$ | 0.5858 | 0 | $-0.2056$ | $-0.6123$ | $-0.4158$ |
| 输沙入田 $D3$ | 0.9251 | 0.2056 | 0 | $-0.4067$ | $-0.2102$ |
| 建材加工 $D4$ | 0.9429 | 0.6123 | 0.4067 | 0 | 0.1965 |
| 节水灌溉 $D5$ | 0.7465 | 0.4158 | 0.2102 | $-0.1965$ | 0 |

拟优阵 $A^*$ 为：

| $A^*$ | 沉沙池沉沙 $D1$ | 渠道清淤 $D2$ | 输沙入田 $D3$ | 建材加工 $D4$ | 节水灌溉 $D5$ |
|---|---|---|---|---|---|
| 沉沙池沉沙 $D1$ | 1.0000 | 0.2595 | 0.1188 | 0.1140 | 0.1793 |
| 渠道清淤 $D2$ | 3.8531 | 1.0000 | 0.6229 | 2.4000 | 1.3388 |
| 输沙入田 $D3$ | 8.4155 | 1.6055 | 1.0000 | 13.5110 | 2.3815 |
| 建材加工 $D4$ | 8.7688 | 4.0954 | 2.5509 | 1.0000 | 1.5720 |
| 节水灌溉 $D5$ | 5.5781 | 2.6052 | 1.6227 | 0.6361 | 1.0000 |

计算 $A^*$ 的权重系数为 $\mu_5^{(4)} = [0.0240, 0.1580, 0.3538, 0.2837, 0.1805]$。

（6）$D$ 层配置方式关于节省水资源 $C6$ 的判断矩阵为：

| 节省水资源 $C6$ | 沉沙池沉沙 $D1$ | 渠道清淤 $D2$ | 输沙入田 $D3$ | 建材加工 $D4$ | 节水灌溉 $D5$ |
|---|---|---|---|---|---|
| 沉沙池沉沙 $D1$ | 1 | 2 | 1/2 | 7 | 1/3 |
| 渠道清淤 $D2$ | 1/2 | 1 | 1/3 | 6 | 1/4 |
| 输沙入田 $D3$ | 2 | 3 | 1 | 8 | 1/2 |
| 建材加工 $D4$ | 1/7 | 1/6 | 1/8 | 1 | 1/9 |
| 节水灌溉 $D5$ | 3 | 4 | 2 | 9 | 1 |

则传递矩阵 $B$ 为：

| $B$ | 沉沙池沉沙 $D1$ | 渠道清淤 $D2$ | 输沙入田 $D3$ | 建材加工 $D4$ | 节水灌溉 $D5$ |
|---|---|---|---|---|---|
| 沉沙池沉沙 $D1$ | 0 | 0.301 0 | -0.301 0 | 0.845 1 | -0.477 2 |
| 渠道清淤 $D2$ | -0.301 0 | 0 | -0.477 2 | 0.778 2 | -0.602 1 |
| 输沙入田 $D3$ | 0.301 0 | 0.477 1 | 0 | 0.903 1 | -0.301 0 |
| 建材加工 $D4$ | -0.845 1 | -0.778 2 | -0.903 1 | 0 | -0.954 2 |
| 节水灌溉 $D5$ | 0.477 1 | 0.602 1 | 0.301 0 | 0.954 2 | 0 |

最优传递矩阵 $C$ 为：

| $C$ | 沉沙池沉沙 $D1$ | 渠道清淤 $D2$ | 输沙入田 $D3$ | 建材加工 $D4$ | 节水灌溉 $D5$ |
|---|---|---|---|---|---|
| 沉沙池沉沙 $D1$ | 0 | 0.363 2 | -0.363 1 | 0.769 7 | -0.393 3 |
| 渠道清淤 $D2$ | -0.363 2 | 0 | -0.396 5 | 0.575 7 | -0.587 3 |
| 输沙入田 $D3$ | 0.363 1 | 0.396 5 | 0 | 0.972 2 | -0.190 8 |
| 建材加工 $D4$ | -0.769 7 | -0.575 7 | -0.972 2 | 0 | -1.163 0 |
| 节水灌溉 $D5$ | 0.393 3 | 0.587 3 | 0.190 8 | 1.163 0 | 0 |

拟优阵 $A^*$ 为：

| $A^*$ | 沉沙池沉沙 $D1$ | 渠道清淤 $D2$ | 输沙入田 $D3$ | 建材加工 $D4$ | 节水灌溉 $D5$ |
|---|---|---|---|---|---|
| 沉沙池沉沙 $D1$ | 1.000 0 | 2.307 6 | 0.433 4 | 5.884 4 | 0.404 3 |
| 渠道清淤 $D2$ | 0.433 4 | 1.000 0 | 0.401 4 | 0.173 9 | 0.558 2 |
| 输沙入田 $D3$ | 2.307 5 | 2.491 5 | 1.000 0 | 5.749 1 | 1.791 3 |
| 建材加工 $D4$ | 0.169 9 | 0.265 6 | 0.106 6 | 1.000 0 | 0.068 7 |
| 节水灌溉 $D5$ | 2.473 5 | 3.866 4 | 1.551 8 | 14.554 9 | 1.000 0 |

计算 $A^*$ 的权重系数为 $\mu_6^{(4)} = [0.169\ 3, 0.062\ 9, 0.322\ 0, 0.028\ 7, 0.417\ 1]$。

### 7.4.5　配置方式层 $D$ 对于总目标层 $A$ 的评价

由配置方式层 $D$ 对于效益指标层 $C$ 判断矩阵的计算特征向量,可以得到配置方式层 $D$ 的合成特征矩阵:

$$\mu_1^{(4)} = [0.180\ 5, 0.021\ 4, 0.607\ 3, 0.118\ 1, 0.072\ 7]$$

$$\mu_2^{(4)} = [0.042\ 5, 0.235\ 0, 0.512\ 7, 0.130\ 5, 0.079\ 4]$$

$$\mu_3^{(4)} = [0.101\ 0, 0.624\ 5, 0.173\ 9, 0.034\ 8, 0.065\ 8]$$

$$\mu_4^{(4)} = [0.607\ 7, 0.065\ 7, 0.152\ 6, 0.055\ 4, 0.118\ 6]$$

$$\mu_5^{(4)} = [0.024\ 0, 0.158\ 0, 0.353\ 8, 0.283\ 7, 0.180\ 5]$$

$$\mu_6^{(4)} = [0.169\ 3, 0.062\ 9, 0.322\ 0, 0.028\ 7, 0.417\ 1]$$

由 $C$ 层各效益指标对于总目标 $A$ 的权重系数向量:

$$\beta^{(3)} = [0.197\ 9, 0.099\ 0, 0.404\ 7, 0.134\ 9, 0.042\ 7, 0.120\ 8]$$

可得到 $D$ 层各配置方式对总目标 $A$ 的权重系数向量:

$$\beta^{(4)} = \beta^{(3)} u^{(4)} = [0.184\ 3, 0.303\ 4, 0.315\ 9, 0.073\ 4, 0.123\ 0]$$

根据以上结果,由 $D$ 层各配置方式对总目标 $A$ 的权重系数向量 $\beta^{(4)}$,可得到引黄灌区水沙资源优化配置综合目标函数:

$$F(X) = 0.184\ 3X_1 + 0.303\ 4X_2$$
$$+ 0.315\ 9X_3 + 0.073\ 4X_4 + 0.123\ 0X_5$$

根据权重系数,$D$ 层各配置方式对总目标 $A$ 的重要性排序为:①浑水灌溉、输沙入田 D3;②沉沙区清淤 D2;③沉沙池沉沙 D1;④节水灌溉 D5;⑤建材加工、农业用土 D4。此排序基本符合引黄灌区综合治理和水沙资源综合利用的要求,与层次分析法排序一致[15]。

# 参 考 文 献

[1] 赵得军. 开封市水资源优化配置研究[D]. 武汉:武汉大学,2004.

[2] 王浩,王建华,秦大庸. 流域水资源合理配置的研究进展与发展方向[J]. 水科学进展,2004(1).

[3] 胡春宏,王延贵,等. 泥沙的资源化及其优化配置[R]. 北京:中国水利水电科学研究院,2004.

[4] N. B mus. 水资源科学分配[M]. 戴国瑞,冯尚有,等译. 北京:水利电力出版社,1953.

[5] Wong, Hughs. sun, Ne – zheng. Opti mization of conjunctive use of surface water and groundwater with water quality constraints, proceedings of the Annual Water Resources Planning and Management Conferernce. Apr6-9 1997.

[6] Zedler J B. Fresh water impacts innormally hypersaline marshes. Estuaries, 1983,6(4).

[7] 王兆印. 泥沙研究的发展趋势和新课题[J]. 地理学报,1998(3).

[8] M. R. Peart, D. E. Walling. Techniques for establishing suspended sediment souces in towdrainage basins in Devon, UK:a comparative assessment Sediment Budgets IAHS Publication.

[9] 李红,杨小凯. 利用层次分析法确定水库选址问题[J]. 河海水利,2004(4).

[10] 李传哲,于福亮,尹吉国,等. 基于层次分析法的河流健康模糊综合评价[C]//中国水利水电科学研究院第八届青年学术交流会论文集. 北京:中国水利水电科学研究院,2005.

[11] 吴祈宗. 运筹学与最优化方法[M]. 北京:机械工业出版社,2003(8).

[12]《运筹学》教材编写组编. 运筹学[M]. 北京:清华大学出版社,1999(2).

［13］谭跃进,陈英武,易先进. 系统工程原理[M]. 北京:国防大学出版社,
1981(2).

［14］彭本红,等. 研讨厅中专家的权重确定及方案评价研究[J]. 上海理工
大学学报,2001,26(2).

［15］曹卫华,郭正. 最优化技术方法及 MATLAB 的实现[M]. 北京:化学工
业出版社,2005.

# 第 8 章　水沙资源优化配置数学模型在典型灌区的应用

## 8.1　水沙资源优化配置数学模型在位山灌区的应用

　　引黄必引沙,位山灌区 1970~2004 年共引水 435.62 亿 m³,引进泥沙 32 794 万 m³。大部分的泥沙沉积在沉沙池及干渠以上,需要开辟大量的沉沙区容纳沙量,并由此带来一系列问题:①由于沉沙区土壤沙化,土地高低不平,造成漏水漏肥,肥力降低,作物产量只有本地平均产量的 50%;②由于风沙侵蚀,沉沙地区生态环境恶化,时而发生"有风不见家,屋里屋外都是沙"的现象;③沉沙地区被输沙渠、沉沙池及排水截渗沟分割,造成交通困难,给群众的生产、生活带来了不便;④由于渠道淤积以及沉沙池需要以挖待沉,每年都要进行大规模的清淤,清淤费用较大[1]。

### 8.1.1　位山灌区的能力约束条件

#### 8.1.1.1　沉沙池沉沙能力约束

　　位山灌区 1970 年至今累计引沙量 32 794 万 m³,年均引沙 965 万 m³。这些泥沙沉积于灌区,形成了"四带"、"两片"的积沙区。所谓"四带"是指东、西两条输沙渠两岸 4 条长 15 km、宽 60~100 m、高出地面 5~7 m 的带状沙垄,占地 53 313 hm²。"两片"是指东、西两个沉沙区,西沉沙区占地 1 400 hm²,东沉沙区占地 85 313 hm²。这些被占压的耕地涉及到东阿、阳谷、东昌府区的 7 个乡镇 117 个自然村,通常把这个区域称做位山灌区沉沙池区[2]。

采用沉沙池进行集中沉沙是黄河下游引黄灌区泥沙处理的一项主要的成功经验,至今仍为引黄泥沙处理的主要方式之一。无论是自流灌溉、提水灌溉还是补源灌溉,都需要首先将引进的相当一部分泥沙,尤其是较粗颗粒泥沙通过沉沙池集中淤沉下来,以保证各级渠道的正常运行。

黄河下游引黄灌区沉沙池从平面形式上可分为湖泊形、条带形和梭形等几种。基于数十年对沉沙池运用的实践经验、观测试验和理论研究分析认为,湖泊形沉沙池由于水流进入池口后突然扩散,流速陡然减小,泥沙大量沉淤在沉沙池上游段的进水口部位,这严重地阻碍了正常的引水,沉沙池的有效容积得不到充分的利用。一般从池中泄出的水几乎变清,不符合沉沙池拦粗排细的运用原则,无益于利用泥沙改造洼碱荒地,同时从池中泄出的清水还会引起渠道的冲刷。带形条渠沉沙池,由于在池子进口后的不远处断面突然变宽,上段的落淤多,在其尾部落淤就很少,使沉沙池的首尾部位落淤量相差 3 ~ 4 倍。而梭形条渠式沉沙池,由于其断面自进口处开始放宽,而后再逐渐收缩,水流由急逐渐变缓,再逐步加速,泥沙在沿程能够比较均匀地下沉,首尾部位的落淤厚度仅差 40% 左右。在三种沉沙池形式中,梭形条渠式沉沙池效果最好,带形条渠式次之。

沉沙池的运用方式包括结合淤改自流沉沙、结合淤背沉沙、多级分散沉沙、远距离输送集中沉沙、自流沉沙以挖待沉、扬水沉沙等 6 种方式。其中自流沉沙、以挖待沉是传统的沉沙方式,是目前大多数灌区处理来沙的主要手段。结合淤改自流沉沙、结合淤背沉沙两种方式合理利用了沉沙池中的淤沙,变害为利。多级分散沉沙,远距离输送集中沉沙等方式减小了渠首沉沙的压力。扬水沉沙是近几年新兴的方式,通过扬水沉沙,一方面可以对沉沙池入口前的输沙渠进行拉沙冲刷;另一方面,进入沉沙池的水流通过扬水设施提升,克服了沉沙池口饮水困难的问题,使过沉沙池水流尽量输送至沉沙池中后方，以利于延长沉沙池使用寿命。

自然沉沙多用于低洼地和土壤不好的地方，这种沉沙方式的特点是用工少，施工简单，但占地多。根据地形条件和需沉沙数量确定面积，筑一围堤即可运用，沉沙池入口一般不做工程，出口需建拦沙闸，保证泥沙淤积厚度。位山灌区东、西两沉沙区在1983年以前，均为自然沉沙方式。

以挖待沉是在沉沙区自然沉沙淤平失去沉沙作用后，再用人工或机械清淤造田，一般高出地面7 m左右，形成人造高地。这种沉沙方式的特点是占地少，但用工多。以挖待沉方式位山灌区起源于1983年，由于沉沙区两侧低洼地经当地群众治理，已变为丰产田，新占耕地十分困难，为了减少占用土地，充分利用沉沙空间，根据沉沙规划，有计划地对废旧沉沙池进行以挖待沉，达到相应的沉沙作用。

位山灌区根据当时的自然地理条件和农业发展水平，采用集中沉沙和分散沉沙相结合的办法，充分利用涝碱洼地自流沉沙，淤沙改土。由于灌溉面积不断扩大，引水进沙数量也相应增多，而适宜沉沙的涝碱荒地却逐渐减少。泥沙处理逐步采用了在老池内依靠清淤，腾出库容，次年引水沉沙再清淤的倒土办法，后来总结为"以挖待沉"，由此来维持灌区的运行。承担沉沙功能的东、西沉沙池，目前的剩余容积分别为2 100万 $m^3$ 和3 400万 $m^3$，东沉沙池规划新扩沉沙池2 920万 $m^3$，西沉沙池规划新扩沉沙池2 550万 $m^3$，合计东沉沙池剩余沉沙容积为5 020万 $m^3$，西沉沙池剩余容积为5 950万 $m^3$。在一般的引水引沙条件下，东、西沉沙池联合运用最大年沉沙量为1 225.7万 $m^3$。位山灌区泥沙干容重按1.3 $t/m^3$，年沉沙量为1 593万 t。因此，确定沉沙池沉沙能力小于1 593万 t，即：

$$X1 \leqslant 1\ 593\ 万\ t \tag{8-1}$$

#### 8.1.1.2　沉沙区清淤能力约束

位山灌区东、西沉沙池清淤泥沙堆成的高地,一般土层结构松软,具有漏水漏肥严重的特点,适合发展喷灌和滴灌,黄豆、花生、白薯都能获得较好产量,其他如棉花、玉米、果树都可以种植。经试验,高地上种植优质苹果不但长势好,且能起到固土防沙作用。

经多次沉沙淤积、清挖,沉沙条池的高程达到设计标准要求,就形成了高出池外地面数米的人工高地。通过科学规划、合理开发,把高地建成农、林、牧协调发展的新型农业基地。高地的开发利用,消除了灌区发展的后顾之忧,是引黄灌区泥沙处理、发展生产的创举。

在输沉沙区营造高地,首先要统一规划高地高程,待清淤堆沙达到设计高程后,再取原状土盖顶整平,然后在高地上按生产要求兴建机井与节水灌溉工程。同时为改善环境,还要在高地周围边坡、排灌沟、渠、道路两旁建立防护林带,与高地农田网相结合,进行水土保持,防风固沙,达到沟、渠、路、林一体化。两沉沙区从1983 年开始进行以挖待沉,目前已形成高地 1 200 hm$^2$,为改善输沉沙区生态环境,发挥了显著作用。

位山灌区设计控制灌溉面积36 万 hm$^2$,实际灌溉面积为30.7万 hm$^2$。位山灌区共规划了 11 个沉沙池,占地总面积 3 200 hm$^2$,这些土地将来要形成高 6~8 m 的泥沙高地。根据 1970~2004 年清淤资料统计,共清淤泥沙 12 172.87 万 m$^3$,最大年清淤泥沙427.80 万 m$^3$,约为 556 万 t,可以确定沉沙区清淤能力小于 556万 t。由于多年平均引水含沙量为 8.7 kg/m$^3$,确定沉沙区清淤用水能力小于 6.3 亿 m$^3$,即:

$$X2 \leqslant 556 万 t \tag{8-2}$$

$$W2 \leqslant 6.3 亿 m^3 \tag{8-3}$$

#### 8.1.1.3　浑水灌溉、输沙入田能力约束

泥沙淤积的理想状态应该是,进入输沙渠的泥沙尽可能少淤

积在渠首,而向灌区中、下游及分支渠道输送,使绝大部分泥沙(60%~70%)进入田间(即浑水灌溉),同时清淤出渠的泥沙沿程通过合理利用不致产生累积性的堆沙。浑水灌溉是相对于经过沉沙池沉积较粗颗粒泥沙,将细颗粒泥沙输送入田的另外一种方式,即含沙水流不经过沉沙池而顺序经过输水渠道进入田间。它的显著特点是将引进泥沙的处理利用由点转化为分散于各级输水渠道沿程,扩大了泥沙转化利用的范围。要使这一模式成为现实,从技术上讲就是实现泥沙的长距离输送。要减少输沙渠道的泥沙淤积,除以往行之有效的工程措施外,动力最好取决于水流自身,即通过增加水面比降,加大流速,增加渠道内水流输送泥沙能力来达到泥沙远送的目的。提高水流动力的典型技术手段是在渠道适当位置设置提水泵站扬水入渠或分流。

要达到入渠泥沙尽可能向田间输送,减少渠道淤积,应对已有工程进行系统分析,结合扩建、改造、合理调整渠网布置,尽可能增大输水渠道纵坡,达到提高灌溉引水位、减少渠道淤积、降低灌溉成本等多种效果。

灌区引水条件取决于两个因素:一是黄河来水;二是引水渠段的淤积状况。过去,由于小流量引水,很大部分泥沙落在引水渠、沉沙池及干渠上游段,不但造成下次甚至全年引水困难,而且加重了干渠清淤负担。近几年来,由于实行大流量引水,改变了泥沙分布规律,达到了分散沉沙及泥沙远送的目的。

采取"高水位、大流量、速灌速停"的引水方案。在工程条件允许的情况下,位山灌区在引水实践中,采取了大、平、稳、攻的输水模式,较好地解决了水沙资源的优化调度。大,即短时间内的高水位、大流量,尽量按设计流量或超设计满负荷引水;平,即沉沙池进出口流量平衡;稳,即渠道引水流量尽量保持稳定;攻,即腾空沉沙池,造成大比降、大流量攻沙。该措施的实施,改变了泥沙分布规律,达到了分散沉沙及泥沙入田的目的。

渠道衬砌后,渠槽被硬化固定,断面缩窄,糙率减小,相应加大了输水流速,提高了挟沙能力。东输沙渠长 15 km,衬砌 3.7 km后,减少淤积约 20%。西输沙渠长 15 km,由于全部进行了衬砌,效果更好,当过水流量为 125 m³/s 时,最大流速达 2.07 m³/s,挟沙能力为 18.5 kg/m³,淤积量比衬砌前减少 50%。三干渠衬砌前每年清淤一次,清淤量为 80 万~100 万 m³,1993 年上游 13 km 衬砌后,该段至今没有进行清淤,每年春灌后,底部均呈冲刷现象。二干渠由于过水断面宽,弯道多,渠道淤积更为严重,输水能力只能达到设计流量的 60%,2002 年进行渠道硬化衬砌后输水流速加大,挟沙能力提高,远距离输沙效果显著,工程运行后输水已远远超过设计流量,截止到目前没出现淤积现象,并恢复灌溉面积 2 万hm²。

针对工程老化失修严重的情况,灌区每年拿出一部分经费对干渠工程进行配套建设,以适应高水位、大流量引水需要。1985年,结合引黄济津工程,分别对东引水渠进行了 3.7 km 的浆砌石衬砌和 9.7 km 的混凝土板衬砌;1992 年,利用引黄入卫资金,对西引水渠原衬砌段进行接高,并对余下的 5 km 引水渠以及 3.7km 总干渠和 13.6 km 的三干渠进行混凝土板衬砌;1998 年,灌区被列入国家大型灌区节水改造项目,完成二干渠衬砌 7.8 km,大大改善了工程输水条件。

东输沙渠 - 东沉沙池 - 干渠系统的统计资料表明,大约有70% 的泥沙被输沙渠沿线的分干渠、沉沙区沿岸以及一干渠沿线消化掉了。因为大的分干渠把泥沙从输沙渠或沉沙池引出后,即使淤积在渠道,通过清淤泥沙堆积在渠道两侧,最终还是通过多种途径进入田间。西输沙渠 - 西沉沙区 - 二、三干渠系统的统计资料表明,输入田间的泥沙量在 20% 左右。位山灌区在灌区上游的输沙渠和干渠之间设置的沉沙池,利用沉沙池和输沙渠集中拦沙入渠约 60% 的较粗颗粒泥沙,其余 40% 的细沙分别淤在干渠和田间,处理这部分泥沙的最好方式是输沙入田。因为位山灌区最大年引沙能力小于 3 178 万 t,最大年引水量为 18.33 亿 $m^3$,所以可以确定浑水灌溉、输沙入田的泥沙小于 1 271 万 t,浑水灌溉用水能力小于 7.33 亿 $m^3$,即:

$$X3 \leqslant 1 \ 271 \ 万 \ t \tag{8-4}$$

$$W3 \leqslant 7.33 \ 亿 \ m^3 \tag{8-5}$$

### 8.1.1.4  建材加工、农民用土能力约束

在输沙渠沿线兴建灰沙砖厂,发展建材工业,具有良好的条件。首先,输沙渠两岸堆沙 4 000 多万 $m^3$,这些泥沙的 $SiO_2$ 含量高达 70% 以上,是制作灰沙砖的适宜原料。其次,当地具有丰富的石灰资源和劳动力资源。此外,该区新修柏油路 2 条,交通比较方便。1994 年建成了一座年耗沙 6 万 $m^3$,年产 3 000 万块砖,年产值 360 万元的灰沙砖厂。这个厂的建设成功,为淤沙变废为宝,解决池区剩余劳力就业找到了一条出路,同时每年可减少占地 1.3 $hm^2$。灌区有关部门设想规划至 2010 年在输沙渠及沉沙池附近建成年产 3 000 万块灰沙砖厂 23 个,可年产灰沙砖 6.9 亿块,加气磷厂 2 个,年产加气磷 6 万 $m^3$,到时每年可利用泥沙约 200 万 $m^3$,初步形成以沉沙区为核心、以引黄淤积沙为主要原料的建材基地,逐步取代目前全市 900 余座以耕地取土为原料的砖厂,可为全市大量节约耕地。

因此,可以确定灌区建材加工、农民用土泥沙利用能力小于 200 万 $m^3$,按泥沙干容重 1.3 $t/m^3$,为 260 万 t,即:

$$X5 \leqslant 260 \ 万 \ t \tag{8-6}$$

### 8.1.1.5  灌溉能力约束

灌区灌溉主要通过渠道防渗衬砌、井渠结合、地表水与地下水联合调度,提高灌溉水利用率,节约用水。渠道防渗衬砌主要受渠道形式和衬砌材料约束,井渠结合要考虑地下水分布,维持地下水平衡。

在渠道渗漏的过程中,时间变量是重要因素。在其他因素相同的条件下,输水时间越长,渗漏损失量越大。根据灌区内于集试区试验资料,在未衬砌的条件下,实行优化管理(即尽量按设计流量引水,缩短输水时间)可减少渠道输水损失的30%~50%,同时,还可提高灌溉水的利用率。如在1996年第一次春灌中,东昌府区朱老庄乡采取短时间、大流量供水,灌溉周期比原来缩短8 d,节约水量150万 $m^3$。

加强用水管理。在输水管理中,因管理不善、工程失修、建筑物漏水等原因造成的漏水损失,大约占渠道输水损失总量的18%。通过加强管理,如严格执行用水程序与制度、及时关闭闸门、加强建筑物养护与维修等,漏水损失是可以减少的,从而提高水的利用率,也减少了向排水河道中的排放量,减轻河道淤积。

实行适时引水、集中引水、短期引水,节约灌溉用水,充分利用水资源,减少了灌区的总淤积量。自推行节水减淤以来,灌区少引进泥沙20%以上,既减轻了灌区清淤负担,又解决了下游地(市)用水矛盾,起到了事半功倍的效果。

位山灌区通过健全用水管理组织、严格用水制度和推行切实可行的节水灌溉技术等来全面提高灌区的灌溉用水水平,收到良好效果。通过对灌区多年引水灌溉情况统计,位山灌区在1989年灌溉用水最多为18.83亿 $m^3$,可以确定灌区灌溉能力小于18.83亿 $m^3$,即:

$$W6 \leqslant 18.83 亿 m^3 \tag{8-7}$$

### 8.1.1.6　引黄济津、引黄入卫能力约束

天津是严重缺水的特大城市,曾多次发生供水危机。20世纪70年代以来,华北平原在1970~1972年、1974~1976年、1980~1984年、1997~2004年出现了连续枯水年,使天津长期陷入缺水危机。历史上北京市的密云水库,河北省的岗南、岳城水库都曾为天津供水,70年代还实施了3次引黄济津。1981年为保证北京用

水,国务院决定,密云水库停止向天津和河北供水,天津不得不又两次调引黄河水,以解燃眉之急。

1983年建成的引滦入津工程使天津有了一个相对稳定的水源,但供水水源单一,遭遇枯水年份时可供水量不能满足天津市供水需求,存在很大风险。

自1997年以来,海河流域遭遇自20世纪60年代以来最为严重的连续干旱,华北地区连续干旱使天津再次呈现长期供水紧张局面;北京出现水源危机,天津也不得已从2000年以来实施了4次应急引黄。

2000年后4次应急引黄,形成引黄、引滦联合供水格局。由于供水工程的限制,实行引黄水主要供中心市区,日供水量为113万 $m^3$;引滦水供塘沽、大港等地区,日供水量为38.7万 $m^3$。

引黄水向市区、海河工业直取及河湖环境供水是通过海河三闸(西河闸、屈家店闸、二道闸)之间水域作为天然调节水库,西河泵站抽水送至水厂。

2000~2005年,位山闸控制放流100 $m^3/s$ 左右,向北经位山灌区西输沙渠、西沉沙渠、总干渠、位山三干渠入清凉江,流经清南连接渠入南运河至九宣闸(入天津市计量站)。位山闸放水32.97亿 $m^3$,九宣闸收水15.98亿 $m^3$,收水率为48.4%。其中2002~2003年放水最少为6.03亿 $m^3$,九宣闸收水为2.49亿 $m^3$;2004~2005年放水最多为9.22亿 $m^3$,九宣闸收水为5.11亿 $m^3$。所以,引黄济津引水能力小于5.11亿 $m^3$。因此,确定引黄济津引水能力小于5.11亿 $m^3$。

20世纪90年代,河北省衡水、沧州等地的缺水问题也日益突出,严重影响了当地工农业生产发展和城乡居民生活,为缓解河北省严重缺水问题,1993年利用位山灌区工程实施了引黄入卫调水工程。工程渠首设计引黄河水6.22亿 $m^3$,年保证率为75%,每年调入河北省水量5亿 $m^3$,分配给邢台市0.5亿 $m^3$、衡水市1.5亿

$m^3$、沧州市 3. 0 亿 $m^3$。因此,引黄入卫引水能力小于 5 亿 $m^3$。

所以,可以确定引黄济津、引黄入卫引水能力小于 10. 11 亿 $m^3$,即:

$$W7 \leqslant 10. 11 \text{ 亿 } m^3 \tag{8-8}$$

### 8.1.1.7  灌区年引沙量、引水量能力约束

位山灌区自 1970 年至 2004 年共引沙 32 794 万 $m^3$,其中 1997 年引沙量最大为 2 445 万 $m^3$,即 3 178 万 t。

位山灌区自 1970 年至 2004 年共引水 435. 62 亿 $m^3$,其中 1989 年引水量最大为 28. 44 亿 $m^3$,用于灌溉用水 18. 33 亿 $m^3$,用于引黄入卫、引黄济津 10. 11 亿 $m^3$,因此位山灌区年引沙能力小于 3 178 万 t,年引水能力小于 28. 44 亿 $m^3$,即:

$$X1 + X2 + X3 + X4 + X5 \leqslant 3 178 \text{ 万 t} \tag{8-9}$$

$$W2 + W3 + W6 + W7 \leqslant 28. 44 \text{ 亿 } m^3 \tag{8-10}$$

## 8.1.2  位山引黄灌区水沙资源优化配置模式与评价

结合水资源优化配置,以泥沙资源优化配置为重点,通过层次分析法及其改进方法,位山灌区水沙资源优化配置模型构造了综合目标函数的三个表达式,考虑有沉沙池沉沙能力约束,浑水灌溉、输沙入田能力约束,沉沙区清淤能力约束,机淤固堤能力约束,建材加工、农民用土能力约束,引黄济津能力约束,灌区年引沙量、引水量能力约束等 7 个约束条件,得出位山灌区水沙资源优化配置模式(见表 8-1)。

水沙资源优化配置模型的计算结果表明,配置模式和权重系数的相对大小有关,与权重系数的绝对大小没有必然的联系。综合目标函数权重系数的相对大小决定数学模型单纯形法求解运算的秩序,权重系数的绝对值大小决定水沙资源优化配置的效果评价。说明引黄灌区水沙资源优化配置是由综合目标函数的相对权重值和客观约束条件共同决定的。

## 表8-1 位山灌区水沙资源优化配置模式

| 配置方式 | 沉沙池沉沙 | 沉沙区清淤 | | 浑水灌溉、输沙入田 | | 建材加工、农业用土 | 灌区灌溉 | 引黄济津、引黄入卫 |
|---|---|---|---|---|---|---|---|---|
| 目标函数 | 0.184 3 | 0.303 4 | | 0.315 9 | | 0.073 4 | 0.123 | |
| 配置变量 | X1（万 t） | X2（万 t） | W2（亿 m³） | X3（万 t） | W3（亿 m³） | X4（万 t） | W5（亿 m³） | W6（亿 m³） |
| 配置模式 | 1 180 | 889 | 10.07 | 1 696 | 9.81 | 177 | 5.96 | 8.29 |

　　模型的计算结果与位山灌区的实际情况基本相符合。位山灌区目前存在的问题依然是要减少渠道淤积，提高灌溉效益，增加灌溉面积，减轻现用池区压力，延长位山灌区使用寿命。所以，结合灌区实际情况，要继续执行"集中沉沙与分散沉沙相结合，自流沉沙与以挖待沉相结合，泥沙开发利用与扶贫相结合"处理泥沙问题的方针，衬砌渠道，兴建提水泵站，高水位、大流量，提高输水挟沙能力，远距离输沙，并输沙入田，实现浑水灌溉，减少泥沙淤积。同时做到合理用水，利用灌溉，节约用水，掌握引水季节，汛期高含沙量时不引水，全面规划，做到地表水、地下水、黄河水统一调度。

　　首先，要注重输沉沙区的治理和开发。输沙渠年年清淤，两侧大堤堆沙年年加高覆盖，并向两岸不断展宽。沙质高地的逐年扩大，使当地农民人均耕地迅速减少，土地沙化严重，区域环境日渐恶化，风力稍大，便"睁不开眼，张不开嘴，揭不开锅"。尤其是在冬春季多风时节，更是沙土飞扬，当地群众说"关上门闭上窗，误不了喝泥汤"。所以，位山灌区要立足于泥沙资源的开发和利用，从完善电力、交通、水利、通信等基础设施入手，大力建造高标准沙质高地，进行彻底换耕；池区产业以种植业、养殖业为基础，以农副产品深加工和淤沙建材为主体，以商贸为龙头，形成农田—种养—加工—商贸4个环节的产业结构，将沉沙池区建成农副产品及其深加工基地和建材基地，真正实现泥沙变废为宝，把灾害转化为资源。

　　其次,引黄不要回避引用浑水,避免大量泥沙再集中淤积,最终将泥沙输送至灌区中、下游及分支渠道,使绝大部分(60%~70%)泥沙进入田间。要使这一模式成为现实,从技术上讲就是要实现泥沙的长距离输送。在灌渠渠道比降确定,断面形态一定的情况下,灌区泥沙长距离输送运行应寻求其他的途径,以增大渠道水流输沙能力及改善渠道的应变能力,更大范围地适应黄河水沙条件多变的要求。因此,引黄泥沙长距离输送的动力最好来源于水流自身,即通过增加水面比降,加大流速,增强渠道内水流输沙能力来达到泥沙远送的目的。

　　最后,从位山灌区的经济和技术发展来看,田间灌溉在一个相当长的时期内,仍会以地面灌溉为主,结合灌区的实际情况和发展节水灌溉技术的经验,位山灌区节水发展方向应该是工程性措施和非工程性措施并重。工程性节水措施包括渠道衬砌、分水闸门改造、机井工程、畦田工程;非工程性节水措施包括继续推行“高水位、大流量、速灌速停”的输水调水技术,合理调整水价标准,促进用水单位节水。

# 8.2　水沙资源配置模型在簸箕李灌区的应用

　　簸箕李灌区运行40余年,为本地区的发展发挥了巨大作用,但是灌区也存在一些问题。首先是泥沙问题。因为黄河是举世闻名的多沙河流,灌区平均年引水量4.78亿 $m^3$ ,引沙量442.6万t,其中60%的泥沙淤积在干、支、斗渠里,仅有30%~40%的泥沙进入田间系统,每年灌区要组织数万人和大量机械进行清淤,从而耗费大量的人力和财力,给灌区农民带来了很大的经济负担。由于渠首沉沙条件的限制,灌区采用以挖待沉的方式来处理泥沙。造成的结果是条渠两侧泥沙堆积如山,形成人造小沙漠。受刮风下雨等因素的影响,泥沙将会大量搬移,使条渠两侧沙化土地进一步恶化和扩大,渠首群众生活受到了很大的损害。

其次是水沙调度问题。簸箕李灌区是黄河下游水沙利用比较好的大型灌区之一,比如引黄闸的合理调度、泥沙利用、沙化治理、干渠的管理和测量、清淤机械化及微机应用等方面都有比较丰富的经验。但是由于受经费和科技水平的限制,灌区内仍存在一些水沙调度的困难,比如灌溉用水合理调度、泥沙远距离输送、计划配水、二级提水、自流灌溉的管理、局部弃水对排水河道的影响等,都是需要进一步研究的问题[3]。

再者是灌溉工程的老化问题。簸箕李灌区渠系不健全,田间工程不配套,部分建筑物年久失修、老化严重,既影响了骨干工程效益的发挥,也造成了对田间用水无法节制。灌区内干渠总长度为 125 km,衬砌总长度计 19.8 km,干渠衬砌率 15.8%,支渠衬砌率仅为 1%左右,渠系水利用系数仅为 0.53。

## 8.2.1 簸箕李灌区的能力约束条件

### 8.2.1.1 沉沙池沉沙能力约束

簸箕李灌区无自然沉沙条件,只能采用"以挖待沉"的泥沙处理方式,自引黄闸至总干渠之间设置了一条长 22 km 的沉沙条渠。条渠的设计参数为:流量 65 m³/s,设计水深 2.2 m,底宽 34 m,边坡 1:2,渠底比降 1/7 000。当条渠内泥沙淤积到一定程度后进行清淤,年复一年,以维持整个灌区效益的发挥[4]。

以挖待沉是在沉沙区自然沉沙淤平失去沉沙作用后,再用人工或机械清淤造田,一般高出地面 7 m 左右,形成人造高地。这种沉沙方式的特点是占地少,但用工多[5]。以挖待沉方式簸箕李引黄灌区起源于 1993 年,由于沉沙区两侧低洼地经当地群众治理,已变为丰产田,新占耕地十分困难,为了减少占用土地,充分利用沉沙空间,根据沉沙规划,有计划地对废旧沉沙池进行以挖待沉,起到相应的沉沙作用[6]。

沉沙条渠存在三个不同的比降,即上段(引黄闸至大弯道)比降约为 1/5 000,中下段(大弯道至渡槽分汊)比降为 1/5 500,水深最小;尾段(尾端分汊至渡槽)比降为 - 1/6 000(即倒坡)。此比降的分段方式,虽然不能增大条渠的纵比降,但可以改变水面线和泥沙淤积分布,导致条渠上游段输沙能力大,较粗的泥沙首先淤积下来,但淤积量较少[7],下游段输沙能力小,较多较粗的泥沙淤积在尾部,反过来,又影响上游渠道的输沙能力,发生溯源淤积。为此,1995 年清淤时对上述比降调整为两段,尾部倒比降调整为 1/7 000。比降调整后,东条渠淤积量明显减少,由 1995 年前的年平均淤积量 130 万 t 降为年平均淤积量 60 万 t,减淤 1/2 还多[8]。

根据 1985 ~ 1998 年条渠各年来水来沙及淤积情况调查统计,其中 1989 年条渠淤积量最大为 275 万 t,因而确定沉沙池沉沙能力小于 275 万 t,即:

$$X1 \leqslant 275 \ \text{万 t} \tag{8-11}$$

### 8.2.1.2　沉沙区清淤能力约束

灌区一直采用渠道集中处理泥沙方式,由于渠道不具备自然沉沙条件,因而设计了 22 km 沉沙条渠。通过东、西条渠引水沉沙,以达到拦粗排细的目的。沉淀大部分粗颗粒泥沙,并采用以挖待沉的方式来处理淤积泥沙。但是,目前渠道地区可以用做弃放泥沙的低洼盐碱地已经使用殆尽,条渠两岸清出的泥沙不断增加。仅渠首条渠堆沙占压土地即达 800 hm²,两岸堆积的泥沙超过 2 000万 m³,最高处达 9 m,再堆沙已十分困难。因此,清淤越来越困难,清淤费用也随之增加,而且使周围土地严重沙化。据统计,条渠两侧沙质土地已达 4 000 hm²,其中 1/3 为沙化地,渠首地区的生态环境日益恶化[9]。

由于沉沙条渠每年都需要清淤,两岸沙堆面每年都抬升,如果处理措施不力,将堆积成害。所以,应把清淤泥沙经复土还耕。条渠两岸堆淤高地大面积种植树木或多年生作物显然不切实际,而选择生长周期短、耐贫脊、有经济价值的粮食作物(如小麦、花生、大豆)比较适合,尤其是小麦。

灌区采取的主要措施,一是坚持输沙渠和干渠清淤土达到一定高度后不要再加盖新弃土,而是将计划内待占耕地的表土移盖于弃土之上,然后整平,开发利用弃土高地,主要用于农业种植。二是利用弃土于林、粮间作,根据弃土高地顺渠延伸的特点,原先的植树都是顺渠为行,给下次清淤造成不便,为此改为垂直渠道为行,并加大行距,缩小株距,使总植株基本保持不变,减少对下次清淤通行的影响。同时,在树木成林产生遮阴影响之前的三年中,仍可种植农作物,实现了利用效益的长远结合,增加了农民收入。三是有计划地实行堤外弃土,在确保堤防安全的前提下,允许当地群众有计划地在指定地点取土。这样,既解决了当地村民及地方工业建设的用土问题,也减轻了清淤的占地损失。

根据调查的1985~1998年全灌区各干渠渠道来水来沙及淤积情况,1989年干渠淤积量最大382万t;灌区多年引水含沙量为9.57 kg/m³,引水流量为33.13 m³/s。所以,渠道清淤最大引水量为3.10亿m³。

确定渠道清淤泥沙能力小于382万t,清淤用水量小于3.10亿m³,即:

$$X2 \leqslant 382 \text{ 万 t} \tag{8-12}$$

$$W2 \leqslant 3.10 \text{ 亿 m}^3 \tag{8-13}$$

### 8.2.1.3 浑水灌溉、输沙入田能力约束

浑水灌溉是相对于经过沉沙池沉积较粗颗粒泥沙,将细颗粒泥沙输送入田的另外一种方式,即含沙水流不经过沉沙池而顺序经过输水渠道进入田间。它的显著特点是将引进泥沙的处理利用由点转化为分散于各级输水渠道沿程,扩大了泥沙转化利用的范围。

要达到入渠泥沙尽可能向田间输送,减少渠道淤积,应对已有工程进行系统分析,结合扩建、改造、合理调整渠网布置,尽可能增大输水渠道纵坡,达到提高灌溉引水位、减少渠道淤积、降低灌溉成本等多种效果。

簸箕李灌区的改造工程,自 1988 年起扩大了二干渠,引水流量由 25 m³/s 加大至 40 m³/s,局部渠段边坡由 1:(1.1~1.5)增加为 1:2,中间段的纵比降由 1/10 000 增大到 1/6 000;1991 年底将总干渠底宽由 28~32 m 缩窄至 20~22 m,并进行了夯衬砌渠道。改造后的总干渠基本不淤积,沉沙条渠的淤积量减少,入田的泥沙量由 1988 年前的 18.7% 提高到 1988 年后的 37.6%,入田的泥沙量提高了一倍,最大可达到 40%。

因为 1989 年引沙量最大为 1 099 万 t,所以可以确定浑水灌溉、输沙入田的泥沙小于 440 万 t,浑水灌溉、输沙入田用水能力小于 3.22 亿 m³,即:

$$X3 \leqslant 440 \ \text{万 t} \tag{8-14}$$

$$W3 \leqslant 3.22 \ \text{亿 m}^3 \tag{8-15}$$

### 8.2.1.4　建材加工、农业用土能力约束

利用清淤泥沙开发建筑材料主要有三种方式:一是利用沉沙池和骨干渠道清淤出来的较粗泥沙与白灰和其他添加剂等压制灰砖;二是利用灌区中下游清淤出来的细粒泥沙烧制砖瓦,这种方式具有范围广、规模小、群众自发的特点;三是用以生产灰沙砖和掺气水泥,使之成为本地区建筑材料基地。由于现有的技术水平还不能充分利用泥沙制造更多的建筑材料,所以应考虑现有的技术水平,确定建材加工能力约束。

簸箕李引黄灌区近年来,平均每年引进泥沙多达 1 200 万 m³,不仅给灌区人民造成沉重的劳务、财政负担,同时也带来严重的环境问题,特别是不断侵占耕地。根据对簸箕李引黄灌区输沙渠、沉沙池淤积泥沙取样的化验结果,二氧化硅的含量在 70% 以上,利

用此种沙掺和一定的石灰等物质后制成的灰沙砖模块其抗压强度
为 95.9 ~ 176.5 kg/cm$^2$，抗折强度为 25 ~ 40 kg/cm$^2$，均符合
JC 135—75 部颁标准，由试验结果可看出，利用引黄淤沙制作建筑
用材是可行的。惠民县政府 1988 年曾计划兴建一个生产能力
2 000 万块的/年的灰沙砖厂，但因一次性投资较大而未能兴建。
无论如何，利用清淤粗沙转换建筑材料的做法不失为兴利除害的
有效途径。

另外，有计划地让农民挖运作宅基地或其他，不需要另辟新的
用土场地。这样既能减轻条渠堆沙的负担，又能方便群众，还能节
省土地。

如果簸箕李灌区规划设计建设年产 2 000 万块的灰沙砖厂，
可以年耗沙 4 万 m$^3$，即 5.2 万 t。因此，确定灌区建材加工、农民
用土泥沙利用能力小于 5.2 万 t，即：

$$X5 \leqslant 5.2 \text{万 t} \tag{8-16}$$

### 8.2.1.5 灌溉能力约束

灌区灌溉主要通过渠道防渗衬砌、井渠结合、地表水与地下水
联合调度，提高灌溉水利用率，节约用水。渠道防渗衬砌主要受渠
道形式和衬砌材料约束，井渠结合要考虑地下水分布，维持地下水
平衡。

应用于灌区的节水技术主要有渠道衬砌、低压管道灌溉、喷灌
等工程措施。灌区经过 40 多年的建设，灌排工程系统已基本形
成，具有一定的引、畜、供、排水能力，灌溉水利用系数为 0.48。通
过对渠道衬砌情况及田间灌溉技术措施情况的分析，并且对灌区
的畦田规格进行调查统计，得出灌区干级渠道防渗率为 7.38%，
支级渠道防渗率仅为 1.24%。斗渠一下至田间节水工程极少，仅
有少量节水示范片。根据水利部颁发的《节水灌溉技术规范》
（SL 207—98），对灌区现状有效灌溉面积进行分析统计，结果表明
目前符合节水灌溉技术规范的节水灌溉面积为 1.06 万 hm$^2$，只占

灌区现状有效灌溉面积的 21.02%；对于地面灌溉的田间工程，畦田规格符合节水灌溉技术规范的灌溉面积占设计灌溉面积的50.17%。因此，灌区节水潜力巨大，今后渠道衬砌和田间工程改造任务相当艰巨。

不同的节水措施，节水效果差异较大。微灌一般可节水30%～50%，节水效果最好；喷灌可节水20%～30%，仅次于微灌；管道输水及渠道防渗可节水10%～20%，有明显节水效果；田间工程改造技术也具有相当的节水作用。

由于簸箕李灌区地处黄河下游，用水保证率低，加上黄河水含沙量大，采取先进的喷灌、微灌、管灌等节水措施受到一定的限制，适用的节水工程措施主要是渠道防渗、田间工程改造。此外，可在引黄蓄水灌区适当发展管灌和喷灌，在地下淡水较丰的引黄补源井灌区适当发展喷灌和微灌。

节水实施规模主要由资金筹备方式及可能性，灌区财力、物力及人力的承担能力确定。按照现阶段的节水灌溉技术标准，保持现有灌溉面积不变的情况下，据分析，灌区可能的节水潜力为1.76 亿 $m^3$，扣除提高灌溉保证率的部分水量后，可以节约引黄水量 1.5 亿 $m^3$ 左右。

随着国民经济实力的提高和科学技术的进步，节水灌溉技术标准会进一步提高，高科技含量、高投入、高效益的喷、微灌节水措施的比重会有所增加，灌区仍有一定的节水潜力。经分析，预计到2015 年，灌溉用水量为 3.69 亿 $m^3$。目前，灌区灌溉用水量最大为5.95 亿 $m^3$。以此，可以确定灌区灌溉引水能力小于 5.95 亿 $m^3$，即：

$$W6 \leqslant 5.95 \text{ 亿 } m^3 \qquad (8-17)$$

#### 8.2.1.6　引黄灌区引水量、引沙量能力约束

据簸箕李灌区 1985～1998 年水沙观测资料，多年平均引水4.78 亿 $m^3$，引沙 442.6 万 t，引水含沙量 9.26 kg $m^3$，引水流量 40

$m^3/s$,其中 1989 年引水引沙量最多,引水达 8.53 亿 $m^3$,引沙达 1 099 万 t。确定簸箕李灌区年引沙能力小于 1 099 万 t,年引水能力小于 8.53 亿 $m^3$,即:

$$X1 + X2 + X3 + X4 + X5 \leqslant 1\ 099\ 万\ t \qquad (8\text{-}18)$$

$$W2 + W3 + W6 \leqslant 8.53\ 亿\ m^3 \qquad (8\text{-}19)$$

## 8.2.2 簸箕李引黄灌区水沙资源优化配置模式与评价

结合水资源优化配置,以泥沙资源优化配置为重点,通过层次分析法及其改进方法,位山灌区水沙资源优化配置模型构造了综合目标函数的三个表达式,考虑有沉沙池沉沙能力约束,浑水灌溉、输沙入田能力约束,沉沙区清淤能力约束,机淤固堤能力约束,建材加工、农业用土能力约束,引黄济津能力约束,灌区年引沙量、引水量能力约束等 7 个约束条件,得出簸箕李灌区水沙资源优化配置模式(见表 8-2)。

表 8-2 簸箕李灌区水沙资源优化配置模式

| 配置方式 | 沉沙池沉沙 | 沉沙区清淤 | | 浑水灌溉、输沙入田 | | 建材加工、农业用土 | 灌区灌溉 |
|---|---|---|---|---|---|---|---|
| 目标函数 | 0.184 3 | 0.303 4 | | 0.315 9 | | 0.073 4 | 0.123 |
| 配置变量 | X1 (万 t) | X2 (万 t) | W2 (亿 $m^3$) | X3 (万 t) | W3 (亿 $m^3$) | X4 (万 t) | W5 (亿 $m^3$) |
| 配置模式 | 279 | 615 | 6.97 | 587 | 3.39 | 1.77 | 2.32 |

模型的计算结果和簸箕李灌区的实际情况基本相符合。簸箕李灌区目前存在的问题依然是要减少渠道淤积,提高灌溉效益,增加灌溉面积,减轻现用池区压力,延长灌区使用寿命,提高泥沙的利用率,进一步实现泥沙资源化。所以,要结合灌区实际情况,衬砌渠道,建设配套渠系建筑物,投入资金更新改造建设工程,实现

远距离输沙,输沙入田,减少泥沙淤积,同时注意防止土壤沙化;提高水资源的整体利用效率和灌溉保证率,促进灌区的平衡发展。

首先,搞好泥沙处理问题。泥沙处理对策主要有:①远距离输沙,包括渠道衬砌、干渠兴建提水泵站、高水位、大流量、速灌速停;②集中处理沉沙区泥沙,包括自然沉沙和以挖待沉;③分散沉沙,利用干渠、分干渠两侧的较小低洼地,进行泥沙处理,因为这些洼地生产条件差,产量低而不稳,极易做分散沉沙处理,以便改造土地;④节水减淤,实行适时引水、集中引水、短期引水、节约灌溉用水,充分利用水资源,减少了灌区的总淤积量。自推行节水减淤以来,灌区少引进泥沙20%以上,既减轻了灌区清淤负担,又解决了下游地(市)用水矛盾,达到了事半功倍的效果。

其次,注重泥沙开发利用技术问题。泥沙开发利用技术对策主要有:①输沙渠与干渠的泥沙开发利用:一是坚持输沙渠和干渠清淤土达到一定高度后不要再加盖新弃土,而是将计划内待占耕地的表土移盖于弃土之上,然后整平,开发利用弃土高地,主要用于农业种植;二是利用弃土于林、粮间作,根据弃土高地顺渠延伸的特点,原先的植树都是顺渠为行,给下次清淤造成不便,为此改为垂直渠道为行,并加大行距,缩小株距,使总植株基本保持不变,减少对下次清淤通行的影响,同时,在树木成林产生遮阴影响之前的三年中,仍可种植农作物,实现了利用效益的长远结合,增加了农民的收入;三是有计划地实行堤外弃土,在确保堤防安全的前提下,允许当地群众有计划地在指定地点取土,这样,既解决了当地村民及地方工业建设的用土问题,也减轻了清淤的占地损失。②沉沙池区人工高地的开发利用:包括盖土压沙,减少环境沙化的影响;解决好水利灌溉条件,促使旧池还耕;建设防风林带,改善人工高地区域小气候,起到防风固沙作用[9]。③泥沙的综合开发利用:根据对簸箕李引黄灌区输沙渠、沉沙池淤积泥沙取样的化验结果,利用引黄淤沙制作建筑用材是可行的。

　　再次,努力发展节水灌溉。发展节水灌溉的措施有:①搞好灌区续建配套与节水改造工程。进行灌区内渠系配套、骨干渠道防渗,以提高输水效率。田间渠道可采取井渠结合的方式,以控制地下水位,对防治土壤盐渍化、减少潜水蒸发也十分有利。考虑到簸箕李灌区当前的经济条件和灌区内的灌溉技术水平,发展井渠结合的灌溉方式应以田间渠系为重点,干、支渠渠道仍应采取衬砌防渗工程措施[1]。②推广节水型地面灌水技术。由于灌区经济实力不足,农村地区的技术管理水平较低,大面积推广先进灌水技术受到不同程度限制,因此要在灌区内推广节水型地面灌溉水技术。③实施自动化监测量水系统与监控技术。灌区需实施自动化测水量水技术,利用计算机网络实行信息化、科学化管理,在数据采集、数据计算机处理的基础上实现灌区自动化监测控制。重视和加强节水管理:改进和完善灌溉制度,用节水型的灌溉制度指导灌水;制定和完善有利于节水的政策、法规。④建立健全灌区管理组织和服务体系。建立节水技术推广服务体系,健全灌区管理组织和完善节水管理规章制度。同时,及时总结交流推广先进经验,举办不同层次的节水技术培训班,普及节水科技知识[5]。

# 8.3　水沙资源配置模型在小开河灌区的应用

## 8.3.1　小开河灌区的能力约束条件

### 8.3.1.1　沉沙池沉沙能力约束

　　根据 1999 年以来沉沙池历年来水来沙及淤积资料,2006 年淤积量最大,为 84 万 t,2007 年淤积量最小,为 8.5 万 t,即:

$$8.5 \text{ 万 t} \leqslant X1 \leqslant 84 \text{ 万 t} \tag{8-20}$$

### 8.3.1.2　沉沙区清淤能力约束

　　根据调查 1999 年以来的清淤资料,沉沙池最大清淤量 62.39

万 t(2002 年),进入沉沙池的水量最大为 1.48 亿 m³(2005 年)、最小为 0.57 亿 m³(1999 年),即:

$$X2 \leqslant 62.39 \ 万 t \quad (8-21)$$

$$W2 \leqslant 1.48 \ 亿 m^3 \quad (8-22)$$

### 8.3.1.3　浑水灌溉、输沙入田能力约束

根据调查 1999 年以来的实测资料,支渠口门最大分沙量为 223.7 万 t(2000 年),最大分水量为 2.033 亿 m³(2002 年),即:

$$X3 \leqslant 223.7 \ 万 t \quad (8-23)$$

$$W3 \leqslant 2.033 \ 亿 m^3 \quad (8-24)$$

### 8.3.1.4　建设加工、农民用土能力约束

小开河灌区利用每年引水带进的泥沙,已经建设了三座新型材料场,采取新技术、新工艺,利用泥沙烧制灰沙砖,取代黏土砖,年可产砖 2 600 万块,利用泥沙约 30 万 t,既消耗了泥沙,又节约了耕地,变废为宝,一举多得[3]。此外,灌区农民利用淤积泥沙用于农村宅基、农村公路的建设等。因此,确定灌区建材加工、农民用土泥沙利用能力大于 30 万 t,即:

$$X5 \geqslant 30 \ 万 t \quad (8-25)$$

### 8.3.1.5　灌溉能力约束

根据小开河灌区规划的引水规模和黄河水资源供给能力,并考虑节水灌溉技术的提高,确定灌区最大灌溉能力为 3.6 亿 m³,即:

$$W6 \leqslant 3.6 \ 亿 m^3 \quad (8-26)$$

### 8.3.1.6　引水量、引沙量能力约束

根据小开河灌区水沙观测资料,多年平均引水 2.71 亿 m³,引沙 124.8 万 t。其中,2002 年引水量最多,达 4.4 亿 m³;2000 年引沙量最多,达 237.7 万 t。考虑到小开河建成后运行的 10 年正处于小浪底水库拦沙运行初期,灌区引沙量较小。而随着小浪底拦沙库容淤满,黄河下游的含沙量将恢复增大。因此,引沙量能力约

束采用考虑长系列水沙条件的规划引沙能力 300 万 t,即:

$$X1 + X2 + X3 + X4 + X5 \leq 300 \ 万 \ t \qquad (8-27)$$

$$W1 + W2 + W3 + W6 \leq 4.4 \ 亿 \ m^3 \qquad (8-28)$$

## 8.3.2 小开河灌区水沙优化配置模式与评价

通过水沙资源优化配置模型的深入研究,根据小开河灌区 10 年运行的实际,提出了小开河灌区在设计引水引沙条件下泥沙的优化配置:约 60% 的泥沙通过输沙渠沿线支渠引水引沙入容沙区和田间;约 30% 的泥沙通过输沙渠输送至沉沙池;约 10% 的泥沙淤积在输沙渠,见表 8-3。模型的计算结果和小开河灌区的实际情况基本相符合。

表 8-3 小开河灌区水沙资源优化配置模式

| 配置方式 | 沉沙池沉沙 | 沉沙区清淤 | | 浑水灌溉、输沙入田 | | 建材加工、农业用土 | 灌区灌溉 |
|---|---|---|---|---|---|---|---|
| 目标函数 | 0.184 3 | 0.303 4 | | 0.315 9 | | 0.073 4 | 0.123 |
| 配置变量 | $X1$<br>(万 t) | $X2$<br>(万 t) | $W2$<br>(亿 m³) | $X3$<br>(万 t) | $W3$<br>(亿 m³) | $X4$<br>(万 t) | $W5$<br>(亿 m³) |
| 配置模式 | 40.3 | 42.1 | 2.36 | 246 | 2.67 | 28.3 | 0.96 |

为实现小开河灌区水沙资源优化配置,着眼于从管理运行和工程措施入手,具体措施是:①合理的引水调度方式:引水流量以不小于 3/4 设计引水流量为宜,在一定时段的小流量引水后,要不失时机加大引水流量引水,尽量避开高含沙引水;②支渠口门的管理调度运行:从有利于输沙渠输沙条件出发,适时调度沿线支渠的引水时间和引水规模;③及时清理支渠口门的淤积泥沙,保持输沙渠渠底与支渠口门的高差优势,使引水分沙条件始终保持有利的态势;④及时清理沉沙池口门的泥沙淤积体,防止由沉沙池口门向

输沙渠的溯源淤积;⑤充分利用输沙渠沿线上游的洼地,在高含沙引水时引沙入洼,再造高地,减轻不利条件下输沙渠道的泥沙淤积,及时清理输沙渠内累积淤积体[4];⑥加快支渠,特别是较大支渠的衬砌工程,尽可能加大支渠的比降,确保支渠口门泥沙不淤或少淤,使更多的泥沙向支渠下游输送,分散泥沙的分布,为泥沙利用创造条件;⑦为了拦截大量粗泥沙入渠,近期应考虑渠首引黄闸的工程改造措施,对原设计的叠梁门方案进一步优化。

# 8.4　主要结论

(1)从上述三个典型灌区水沙资源优化配置模式来看,引黄灌区水沙资源多目标优化配置线性规划数学模型基本符合灌区的实际情况,对灌区的实际应用有参考意义。

(2)水沙资源优化配置模型的计算结果表明,配置模式与权重系数的相对大小有关,与权重系数的绝对大小没有必然的联系。综合目标函数权重系数的相对大小决定数学模型单纯形法求解运算的秩序,权重系数的绝对值大小决定水沙资源优化配置的效果评价。说明引黄灌区水沙资源优化配置是由综合目标函数的相对权重值和客观约束条件共同决定的,综合目标函数的权重系数相对值越大,配置结果与客观约束条件的最大值越接近,综合目标函数的权重系数的相对值越小,配置结果与客观约束条件的最大值相差越远。

(3)引黄灌区水沙资源优化配置是一项难度很大的复杂系统工程,本章的研究仅仅是初步的。今后需进一步对引黄灌区水沙的各种配置方式进行研究,形成符合实际的可实施方案;研究开发引黄灌区水沙资源多目标优化配置非线性动态规划数学模型,是一项具有挑战性的课题。

# 参 考 文 献

[1] 马承新,冯保清,等. 位山灌区渠系优化配水决策支持系统研究[J]. 中国农村水利水电,2006(2).

[2] 许晓华,李春涛,等. 位山灌区续建配套和泥沙处理利用的实践[R]. 聊城市位山灌区管理处,2006.

[3] 房本岩,王云辉,刘丽丽,等. 簸箕李引黄灌区水沙运行规律分析[J]. 中国农村水利水电,2001(11).

[4] 冯玉坤,周景新. 簸箕李引黄灌区水沙分布及优化调度的经验[J]. 泥沙研究,2004(2).

[5] 惠民地区簸箕李引黄灌溉工程可行性研究报告[R]. 山东省惠民地区计划委员会,1998.

[6] 刘和祥. 用水计算计划调度加强灌区管理[R]. 惠民地区簸箕李引黄灌溉管理局,1986.

[7] 袁金海. 簸箕李引黄灌区发展道路的回顾与探索[R]. 惠民地区簸箕李引黄灌溉管理局,1986.

[8] 冯玉坤. 簸箕李灌区泥沙测试工作小结[R]. 惠民地区簸箕李引黄灌溉管理局,1991.

[9] 刘和祥,等. 簸箕李灌区渠首综合治理[R]. 簸箕李引黄灌溉管理局,中国水利水电科学研究院,1991.

# 下　篇

## 引黄灌区地下水开发新技术

# 第 9 章　辐射井技术概述

## 9.1　辐射井的概念及特点

### 9.1.1　辐射井的概念

辐射井是由一口大直径的集水井和自集水井内的任一高程和水平方向向含水层打进具有一定长度的多层、数根至数十根水平辐射管所组成。由于水平辐射管分布成辐射状,故称为辐射井。一般的辐射井结构如图 9-1 所示[1]。

集水井又称竖井,是水平辐射管施工、集水和安装水泵将水排出井外的场所。目前国内外的辐射井集水井井径一般为 2.5 ~ 6.0 m,深度视含水层埋深而定。集水井结构一般为钢筋混凝土,黏土裂隙辐射井也采用砖石砌筑。集水井施工一般采用沉井施工法、吊挂壁施工法、机械施工法等方法。

水平辐射管是用来汇集含水层地下水至竖井内,又称为水平集水管,简称辐射管、水平管。水平辐射管长度视含水层岩性、富水性和施工条件、施工技术等而定。水平辐射管材料有钢滤水管、塑料滤水管、塑料波纹滤水管等,黏土裂隙辐射井可不放滤水管。施工方法常用套管钻进法、顶进法、冲击顶进法等。

### 9.1.2　辐射井的型式

按含水层类型划分为潜水辐射井和承压水辐射井。

按照地下水的补给条件和辐射井所处的位置划分为河底型、河岸型、河岸河底型、河间型、潜水盆地型[3],见图 9-2。

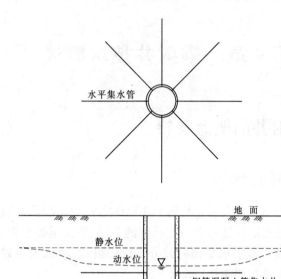

水平集水管

地 面
静水位
动水位
水平集水管　　　　　　钢筋混凝土管集水井

**图9-1　辐射井结构示意图**

按辐射管在立面的布置划分为单层辐射管式辐射井和多层辐射管式辐射井,见图9-3。

按辐射管在平面的布置划分为对称布设型(见图9-2(a)、(c)、(f))和集中布设型(见图9-2(b))。

## 9.1.3　辐射井的特点

辐射井与常规管井相比,有以下特点:

(1)能有效地开发含水层水量,单井出水量大。辐射井的水平管是呈辐射状,近似水平地放置于含水层中,其取水长度不受含水层厚度的限制,即使在极薄的含水层中也打进数根水平管,一根水平管的长度可达数十米,并可根据含水层厚度和层数设计数层,

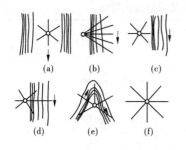 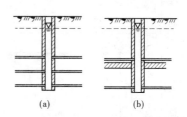

图9-2 辐射管平面布置示意图　　图9-3 多层辐射管的辐射井示意图
(a)、(b)河底型;(c)河岸型;　　　　(a)含水层深厚;(b)间有隔水层
(d)河岸河底型;(e)河间型;
(f)潜水盆地型

因而增大了取水范围,扩大了地下水向井中入渗的进水面积。另外,含水层中的水可以直接渗入就近的水平管,缩小了水在地层中的渗透路程和水头损失,增加水量十分显著。与相同深度的管井比较,一般相当于5~10个管井的水量,在透水性较差的含水层或较薄含水层中,能超过管井的十倍甚至几十倍,素有"浅井之王"的美誉。见表9-1。

(2)井的寿命长。地下水进入水平辐射管要比进入管井滤水管产生的水跃值小得多,不易淤堵。又由于水平辐射管随着运行时间的延长,滤水管周围的泥质和粉粒被排走,含水层中的大颗粒推挤到水平管周围,逐渐形成半径为50~120 cm厚的天然环行反滤层(见图9-4),使井的出水量随着时间延长,不但不会衰减,还有增加的趋势。

(3)节约动力,管理运行费用低。由于辐射井单井出水量大,一眼辐射井相当于数个管井,因此辐射井单位水量的管理费用较管井低得多。同时,由于辐射井基本没有水跃值产生,减小了水泵扬程,相应地也就减少了耗电量,节约了动力。

表 9-1　辐射井与管井进水性能比较[3]

| 井型 | 筒(管)井 | 辐射井 |
|---|---|---|
| 示意图 | 降落曲线　流线　水跃值 | 地下水面线　降落曲线　流线 |
| 说明 | 渗透面小,渗径长,水位降落曲线陡峭,产生很大的水跃值,增加了提水高度 | 渗透面大,渗径短,水位降落曲线平缓,无水跃值产生,减小水泵扬程 |

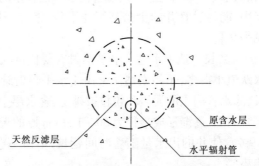

天然反滤层　原含水层　水平辐射管

图 9-4　辐射管外反滤层断面图

(4)减少配套投资,便于工程规划。由于辐射井控制面积大,与管井比较,井数少很多,减少了与机井相配套的机电设备、泵房、供水管线、电力网、道路等设施,既减少了配套投资,又减少了管理费用,便于维护管理。由于井数的减少,占地减少,更有利于工程规划。

(5)维修方便。辐射井竖井直径大,便于人员进入检查,一旦井有问题,可以关闭全部水平辐射管,抽干竖井内的水,人下到竖井内进行检修即可。水平辐射管可以冲洗,也可以更换。

### 9.1.4 辐射井的适用范围[3]

(1)地下水埋藏浅,含水层透水性强,有丰富补给水源的粗砂、砾石、卵石地层地区。

(2)地下水埋藏浅,含水层透水性良好,有补给水源,含水层在30 m深度以内的粉砂、细砂、中砂地区。

(3)裂隙发育、厚度大于20 m的黄土裂隙含水层地区。

(4)透水性较弱、厚度小于10 m的黏土裂隙含水层地区。

(5)具有以下条件的井渠结合灌区:①以抗旱灌溉和改良盐碱地为目的的井灌井排地区。②以补充渠灌水源不足、含水层在30 m深度以内的地区。

## 9.2 辐射井发展情况

### 9.2.1 发展历史

辐射井产生于20世纪30年代,美国人里奥·兰尼(Lea·Ranney)[4]为开发地层浅部的地下石油而发明,在搜集残余石油受到限制后,Ranney用该原理集取地下水。1934年他看到伦敦严重缺水后,到英国说服城市供水局建造这种新井。6个星期后,第一眼辐射井成功完成,每天产水量9 092 m³(378 m³/h),到1969年这口井的水量仍然保持不变,当时等同于同一含水层40眼管井的出水量。继伦敦以后,Ranney又在葡萄牙的里斯本打了一眼辐射井,以后在欧洲逐渐开始应用。1936年美国的俄亥俄州占姆肯

(Timken)滚珠轴承公司建造了美国第一眼辐射井。1938 年 Ranney 取得了辐射井专利。之后,美国、法国、德国等国家的相关人员在水的集取上对辐射井技术有所改进,并先后取得了相关专利。

20 世纪 30 年代以后,辐射井得到了长足发展,在美洲、亚洲和欧洲许多工业区已经成功使用了辐射井,用来供应工业大量需水。辐射井的水文地质条件都在河床附近的砂砾石地层,水平管管材都是优质无缝钢管,竖井直径 5 ~ 6 m,成井采用冲抓锥沉井法。水平管敷设为约两个 150 t 的顶管机,将滤水管顶进含水层,并配有排砂系统,顶进后通过抽水将滤水管附近的细颗粒排出来,在滤水管周围形成约 100 cm 厚的良好反滤层。在美国,水平管的顶进长度一般在 20 ~ 30 m,最长达 91 m。这种辐射井适合于粗颗粒含水层,能获得较大水量,但缺点是造价高,细颗粒含水层中不能成井。

1938 年日本清水钻井公司在我国东北大连建造了一眼辐射井,至今依然使用。其辐射井技术也是打在砂砾石含水层中,竖井用冲抓锥沉井法,直径 6 m 左右。水平管是用直径为 25 ~ 1 000 mm 的无缝钢管,每根滤水管长 1. 375 m,开孔率约为 11. 45%。水平辐射管敷设采用顶进加高频振冲推进,每眼井在含水层深度 1 m 左右的范围内,分多层交错布置约 60 根水平管,每根水平管的长度 10 ~ 20 m,单井出水量 400 ~ 1 000 m³/h。

我国的辐射井研究与应用起步较晚,20 世纪 60 年代以前仅在铁路、城建方面有所尝试,主要用于河流阶地粗颗粒含水层中的取水[5]。1969 年 10 月,西安市郊春明大队在黄土塬区试验施工辐射井,1971 年完成。之后陕西省在黄土塬区打成了许多眼辐射井,这种辐射井竖井结构尺寸小,直径 2. 5 ~ 3. 0 m,施工工艺简单,水平孔为泥孔,不放滤水管,孔径 120 ~ 150 mm,可保持几十年不塌不断,造价较低,出水量比当地普通管井高出几倍,经济效益显著。但是这种辐射井只适合于黄土和裂隙黏土含水层成孔。

1979 年,河北省沧州地区水利局试验站采用类似于陕西黄土塬区打辐射井的办法,在冲积海滨平原黏土和亚黏土的含水层中打辐射井,取得了一定的经验,但仍没有解决在粉细砂、细砂含水层中打辐射井的技术问题。1981 年沧州地区水利局在东光县采用欧美辐射井水平管的施工办法,在粉细砂层中施工水平管,但未获得成功。北京、天津、河南、新疆等地也进行了辐射井成井工艺的尝试。

进入 20 世纪 80 年代,中国水利水电科学研究院开始针对辐射井技术进行系统的研究,并重点研究了以粉土、亚黏土、粉砂、粉细砂为主的松散弱透水性含水层的成井工艺[6],使辐射井的应用范围更广。通过多年努力,辐射井技术已在农田灌溉排水、城镇和工矿企业供水、工民建基坑降水、尾矿坝和灰坝降低坝体浸润线、防治地质灾害等方面得到了广泛应用[7]。

## 9.2.2　几种典型辐射井

国内外有代表性的辐射井技术有:以美国为代表的欧美式辐射井、以日本清水钻井公司为代表的日本式辐射井、我国西北水利科学研究所和西安勘测设计队研究的黄土高原型辐射井和中国水利水电科学研究院(以下简称中国水科院)研究的水科院型辐射井。四种类型的辐射井结构、技术见表 9-2[1]。

从表 9-2 中可以看出,水科院型辐射井成井较深,成井速度快,造价较低,适用于各类含水层成井。黄土高原型辐射井施工简单,造价低,但仅适用于黄土裂隙含水层。欧美式和日本式辐射井,施工技术复杂,成井深度浅,投资昂贵,且在粉砂、粉细砂等弱透水性含水层中不能成井。

表 9-2　典型辐射井比较表

| 类型 | | 欧美式 | 日本式 | 黄土高原型 | 水科院型 |
|---|---|---|---|---|---|
| 集水井 | 井径(m) | 5.0~6.0 | 5.0~6.0 | 2.5~3.0 | 3.0~3.5 |
| | 井管壁厚(m) | 0.50 | 0.50 | 0.15 | 0.15~0.20 |
| | 成井深度(m) | 15 | 15 | >50 | 40 |
| | 施工方法 | 机械冲抓沉井 | 机械冲抓沉井 | 人工倒挂壁挖；冲抓成孔、漂浮下管成井 | 反循环钻孔、漂浮下管成井 |
| 水平辐射管 | 滤水管 | 无缝钢管 | 无缝钢管 | 土孔 | $\phi$89~219 mm 钢管 $\phi$63~75 mm 塑料波纹管 |
| | 水平钻机 | 两台各150 t的水平推力千斤顶 | 一台40 t油缸加高频振冲 | 电动旋转高压水冲、人力推进 | 液压马达旋转双油缸推拉高压水冲洗，可外加冲击 |
| | 施工方法 | 直接顶进，钻头前端水砂通过排砂管排出 | 冲击顶进 | 旋转刮土、高压水冲土、人力推进 | 直接顶进法、冲击顶进法、套管钻进法 |
| | 打进长度 | 最长90 m、一般20~30 m | 20 m(前10 m不带眼) | 土孔最长120 m | 钢管滤水管30 m、波纹管50~70 m |
| 适用地层 | | 粗砂、砾石、卵石 | | 黄土、裂隙黏土 | 粉砂、细砂、中砂、粗砂、卵石和泥层 |
| 造价 | | 昂贵 | 昂贵 | 很低 | 较低 |
| 应用范围 | | 供水 | 供水 | 农田供水 | 农田排灌、城镇供水、基坑降水和尾矿坝降低浸润线 |

## 9.2.3　中国水科院辐射井技术

中国水科院从1980年开始对辐射井技术进行系统的研究,先期研究成果1984年年底通过技术鉴定,1985年后开始推广应用,1992年获国家发明专利。研究是在充分了解国内外辐射井技术的基础上,吸收其先进部分,改进其不合理部分,研究出适合我国国情的辐射井技术。同时,着手研究辐射井在亚黏土、粉土、粉砂、粉细砂、细砂等弱透水性含水层中的成井工艺和应用问题,取得突破性进展,尤其是水平辐射管采用管滤结合的柔性塑料波纹管[8]代替钢管,解决了弱透水性含水层尤其是粉砂、粉细砂含水层成井难的问题,为开发利用弱透水含水层地区地下水资源提供了新的途径。

该成果成功研制出竖井和水平辐射管施工的钻机,可在任何含水层中成井。竖井井管为外径 3.0~3.5 m、内径 2.6~3.0 m 的钢筋混凝土管,竖井施工用钻机成孔、漂浮法下管成井的方法。水平辐射管在弱透水性含水层中采用套管法钻进施工,在砂层、含砾少的砂砾层中采用顶进法施工,在砂砾、砾石、卵石层中采用冲击顶进法施工。

"九五"至"十一五"期间,又针对辐射井应用中的一些关键性技术进行了研究,在适用于各种含水层的水平辐射滤水管的选型、大井深与高水头条件下辐射井钻井技术和水平辐射管敷设、高效率高安全性水平钻机、振冲式水平钻机、全液压水平钻机等方面取得了突破,获得了多个国家专利,使辐射井技术更加完善。

水科院型辐射井除具有一般辐射井的特点外,还具有以下特点[7]:

(1)竖井体积小、井壁薄。竖井井管为内径 2.6~3.0 m、外径 3.0~3.5 m 的钢筋混凝土管,事先预制。而国外的辐射井竖井井径一般大于 5.0 m,井管壁厚大于 0.5 m,井管用材量多。

(2)成井深、施工速度快。由于竖井体积小,可以采用钻机成孔、漂浮法下管成井的方法施工,成井深,施工速度快,辐射井深度可达 40 m 以上,成井时间一般为 10 天。而采用沉井法成井需要重量大的井管才能克服土的摩阻力,使井管下沉,成井深度只能达到 15 m 左右,并且井管必须现浇,施工速度较慢。

(3)适用地层和范围广。在亚黏土、粉土、粉砂、粉细砂、细砂等弱透水性含水层中使用管滤结合的塑料波纹滤水管,采用套管钻进法施工;在中粗砂、砂砾石、卵砾石等强透水性含水层中使用钢滤水管,采用顶进法、冲击顶进法施工;在高水头粉砂、粉细砂含水层中使用塑料波纹管与钢滤水管结合的双滤水管[9],较好地解决了流砂、井喷等问题。可以说水科院型辐射井可在各类松散含水层成井。国外辐射井适用于砂层、卵砾石等粗颗粒含水层,至今没有解决在极细颗粒含水层中打水平孔的难题。

(4)出水量大。由于辐射井可以打深,能有效地开发较深部含水层的地下水,可以获得更大的水量。

(5)辐射井竖井与水平辐射管的施工设备均为中国水科院自行研制或改造。竖井钻机为大口径反循环工程钻机,目前施工的最大口径为 5.7 m。水平辐射管是用具有扭力、推力、拉力、水冲力和振冲功能的全液压水平钻机完成的。

## 9.3 辐射井的应用

### 9.3.1 用于农田灌溉

由于辐射井出水量是管井的 5 ~ 10 倍,且具有适用地层广、可有效开发含水层中的地下水等特点,故它是开发浅层地下水用作农田灌溉的理想井型。特别是在含水层分层较多且每层较薄的地层,用管井开发水量不大,用辐射井开发会取得较大的水量。如果用辐射井取水,结合喷灌、微灌等节水灌溉技术进行灌溉,效果更佳。

### 9.3.2 用于井渠结合、井灌井排、旱涝碱综合治理

辐射井不仅能有效地开发地下水满足灌溉,而且能在非含水层中打进 50 ~ 60 m 长的辐射管,有效地大面积降低地下水位,起

到深暗管排水的作用,对调控浅层水,达到地下水、地面水联合调度运用,旱涝碱综合治理很有成效。一个 10 m 深竖井的辐射井,水平辐射管长 50 ~ 60 m,可以控制灌溉面积 200 亩(1 亩 = 0.067 hm²)左右,调控地下水面积 400 亩左右[10]。

### 9.3.3 用于城镇及工矿企业供水

在地下水资源丰富特别是沿河岸地区取地下水作为供水用,不仅水量大、水源稳定,而且水经过天然的砂层过滤后,水质较好,管理运行费用较低。国外的辐射井多是这种用途,许多国家城市供水不直接引河水,而在河岸用辐射井傍河取地下水。

### 9.3.4 用于工业与民用建筑基坑降水

传统的基础工程降水是用管井、轻型井点等方法。管井井点降水,形式为水位降低漏斗,即地下水流入管井内,是靠水头差来实现的。轻型井点降水适合于深度不大于 6 m 且渗透系数较小的地层。这些传统的降水方法一旦遇到大面积基础工程降水,或地层中存在上层滞水层,或跨越铁路、公路、繁华市区、群房等施工地下管线需要降水时,就很困难。

辐射井降水方法适用于各种地层,降水时将水平辐射管沿含水层打进,并根据基坑大小、深度及含水层的渗透性、厚度、层次等情况确定水平集水管的层次、每层根数,达到基本疏干含水层的目的。辐射井降水方法降水井数量少,施工占地少,抽水管理方便,排水管线相对简单[11-13]。目前,该技术已取得了多项专利,已列入我国行业标准[14]中。

### 9.3.5 用于尾矿坝和灰坝降低坝体浸润线

尾矿坝、灰坝为防止因出现管涌而垮坝,需要降低浸润线,通常采用的方法是用轻型井点法、管井法,但这些方法井的寿命不长,而且需要长期安泵抽水,运行费用较高。1992 年我们用辐射井承接了武汉钢铁公司金山店尾矿坝降水,井间距 100 m,井深 14 m,水平管布置 6 ~ 8 根,每根长 45 ~ 50 m,并在辐射井的最底部打了一根长度达 50 m 的钢管直通坝体外,将辐射井的水自流排至坝外,井成后,只需将井口盖好,不用安泵排水。自此,许多的尾矿坝、灰坝都采用了辐射井技术来降低浸润线。

### 9.3.6　用于预防和治理大面积滑坡[15]

在丘陵、黄土高原、山区和矿山的一些地段,每逢雨季常出现滑坡,造成灾害。为防止和治理滑坡,采用在滑坡体上打辐射井的方法,辐射井的多条不同方位上的水平辐射管,及时地把地下水汇入井中,并迅速地排出滑坡体外,从而达到预防滑坡的目的。

### 参 考 文 献

[1] 张治晖,赵华. 辐射井技术及其应用研究[A]. 中国水利水电科学研究院第七届青年学术交流会论文集[C],2002.9:89 - 95.

[2] 陕西省水利科学研究所,陕西省地下水工作队,西北农学院水利系. 辐射井[M]. 北京:水利电力出版社,1975:3 - 10.

[3] 水利部农村水利司. SL 256—2000 机井技术规范[S]. 北京:中国水利水电出版社,2000.

[4] William V K. Ground water – methods of extraction and construction[M]. Columbus Press, Ohio, 1969.

[5] 吴价成. 辐射井技术的发展前景[J]. 水文地质工程地质,1992(2):47 - 49.

[6] 伍军,智一标,等. 在粉细砂层中打辐射井的试验研究[A]. 水利水电科学研究院科学研究论文集(第 25 集)[C]. 北京:水利电力出版社,1986: 65 - 75.

[7] 张治晖. 辐射井技术[J]. 中国水利,2008(23):63.

[8]　伍军,邢东志,等. 管滤结合的辐射井水平集水管[J]. 水利水电技术,1984(10).

[9]　张治晖,伍军,赵华,等. 黄河滩地粉砂层辐射井成井技术[J]. 地下水,1999,21(2):61-63.

[10]　张治晖,伍军,赵华. 辐射井——井渠结合井灌井排的理想井型[A]. 灌区水管理论文集[C]. 北京:中国水利水电出版社,2001:126-128.

[11]　张治晖,伍军,张治昊. "疏不干含水层"辐射井降水技术[J]. 岩土工程技术,2000(3):159-161.

[12]　张治晖,伍军,赵华,等. 辐射井降水技术在市政工程中的应用[J]. 中国市政工程,1999(3):38-43.

[13]　张治晖,刘德林,兰晓林. 辐射井降水技术在大面积基坑工程中的应用[J]. 探矿工程,2008,35(11):31-33.

[14]　建设部综合勘察研究设计院. JGJ/T111—98 建筑与市政降水工程技术规范[S]. 北京:中国建筑工业出版社,1999.

[15]　合肥工业大学. 预防和治理大面积滑坡的方法[P]. 中国专利:92100463.X,1993-07-28.

[16]　水利部农村水利司. 机井技术手册[M]. 北京:中国水利水电出版社,1995.

[17]　邢东志,孙文海. 浅述砂卵石含水层的辐射井[J]. 地下水,1996,18(3):121-122.

[18]　王允麒. 试论河床辐射井取水技术的新进展[J]. 武汉工业大学学报,1992,14(2):62-64.

[19]　伍军. 辐射井的两种用途[J]. 地下水,1989,3:153-155.

[20]　王国强,徐万斌,等. 辐射井技术在贫水地区的应用[J]. 水文地质工程地质,2002(5):57-58.

[21]　张汉国. 新疆安集海一号横管辐射井的设计与施工[J]. 工程勘察,1993(6):32-35.

[22]　邹正盛,孙长军,赵智荣. 我国基坑水平井降水技术现状与展望[J]. 城建工程,2001(1):33-37.

[23]　王智勇. 辐射井降水技术在停车楼工程中的应用[J]. 施工技术,1993,28(1):40-41.

[24] 何运晏,张志林,夏孟. 辐射井技术在北京地铁五号线降水中的应用
[J]. 水文地质工程地质,2006(1):80-83.

[25] 叶锋,刘永亮. 辐射井降水技术及工程应用[J]. 施工技术,2005,34
(5):51-56.

[26] 唐仑,王誌铭,等. 辐射井排水在白银三冶炼厂尾矿坝上的应用[J].
西北水资源与水工程,1993,4(1):1-5.

[27] 李建荣. 辐射井排渗在降低尾矿坝体浸润线中的应用[J]. 有色矿山,
2001,30(6):42-43.

[28] 张培安. 降低金堆城栗西尾矿坝体浸润线的技术[J]. 中国钼业,
2002,26(3):48-50.

[29] П. А. АНАТОЛЪЕВСКИЙ,Л. В. ГАЛЬПЕР. Водозабор подземныхвод
[M]. издазельство литертуры построительству,МОСКВА,1965.

[30] Jacgurs Bosic. Horizontal drilling:a new production method[J]. APEA Jour-
nal,1988,39(5):345-353.

[31] 全达人. 地下水利用[M]. 北京:中国水利水电出版社,1990.

[32] 《供水水文地质手册》编写组. 供水水文地质手册[M]. 北京:地质出
版社,1977.

# 第 10 章　辐射井技术在银北灌区的应用研究

## 10.1　银北灌区基本情况[1-4]

### 10.1.1　地理位置、气候条件

银北灌区地处青铜峡河西灌区下游,位于东经 105°46′28″ ~ 106°50′40″、北纬 38°11′30″ ~ 39°17′12″,东临黄河西岸,西依贺兰山,南起永宁北部,北至石嘴山(包括永宁北部四乡、银川郊区、贺兰和石嘴山市所辖县区及九个国营农场)。东西宽 51 km,南北长约 130 km,总土地面积为 4 310 km²(折合 646.5 万亩)。其中,土壤总面积为 605.61 万亩,现有耕地面积达 289.21 万亩,中低产田约占 81.38%。1988 年粮食总产量达 453 593.2 t,农业人口为 47.5 万人,农业人口平均每人占耕地毛面积 6.09 亩。

银北灌区属中温带干旱区,干旱少雨,蒸发强烈,无霜期短,日照充足,具有典型的大陆气候特征。年平均气温 8.40 ℃,降雨量 183.3 ~ 203.8 mm。降雨量在一年中的分配很不均匀,7 ~ 9 月降雨量占全年的 65% 左右。年平均蒸发量 1 483.2 ~ 2 443.5 mm,是降水量的 7.8 ~ 13.3 倍。无霜期为 157 ~ 189 d。冻结期为 150 d 左右,冻土深度 70 ~ 90 cm。平均日照为 2 898 ~ 3 084 h。主要自然灾害气候为干旱、霜冻和冰雹。

## 10.1.2　地质条件

　　银北灌区地处银川断陷盆地的黄河冲积平原,地势开阔平坦,由西南向东北倾斜,南北比降为 1/4 000 ~ 1/8 000,东西比降为 1/2 500 ~ 1/3 500。自贺兰山东麓向东,由于岩相岩性的变化,划分为三大地貌单元,即山前洪积倾斜平原(洪积扇)、冲洪积倾斜平原(高阶地)、河湖积平原(黄河近代冲积平原)。山前洪积倾斜平原主要由第四纪的上更新统洪积物组成,沿贺兰山东麓呈带状分布。地质钻探资料表明,该地貌单元岩层主要以砾石、粗砂和中砂为主,前缘带出现细砂和砂黏土。冲洪积倾斜平原地处山前洪积倾斜平原的前缘部分,与河湖积平原相交错,主要由洪积、冲洪积物组成,地层交错沉积,沿青铜峡、黄羊滩、平吉堡、南梁农场一带呈带状分布。地质钻探资料表明,自东向西,岩层由中粗砂向细粉砂、砂黏土过渡。河湖积平原位于山前洪积倾斜平原与冲洪积平原的前缘,向东沿至黄河,是河西灌区的主要组成部分。该平原受周边断裂构造的控制。第四纪以来一直处于沉积状态,河谷阶地不甚发育,地势低洼,地面坡降自南向北逐渐变缓,岩层主要以细砂、中细砂和黏性土为主。

## 10.1.3　水文地质条件

　　银北灌区横跨贺兰山与黄河冲积平原两大地貌单元,这种格局在某种程度上控制着地下水的构成与展布,形成了山区 - 平原的地下水流系统。

　　灌区为一地堑式断陷盆地,第四纪堆积厚度逾千米,构成了地下水赋存的有利场所。水文地质条件由冲洪积平原至河湖积平原,由南向北,呈现明显的水平分布规律。由山前洪积倾斜平原至河湖积平原,含水层粒度由粗变细,富水性由大变小;含水层层数由单一潜水逐渐向双层或多层结构过渡,径流条件由简单到复杂,地下水埋深由大变小;地下水排泄方式,由水平径流排泄转变为垂直蒸发排泄,地下水水质由好变差。

根据含水介质特征和储存条件,可将灌区地下水分为松散岩类孔隙水、碳酸岩类裂隙岩溶水和基岩裂隙水。松散岩类孔隙水是灌区地下水的主要类型,具有含水介质连续、分布广、资源量大、埋藏浅和开采方便等特点。根据沉积物在不同地貌单元内成因类型与含水层的岩性在水平和垂直方向上的差异,进一步可划分为山前洪积倾斜平原孔隙水、冲洪积倾斜平原孔隙水和河湖积平原孔隙水。

山前洪积倾斜平原地下水由单一潜水过渡为双层结构的潜水 – 承压水,潜水主要是受大气降雨入渗、基岩山区裂隙水及山洪水入渗补给,地下水的排泄主要以径流和蒸发为主。含水层厚度40 ~ 160 m。

冲洪积倾斜平原为山前洪积倾斜平原与河湖积平原交错过渡带,岩层粗细相间,犬牙交错。在 150 m 深度范围内除上部潜水外,深部有 1 ~ 2 层承压水,承压水接受潜水的越流补给及侧向地下水径流补给,由于补给条件差,承压水不宜过量开采。

河湖积平原潜水含水层岩性以粉细砂为主,部分地段上覆盖有 1 ~ 2 m 厚的黏性土层,含水层一般在 20 m 左右,局部地区小于10 m。由于黏性土层的存在,存在多层地下水。承压水含水层以细砂为主,单层厚度一般为 20 ~ 50 m,累计厚度达 40 ~ 100 m,富水性由南向北,由西向东,由大于 2 000 $m^3$/d 减为 100 ~ 1 000 $m^3$/d,顶板埋深一般为 30 ~ 60 m。潜水径流排泄不畅,其排泄主要以垂直蒸发排泄为主,从而导致盐分在土壤表层不断积累,耕地盐渍化严重。

## 10.1.4　地下水化学特征

因其环境、地质构造条件和自然地理条件的差异,灌区地下水化学成分组成及分布有一定的规律性。浅层地下水从山前向平原汇流,水平循环作用逐渐减弱;地下水的化学作用由溶滤作用逐渐变为蒸发浓缩作用为主,矿化度逐渐增高。

冲洪积平原由于地下径流条件差,地下水埋藏浅,蒸发浓缩作用强烈,地下水多为矿化度在 1~2 g/L 的硫酸盐、重碳酸盐型水或 $HCO_3 - Ca \cdot Mg$ 及 $HCO_3 \cdot Cl - Na \cdot Mg$ 型水。河湖积平原由于地势平坦,且局部出现封闭型凹地,排水不畅,地下水浅埋且径流排泄条件差,矿化度多在 1~3 g/L,且存在由南向北矿化度逐渐增高的趋势。

灌区地下水质在一年内随着灌溉季节的变化而变化。每年 4 月下旬至 5 月初,夏灌开始,地下水一般首先接受矿化度为 0.4 g/L 的灌溉水补给,此时灌区地下水位上升,矿化度急剧下降,水质淡化。紧跟着田间灌水,由于灌水溶洗,大量土壤盐分进入地下水,使地下水矿化度又有所上升,其后地下水矿化度在灌期(5~9 月)略有上升,变化不大。9 月下旬至 11 月上旬,由于蒸发作用,地下水矿化度略有上升。11 月中旬冬灌,大量的灌溉水补给使地下水矿化度显著下降。从整个灌区来看,地下水矿化度最高值一般出现在春灌前的 4 月,最低值出现在 8 月或 11 月,地下水化学类型年变化随着矿化度的变化相应发生变化。

## 10.1.5　地下水动态变化特征

银北灌区地下水的补给绝大部分来源于引水渠系的渗漏和灌溉入渗,少量来源于降雨入渗及山前侧向补给。由于灌区地下水补给条件差,地下水埋深浅,其排泄主要靠潜水蒸发,因而灌区次生盐碱化较重。

灌区地下水位年变化主要受灌溉影响。非灌区:地下水位受自然因素的控制,水位稳定,年变化幅度小,一般变化幅度不超过 0.5 m。每年 5~11 月为丰水期,水位稍高,地下水因雨水冲淡,矿化度相应减小;每年 12 月到翌年 5 月,水位相应降低,因浓缩作用,矿化度相应增大。灌区:地下水位受灌溉和排水因素的控制,高低水位交替强烈,水位年变化幅度大。每年 3 月下旬至 4 月中旬开始解冻,地下水受上部融冻水的补给,水位普遍上升,因融冻水溶解了地层中大量的盐分,致使地下水矿化度升高。4 月下旬至 5 月上旬开始灌溉,在灌溉水入渗作用下,水位开始上升,直到 9 月都是高水位期。10 月停灌,水位相应降低。11 月进行冬灌,水位又开始上升,12 月到翌年 3 月因灌溉停止,地下水缺乏补给来源,地下水位下降为低水位期。见图 10-1。

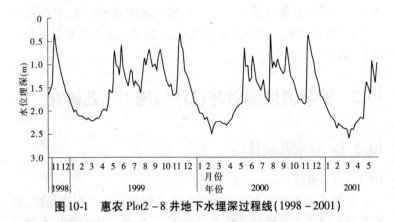

**图 10-1 惠农 Plot2 - 8 井地下水埋深过程线(1998 - 2001)**

## 10.1.6 灌排现状

银北灌区现有四大干渠流经,总长 424.9 km,还有总长 528.63 km 的支渠 47 条,总长 3 800 多 km 的斗渠 1 800 多条。1984 ~ 1988 年平均年引水量达 25.37 亿 m³,平均亩用水量 885 m³。有各类机井 5 913 眼和能够运行的扬水站 131 座,基本上所有耕地面积都能够得到充分的灌溉。能够控制的土地面积为 529.61 万亩,占总土地面积的 81.92%,灌溉着 289.21 万亩农田。在银北

以自流灌溉为主，灌溉农田 264.4 万亩，占总耕地面积的
91.42%。其他还有扬水、井灌和泉灌等几种灌溉形式。目前银北
的灌溉体系已经形成，正趋向配套、完善科学管理的方向发展。

银北灌区现有主要排水干渠 17 条，总长 453.93 km，还有总长
522 km 的支沟 53 条，较大的斗沟 1 094 条约 2 942.4 km。1984 ~
1988 年实测年平均排水量达 10.967 亿 $m^3$。有各类机井 5 913 眼
和能够正常运行的电排站 140 座，控制土地面积 468.9 万亩，
266.6万亩农田受益。银北排水主要以沟排为主，受益农田
256.05 万亩，占耕地总面积的 88.53%；其他还有机井、电排站和
直接入河短沟几种方式排水。银北排水系统基本形成，对降低地
下水位、改良中低产田及开垦盐碱荒地、加速农业开发都起到良好
的作用。

# 10.2 银北灌区辐射井设计与施工工艺研究

## 10.2.1 集水井设计

### 10.2.1.1 井径

辐射井集水井的主要用途是为水平辐射管施工提供场所，在
成井后汇集由水平辐射管进来的地下水，安装抽水设备将水抽至
井外。因此，集水井直径的大小主要取决于水平辐射管的施工设
备大小和井下施工的要求，与出水量大小关系不大。

根据我们研制的水平钻机的尺寸以及灌区的施工条件，灌区
集水井井径设计以 2.5 ~ 3.0 m 为宜。

### 10.2.1.2 井深

集水井深度视含水层的埋藏条件和辐射井施工技术而定。

根据水文地质条件，集水井的深度愈深，含水层透水性愈好，
水量愈大。也就是说，要想得到较大的水量，并需要有一定的深

度,深度越深,开采水量越大。集水井的施工采用反循环钻机钻进成孔、漂浮法下管成井的施工工艺,井深可达数十米,但由于目前辐射井的技术水平,还不能在很深的集水井中施工水平辐射管,按目前的施工水平,集水井深可达 40 m。

根据银北灌区的水文地质条件,潜水含水层岩性以细砂、粉细砂为主,在不同的深度分布有厚薄不均的黏性土夹层与透镜体,成为局部相对隔水层,地下水埋深多为 0.5 ~ 2.2 m。由于含水层岩性较细,中间分布有隔水层,地下水位较高,而施工水平辐射管时在水头压力超过 0.3 MPa 时容易发生井喷,故银北灌区辐射井井深设计应控制在 35 m 以内,以井底坐于相对隔水层的黏土层上为宜。

### 10.2.1.3　井管

集水井井管材料选用钢筋混凝土,一般设计壁厚 0.15 ~ 0.20 m,可根据设计井深和土压力、地下水埋深等条件进行内力计算,求得壁厚和配筋。

## 10.2.2　水平辐射管设计

### 10.2.2.1　滤水管选择

辐射井水平辐射管在松散含水层中要放入滤水管,目前应用的滤水管,因地层不同,主要有两种:刚性滤水管和柔性滤水管。刚性滤水管主要有钢管、混凝土管、竹管和其他管材,管径一般为 $\phi50 ~ 250$ mm,孔隙率要大于地层的渗透率,常用圆孔和条形孔,适用于强透水含水层,如中砂、粗砂、砂砾石、卵砾石地层。柔性滤水管为双螺纹波纹 PVC(或 PE)管,外径有 $\phi63$ mm 和 $\phi75$ mm 两种,壁厚 0.8 ~ 1.1 mm,在波纹管波谷打有矩形孔眼,孔隙率1.4%,通常波纹管的波谷中缠有丙纶丝作为反滤料[5],适用于细砂、粉细砂、粉砂、粉土、亚黏土、黏土、淤泥土等弱透水性含水层。同时,我们还研究出刚性滤水管和柔性滤水管相结合的双滤水管[6]，以解决高水头细颗粒含水层辐射管成井问题。

根据灌区的水文地质条件，在高水头下，采用顶进法施工，滤水管选用双滤水管，即外为带圆眼的钢管滤水管，内插包有尼龙滤网的波纹滤水管。钢管滤水管管径 $\phi$89 ~ 108 mm，波纹滤水管管径 $\phi$63 ~ 75 mm。

滤水管滤水效果与钢管的孔眼大小及孔隙率、内插波纹管的外包滤网大小及其孔隙率密切相关。选择合适，既能减小顶进阻力，增加滤水管的顶进长度，又能使水平辐射管的周围很快形成自然反滤层，使含水层的水通畅地汇集到水平辐射管内，增加辐射井出水量。否则，辐射井的出水量成倍减少，或者长时间排出浑水，排出大量泥沙。滤水管要求的标准是顶进过程中排砂量最好，停止顶进后水平辐射管排水很快达到水清砂净。这个标准的掌握只能在现场试验，即使同一种含水层，由于密实度不同，水头压力不同，滤水方式也有很大差别。从银北灌区建成的 4 眼辐射井来看，设计宜采用钢滤水管孔眼为 $\phi$8 ~ 10 mm，孔隙率 5% ~ 15%，波纹滤水管外包滤网的目数采用 20 ~ 40 目。

在含水层水头不超过 10 m 或者粉土含水层中，可选用套管钻进法施工，滤水管材料选择 $\phi$63 mm 或 $\phi$75 mm 的 PE(PVC)双螺纹波纹管，外套尼龙网套作为反滤料，原理与上面介绍的一样，外套尼龙网套的目数宜选用 20 ~ 40 目。

### 10.2.2.2　辐射管层次、根数、长度

水平辐射管层次和根数以含水层厚度为原则，长度以技术能力为原则，力求越长越好，充分地开发含水层水量。

从银北灌区已建成的辐射井来看，每眼辐射井水平辐射管布置 6 ~ 8 层，每层 6 ~ 8 根，每根辐射管长度 5 ~ 15 m，单井涌水量可超过 250 m³/h。

根据现有的施工经验，由于灌区含水层较厚，故一般要设计多层辐射管取水，辐射管沿井管周围均匀布置，每层 6 ~ 8 根。对汇

水洼地、河流弯道和河湖库塘岸边等地区,辐射管应布设在靠近地表水体一边。辐射管最下面一层宜距离井底 1.0 ~ 2.0 m,向上每隔 1.0 ~ 2.0 m 布置一层,布置层次根据要求出水量和水文地质条件确定。如果井深范围内有隔水层,必须在每个含水层中均布置水平管,实现分层取水。

由于银北灌区含水层为细砂、粉细砂,水头较高,造成目前辐射管的施工长度不能达到预想长度。如何改进施工工艺以提高辐射管的施工长度是今后要解决的课题之一。

## 10.2.3 出水量计算

### 10.2.3.1 辐射井渗流计算理论

辐射井的水平辐射管呈辐射状分布,辐射井的渗流运动与普通井完全不同。根据辐射井取水时含水层的释水补给方式,辐射管的集水过程大致可分为两个阶段:第一阶段以上部释水为主,抽水初期,在辐射管控制范围内含水层中的水,在水头差的作用下,从上到下,再由两侧进入辐射管。第二阶段以侧向补给为主,降落漏斗形成以后,水量主要来自辐射管控制范围外的含水层,水从四周流向中心,再由各个方向汇入辐射管。因此,辐射井的渗流运动是典型的多孔介质中的三维运动。

多孔介质中的渗流运动遵循质量守恒和能量守恒的基本原理。由此而得的椭圆方程(稳定问题)和抛物线方程(非稳定问题),可描述多孔介质中的渗流运动基本规律。通常情况下,三维的空间渗流运动的求解是非常困难的,但在某些条件下,人们可将三维空间的三维问题简化为平面问题来处理,对于一些简单的边界条件,用数学分析方法可以得到圆满的结果。但辐射井取水条件下的渗流运动是典型的三维运动,边界条件也比较复杂,至今未能很好地解决辐射井的渗流计算问题。

随着计算机技术的迅速发展,数值模拟在水文地质研究中的应用越来越普遍,数值计算法能较方便地处理复杂的水文地质条件,使解析法无能为力的三维问题的求解成为可能。

长期以来,由于三维渗流运动的复杂性,辐射井的渗流量计算一直是人们研究的难题之一,也是重点之一。到目前为止,国内外已经提出很多计算方法和公式,大体可归纳为以下几种类型:①建立在一元流和经验系数上的水力学计算方法;②简化为二维径向运动,建立在裘布依理论基础上的等效大口井公式;③采用排水计算理论的渗水管法计算出水量公式;④从三维出发,用稳定源汇势迭加原理推求的理论、半理论公式;⑤非稳定源汇势迭加原理推求三维非稳定渗流解析解;⑥数值模拟法求解三维非稳定渗流计算。

以上这几方面的公式,在一定程度上符合了辐射井的渗流运动规律,在一定范围内,也满足了生产实践的需要。但是,由于生产实践中积累的资料不足,或理论分析中过多的简化,使以上的公式都存在较大的局限性。

### 10.2.3.2　辐射井出水量计算公式的选用

国内外的学者对辐射井出水量的研究做了大量的工作,取得了一定的成果。从现有的资料看,关于辐射井涌水量的计算公式已有二十多个,大致可分为两类:一是经验公式,二是半理论半经验公式。根据目前的施工情况和灌区条件,在设计中可选择经验公式中的"等效大口井法"[7]计算辐射井出水量。

(1)潜水完整井:

$$Q = \frac{1.366KS_0(2H - S_0)}{\lg \dfrac{R}{r_f}}$$

式中　$Q$——辐射井出水量,$m^3/d$;

　　　$K$——渗透系数,$m/d$;

　　　$S_0$——水位降深,$m$;

　　　$H$——含水层厚度,$m$;

$R$——辐射井影响半径,m,按经验公式计算,$R = 10S_0\sqrt{K} + L$;

$r_f$——等效大口井半径,m,当水平辐射管等长度时,$r_f = 0.25^{\frac{1}{n}}L$;当水平辐射管不等长度时,$r_f = \dfrac{2\sum L}{3n}$;

$n$——水平辐射管根数;

$L$——单根水平辐射管长度,m。

（2）潜水非完整井:

$$Q = \frac{2\pi KS_0 r_f}{\dfrac{\pi}{2} + 2\arcsin\dfrac{r_f}{m + \sqrt{m^2 + r_f^2}} + 0.515\dfrac{r_f}{m}\lg\dfrac{R}{4H}}$$

式中　$m$——水平辐射管距不透水层顶部的距离,m。

其余符号意义同前。

当$\dfrac{r_f}{m} \leqslant \dfrac{1}{2}$时,可简化为:

$$Q = \frac{2\pi KS_0 r_f}{\dfrac{\pi}{2} + \dfrac{r_f}{m}(1 + 1.185\lg\dfrac{R}{4H})}$$

式中符号意义同前。

## 10.2.4　辐射井集水井施工工艺

### 10.2.4.1　施工方法

集水井施工采用反循环工程钻机钻进成孔、漂浮法下管成井,这种方法较人工沉井法投资少、速度快、施工安全。

用反循环工程钻机钻进成孔后,将井座吊装到井孔中漂浮起来,再将井管吊装到井座上,一节接一节地摞上,直到井座下到预定深度,并确保井管直立,井管间采用防水材料封闭接口,最后在井管周围填土密实。

### 10.2.4.2　施工机械

集水井施工机械采用反循环工程钻机,以下是在银北灌区采用的 SPJ15 型钻机的主要技术性能：

钻盘扭矩:18 kN·m

钻杆直径:168 mm

砂石泵:6″

转速:12 ~ 120 n/min

钻头直径:3 000 mm

配用功率:30 kW(电机) + 30 kW(砂石泵)

### 10.2.4.3　施工工艺

1)井管预制

集水井井管由钢筋混凝土做成,不透水,外径 2. 90 m、内径 2. 60 m,一米一节,井座外径 2. 90 m、内径 2. 60 m、底厚 20 cm、高 1 m。井管井座混凝土标号为 C25。

集水井井管(包括井座,下同)在现场预制,预制中除严格按图纸进行外,还必须达到以下要求:

(1)井管上下口平整,不露钢筋,为此浇筑场地一定要平整;

(2)井管圆度要好,至少达到井管叠上后,内外壁看上去基本光滑平整;

(3)井管的垂直度符合规范要求;

(4)井管的混凝土要振捣密实。

2)开钻前的准备

(1)埋设护筒。护筒高 1. 6 m、直径 3. 4 m,故开挖孔口直径 3. 5 m、深 1. 6 m,同时开挖深度要满足孔内水位高于地下水位 2. 0 m以上。若地下水位较高,不满足该条件,需要抬高护筒位置创造这个条件。护筒周围填土及填高土一定要夯实,若填土为粉砂土,需在填土中掺入部分黏土和水泥。

(2)开挖泥浆沉淀池,安装砂石泵。泥浆沉淀池距井口距离要大于 10 m,以免池内水位影响井孔。砂石泵安放距井口 5 m 以外,一旦坍孔,不会将泵埋于孔内。砂石泵出水管口设于泥浆沉淀池远端。

(3)开挖循环水路。在沉淀池近端开一出水口,从出水口开挖一回水水路通入井口,井口附近埋设一 $\phi 400$ mm 的混凝土管伸入护筒预留口内,使回水直接流入井内,严防冲淘井口。

(4)安装钻机、试车。将钻头装入护筒内,然后安装钻机,要注意钻机钻盘中心严格对准钻孔中心,钻机安装完成后,进行试车。

(5)向泥浆池和护筒内灌水。向泥浆池和护筒内灌满水,水位略低于护筒上口 20~30 cm,并始终让护筒内水位保持这个高度。

3)钻孔

准备工作完成后,开动钻机和泥浆泵,让钻机正常运转但不进尺,人工往孔内投放黏土和火碱,待泥浆达到要求,开始进尺。为确保施工稳定钻进、高效进尺且不坍孔,必须保持以下条件:

(1)保持井孔内的静水压力 20 kPa 以上,即孔内水位始终要高出地下水位 2.0 m 以上。施工过程中,要不断向孔内补水,保证这一条件。

(2)井孔内泥浆比重要保持在 1.04~1.08 之间,银北灌区含水层颗粒极细,且淤泥质颗粒较少,需随时添加黏土和火碱,确保泥浆比重,防止渗漏水量过大、补水不及时而坍孔。

(3)钻头旋转速度要适中,试验表明,在银北灌区钻头旋转速度保持在 10~20 n/min 比较合适,如果过快就会冲刷井壁,发生坍孔。

(4)成孔时要保持一定的钻进速度,钻进太快,不利于孔壁泥皮的形成,渗水过快,补水不及时,造成坍孔。试验表明,在银北灌区每小时钻进 1 m 左右比较合适(指净钻时间)。

4)下井管

钻孔达到设计深度后,准备下井管。下井管采用漂浮法完成,

所用材料主要有防水卷材、水泥和速凝剂等,具体操作如下:

(1)将钻机挪离孔位,放至安全且下井管不碍事的地方,并提出钻头。

(2)安装下井管的固定架。

(3)准备好拌和水泥砂浆的抄盘。

(4)将井座吊装到井孔中漂浮起来,在井座入水之前,在四个方向上将钢丝绳固定在井座底,然后缠绕在固定架上。

(5)清理已入井口的井座上平面,剔去不平整的混凝土,然后在上平面上放一层掺入速凝剂的水泥砂浆,厚度 3~5 cm。

(6)吊起一节井管,井管底要清理干净,孔口周围 4~6 人扶住,让井管徐徐下落,使井管与井座接口对齐,松开吊绳,此时四个方向上的钢丝绳应该绷紧,以防井管下沉。

(7)将井管与井座接口处采用水泥浆或水泥砂浆勾严抹平,然后在接口上下各 10 cm 的范围内采用粘贴防水卷材封口。封口过程中,防水卷材必须与井管粘贴严密,不能有遗漏之处,这是下井管的关键细节,稍有差错,封闭不严,就会前功尽弃,严重的会使下管失败,井报废。

(8)徐徐放松四根钢丝绳使井管下沉,下沉过程中,要使井管始终保持在井孔中心,然后吊起下一节井管,重复上述操作。如果在下沉过程中钢丝绳全部放松后,井管不下沉,则用水泵向井管内加水增加重量,通过浮力与重力的平衡使井管下沉,下沉至有利于操作下一节管下管为止。

(9)全部井管下完后,用水泵往井管内加满水,使井管充分下沉。

(10)下管结束后,将井管外围的空隙用土回填实。此时集水井施工完成。

## 10.2.5　水平辐射管施工工艺

### 10.2.5.1　施工方法

在辐射井内呈辐射状布置的水平辐射管,采用顶进法和套管钻进法两种工艺施工而成。在含水层水头不超过 10 m 或者粉土含水层中,选用套管钻进法施工,其余含水层采用顶进法施工。根据银北灌区水文地质条件,大部分采用顶进法施工。

### 10.2.5.2　施工机械

水平辐射管施工机械选用中国水科院自行研制改进定型的具有扭力、推力、拉拔力和水冲力的全液压水平钻机。钻机主要技术性能:

马达转速:55 r/min

最大扭矩:1 400 N·m

最大推力:400 kN

最大拉拔力:300 kN

油缸行程:0.90 m

配用动力:50 kW

### 10.2.5.3　施工工艺

1)施工前的准备

(1)将泥浆泵放入井内,将集水井内的泥水抽净,并观察集水井管内是否有漏水等异常情况,若有喷砂或涌水,则需及时解决。

(2)将工作平台吊放至集水井内设计高程,并固定。

(3)将水平钻机吊放至工作平台上,对准孔位,并固定牢靠,进行试机。

2)钻孔与下管

(1)顶进法施工。

顶进法是将滤水管用水平钻机边旋转边推进,一根接一根,直接打进含水层。顶进过程中含水层中的细颗粒进入滤水管内,随水流进入集水井中排走,同时将较粗的颗粒挤到滤水管周围,形成天然的环形反滤层。在银北灌区一般推进长度为 5 ~ 15 m。具体施工步骤为:

①在水平钻机上安装开孔器,在井壁上开孔。

②开完孔后,迅速脱掉开孔器,将第一节滤水管推进含水层,此间速度一定要快,否则会产生大量流砂,无法堵住,造成严重事故。

③接上第二节滤水管,转动水平钻机,边旋转边推进,将第二根滤水管打进含水层,如此循环操作,直至推不进为止。

④将滤水管与井壁开孔间的空隙封住,以免水砂大量地从空隙中流出来。

(2)套管钻进法施工。

施工时先将 $\phi89$ mm(或 108 mm)套管打进含水层中,再从套管中插进滤水管,然后脱掉钻头,拔出套管,把滤水管留在含水层中。滤水管在开始排水时,能带出含水层中的细颗粒,使粗颗粒在滤水管尼龙网套的外部形成自然反滤层,并很快水清砂净。具体施工步骤为:

①在水平钻机上安装开孔器,在井壁上开孔。

②开完孔后,迅速脱掉开孔器,将第一节带钻头的 $\phi89$ mm (或 108 mm)套管推进含水层中,同样道理,操作速度一定要快。

③接上第二节套管,打开高压水,开动钻机旋转套管,利用钻机的推力、扭力和高压水力将套管打进含水层。

④接上下一节套管,循环操作,直至打到设计深度或进尺困难为止。

⑤将滤水管从套管中插进,一直插到钻头的连接器处。

⑥将顶杆从滤水管中插入,将套管前端钻头顶开。

⑦用油缸拔出套管,将滤水管留于含水层中。

⑧套管拔出后,将滤水管与井壁开孔间的空隙封住,以免水砂

大量地从空隙中流出来。

## 10.3 辐射井技术在银北灌区的应用

### 10.3.1 辐射井在银北灌区的推广应用

2002年我们承担了国家农业科技成果转化资金"辐射井技术在农业水资源高效利用中的应用与示范"（02EFN216800685）、水利部"948"计划"辐射井技术在农田灌溉排水中的推广应用研究"（CT200126）等项目,示范区选择在银北灌区的宁夏回族自治区惠农县。在项目的实施过程中,首先在示范区实施了两眼辐射井,由于出水量大,管理方便,得到了宁夏水利部门和市县各级领导的认可,一致认为辐射井是银北灌区抗旱打井、发展井渠结合灌溉的一种新井型。

2003年,正赶上黄河来水的严重不足,银北灌区实施抗旱打井工程,充分利用地下水资源,确保农田灌溉,已建成的两眼辐射井在抗旱保灌中发挥了巨大作用。水利部门有关领导果断提出将辐射井在银北灌区相关各县进行推广应用,因此从2003年5月份以来,分别在银北灌区的平罗县、贺兰县实施辐射井建设工程。截至项目完成,先后在惠农县（示范区）、平罗县、贺兰县等地完成辐射井4眼,井深为28.0~36.0 m。成井后对机井的位置坐标用手持GPS定位,辐射井建设的数量和具体地点、位置坐标详见表10-1,主要指标见表10-2、图10-2~图10-4。

### 10.3.2 辐射井施工区的水文地质条件

在银北灌区施工的4眼辐射井,地处银川平原北部,地貌上属于河湖积平原区,地面高程多在1 100 m左右。50 m以内基本为潜水,含水层岩性以细砂、粉细砂为主,并在不同的深度分布有厚薄不均的黏性土夹层与透镜体,但未能构成区域性的相对隔水层。含水层厚度一般 20 ~ 40 m,底板埋深 16 ~ 43 m,地下水埋深多为 0.5 ~ 2.2 m,矿化度小于 3 g/L,适宜灌溉。50 m 以下地下水矿化度偏大,一般大于 3 g/L,不适宜灌溉。

表 10-1 银北灌区辐射井实施地点

| 项目 | 具体位置 | 眼数 | 坐标 | 井深（m） | 具体作用 |
|---|---|---|---|---|---|
| 惠农县 | 尾闸乡西河桥村 | 2 | $X = 4340709$<br>$Y = 0650196$ | 28.5 | 位于渠梢,灌水困难,进行井渠结合灌溉 |
| | | | $X = 4341734$<br>$Y = 0650998$ | 28.2 | |
| 平罗县 | 姚伏镇小店子村 | 1 | $X = 4287575$<br>$Y = 0628076$ | 32.0 | 灌水困难,稻旱轮作区,利用井水种稻 |
| 贺兰县 | 立岗镇兰光村 | 1 | $X = 4282512$<br>$Y = 0626244$ | 36.0 | 位于渠梢,灌水困难,进行井渠结合灌溉,发展设施农业 |
| 合 计 | | 4 | | | |

表 10-2 银北灌区完成辐射井情况表

| 序号 | 地 点 | 集水井深度（m） | 水平辐射管 | | | 备 注 |
|---|---|---|---|---|---|---|
| | | | 层数 | 每层根数 | 每根长度（m） | |
| 1 | 惠农县西河桥村 6# | 28.5 | 6 | 4 ~ 8 | 6 ~ 15 | 27.8 m 见黏土层 |
| 2 | 惠农县西河桥村 2# | 28.2 | 7 | 1 ~ 10 | 4 ~ 15 | 15 m 以下辐射管无水 |
| 3 | 平罗县小店子村 | 32.0 | 5 | 8 ~ 9 | 5 ~ 18 | |
| 4 | 贺兰县兰光村 | 36.0 | 11 | 6 ~ 8 | 5 ~ 15 | 其中第八层辐射管布置 3 根 |

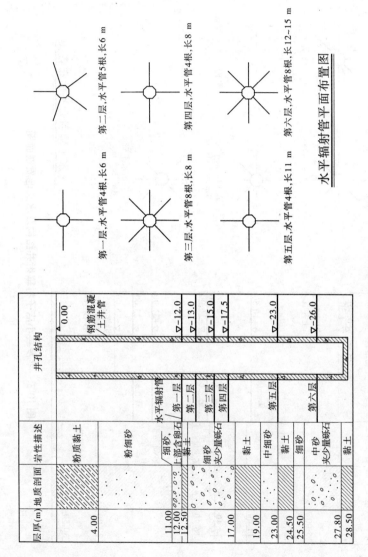

图10-2 惠农县西河桥村6#辐射井结构及水文地质剖面图

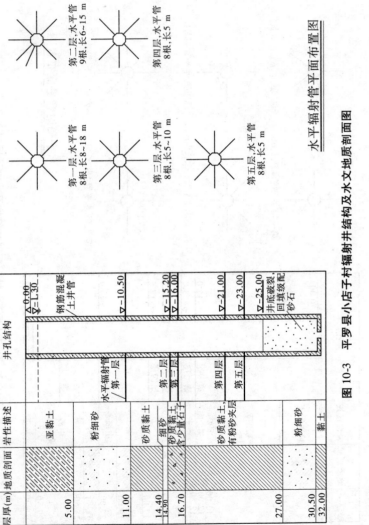

图 10-3　平罗县小店子村辐射井结构及水文地质剖面图

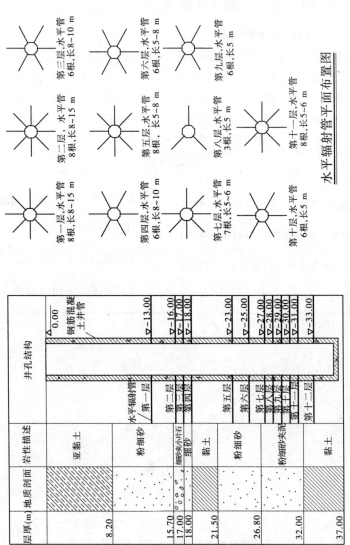

图10-4　贺兰县兰光村辐射井结构及水文地质剖面图

### 10.3.3　辐射井水量和水质特点

#### 10.3.3.1　辐射井水量特点

辐射井完成后,进行了抽水试验,确定井的出水能力。每眼井做两个降深,每次降深水位和流量稳定时间为 24 h,然后停止抽水,待水位恢复后再做下一个降深。辐射井的最大稳定出水量为 $250 \sim 350$ m³/h,见表 10-3,每眼井 $Q \sim S$ 曲线见图 10-5 ~ 图 10-7。

表 10-3　辐射井出水量一览表

| 序号 | 地　　点 | 井深(m) | 静水位(m) | 出水量 |
|---|---|---|---|---|
| 1 | 惠农县西河桥村 6# 辐射井 | 28.5 | 2.8 | 水位降深 23 m,出水量为 250 m³/h |
| 2 | 惠农县西河桥村 2# 辐射井 | 28.2 | 1.6 | 水位降深 13.2 m,出水量为 140 m³/h |
| 3 | 平罗县小店子村辐射井 | 32.0 | 1.3 | 水位降深 22 m,出水量为 230 m³/h |
| 4 | 贺兰县兰光村辐射井 | 36.0 | 3.35 | 水位降深 27 m,出水量为 300 m³/h |

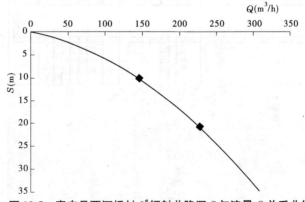

图 10-5　惠农县西河桥村 6# 辐射井降深 $S$ 与流量 $Q$ 关系曲线

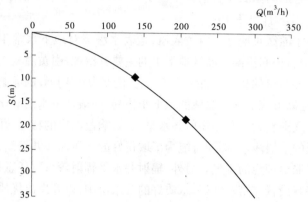

**图 10-6 平罗县小店子村辐射井降深 $S$ 与流量 $Q$ 关系曲线**

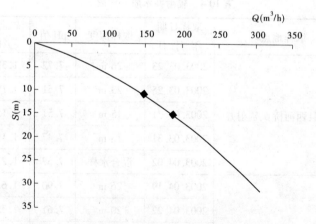

**图 10-7 贺兰县兰光村辐射井降深 $S$ 与流量 $Q$ 关系曲线**

### 10.3.3.2 辐射井水质特点

辐射井中每层水平管取一个水样,最后取一个井内混合水样,分别进行水质分析。从已取得的水样看,辐射井地下水的矿化度为 0.9~1.7 g/L,pH 值为 7.5~7.9,水质较好,适宜灌溉。其中,水质最好的为惠农 2# 辐射井中位于 10.5 m 处水平管中的水样,为 0.911 g/L。详见表 10-4。

　　由于灌区长期过量引黄灌溉,地表水渗漏对地下水常年大量补给,渠系田间渗漏是灌区地下水的主要补给源,引黄灌溉入渗补给约占补给量的 90%。由于长期受矿化度为 0.4 g/L 的灌溉水的补给,逐渐形成上淡下微咸的地下水格局,一般地下水的矿化度自上而下逐渐变大。利用辐射井水量大、影响范围广的特点,开发矿化度低的上层浅水,即便可能为了取得好的水质而使井较浅,但同样可以取得理想的水量。另外,辐射井水平辐射管可以任意布置,可以将其设置在富水性好、水质好的含水层中,以开发出优质的地下水。

表 10-4　辐射井水质一览表

| 取样地点 | 取样日期<br>(年.月.日) | 取样深度 | pH 值 | 矿化度<br>(g/L) |
|---|---|---|---|---|
| 惠农县西河桥 6# 辐射井 | 2003.03.23 | 26 m | 7.72 | 1.389 |
| | 2003.03.25 | 23 m | 7.51 | 1.194 |
| | 2003.03.31 | 15 m | 7.51 | 1.156 |
| | 2003.03.31 | 13 m | 7.47 | 1.139 |
| | 2003.04.02 | 混合水样 | 7.57 | 1.225 |
| 惠农县西河桥 2# 辐射井 | 2003.04.19 | 26 m | 7.90 | 1.622 |
| | 2003.04.22 | 20 m | 7.61 | 1.324 |
| | 2003.04.24 | 13.5 m | 7.51 | 1.081 |
| | 2003.04.26 | 10.5 m | 7.49 | 0.911 |
| | 2003.04.29 | 混合水样 | 7.70 | 1.295 |
| 平罗县小店子村辐射井 | 2003.07.10 | 混合水样 | | 1.738 |

## 10.3.4　辐射井影响范围与控制面积的确定

### 10.3.4.1　抽水试验

抽水试验选在惠农县西河桥示范区内,选择 6# 辐射井进行。通过抽水试验了解周围水位的变化情况,从而确定影响范围。

观测孔沿一条直线布置,共布置 7 个,距离辐射井分别为 20 m、50 m、100 m、200 m、400 m、600 m、800 m。观测数据见表 10-5,绘制观测孔不同时间降落过程线(见图 10-8)、辐射井周围降落过程线(见图 10-9)。

从抽水试验可以看出,辐射井抽水时,地下水位下降的速度比较快。抽水初期水位降落很快,以后逐渐变慢,在抽水一昼夜后,距辐射井 20 m 处的水位下降 14.55 m,100 m 处的降深为 12.11 m,600 m 处的降深为 0.76 m。从过程线可以看出,抽水初期,过程线的斜率大,说明降速大,以后逐渐变缓,降速变小。这种现象说明,在开始抽水时所抽的水大部分是上部含水层的释水,侧向来水较少,后期则大部分是侧向来水。连续抽水 4 d 后辐射井周围的水位降低很慢,连续抽水 7 d 后距辐射井 800 m 处水位下降 0.48 m。

表 10-5　惠农 6# 辐射井抽水试验观测记录表

| 观测时间<br>(月.日.时) | 辐射井<br>降深<br>(m) | 观测井1<br>降深(m)<br>距 20 m | 观测井2<br>降深(m)<br>距 50 m | 观测井3<br>降深(m)<br>距 100 m | 观测井4<br>降深(m)<br>距 200 m | 观测井5<br>降深(m)<br>距 400 m | 观测井6<br>降深(m)<br>距 600 m | 观测井7<br>降深(m)<br>距 800 m |
|---|---|---|---|---|---|---|---|---|
| 4.2.12:00 | 20.80 | 14.55 | 13.57 | 12.11 | 6.52 | 2.65 | 0.76 | 0.10 |
| 4.3.12:00 | 20.80 | 17.85 | 15.96 | 14.90 | 8.43 | 3.23 | 0.97 | 0.22 |
| 4.4.12:00 | 20.80 | 18.41 | 18.01 | 16.54 | 11.42 | 4.12 | 1.20 | 0.32 |
| 4.5.12:00 | 20.80 | 18.86 | 18.42 | 17.01 | 12.76 | 4.78 | 1.60 | 0.39 |
| 4.6.12:00 | 20.80 | 19.33 | 18.87 | 17.23 | 13.76 | 5.21 | 1.80 | 0.42 |
| 4.7.12:00 | 20.80 | 19.40 | 19.20 | 17.56 | 14.23 | 5.82 | 2.40 | 0.46 |
| 4.8.12:00 | 20.80 | 19.40 | 19.29 | 17.87 | 14.50 | 6.14 | 2.60 | 0.48 |

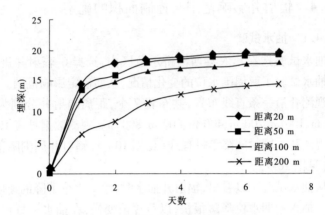

图 10-8　观测孔不同时间埋深过程线

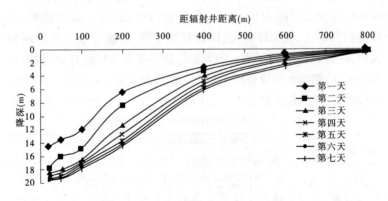

图 10-9　辐射井抽水水位降落过程线

## 10.3.4.2　影响范围的确定

从辐射井抽水水位降落过程线可以看出,在辐射井中水位降深20.8 m时,在距离辐射井800 m处水位降低较少,7 d总降深为0.48 m,可以认为此时辐射井的影响半径为800 m。这是单井抽水试验的结果,如果为群井抽水,则影响半径要大于800 m,至少可以考虑 1 000 m。

### 10.3.4.3 控制面积的确定

（1）单井控制灌溉面积按下式[8]计算确定：

$$F_0 = \frac{Q t_3 T_2 \eta (1 - \eta_1)}{m_2}$$

式中 $F_0$——单井控制灌溉面积，亩；

$\quad Q$——单井出水量，$m^3/h$，取 $Q = 250 \ m^3/h$；

$\quad t_3$——机井每天开机时间，$h/d$，$t_3 = 20 \ h/d$；

$\quad T_2$——每次轮灌期天数，$d$，$T_2 = 10 \ d$；

$\quad \eta$——灌溉水利用系数，$\eta = 0.90$；

$\quad \eta_1$——干扰抽水的水量消减系数，$\eta_1 = 0.2$；

$\quad m_2$——综合平均灌水定额，$m^3/$亩，取 $m_2 = 60 \ m^3/$亩。

计算得 $F_0 = 600$ 亩，即单眼辐射井控制灌溉面积为 600 亩。

（2）单井控制排水面积按下式[8]计算确定：

$$F_1 = \frac{Q \cdot t_3 \cdot T \cdot (1 - \eta_1)}{667 \mu \cdot \Delta H}$$

式中 $F_1$——单井控制排水面积，亩；

$\quad T$——排水天数，$d$，取 $T = 10 \ d$；

$\quad \mu$——给水度，$\mu = 0.045$；

$\quad \Delta H$——地下水平均排降深度，$m$，$\Delta H = H_K - S_0$；

$\quad H_K$——地下水临界深度，$m$，$H_K = 2.2 \ m$；

$\quad S_0$——开始抽排时的地下水位埋深，$m$，$S_0 = 1.5 \ m$。

其余符号意义同前。

计算得 $F_1 = 1 904$ 亩，即单眼辐射井控制排水面积为 2 000 亩左右。

## 参 考 文 献

[1] 张治晖，赵华，等. 辐射井在银北灌区开发浅层地下水中的应用研究

[J]. 中国农村水利水电,2004(3):49 – 51.

[2] 司建宁,杜历. 辐射井技术在宁夏应用的探索和实践[J]. 宁夏工程技术,2004,3(2):179 – 182.

[3] 宁夏农业综合开发办,宁夏水科所,河海大学地质及岩土工程系. 宁夏青铜峡河西灌区灌排模式及水资源调配研究[R]. 1993.12.

[4] 宁夏世界银行贷款项目办公室,宁夏水利科学研究所. 银北灌区井渠结合最佳组合方式及水资源最优调度研究报告[R]. 1990.7.

[5] 伍军,邢东志,等. 管滤结合的辐射井水平集水管[J]. 水利水电技术,1984(10).

[6] 张治晖,伍军,赵华,等. 黄河滩地粉砂层辐射井成井技术[J]. 地下水,1999,21(2):61 – 63.

[7] 水利部农村水利司. 机井技术手册[M]. 北京:中国水利水电出版社,1995.

[8] 水利部农村水利司. SL256—2000 机井技术规范[S]. 北京:中国水利水电出版社,2000.

[9] 张治晖,赵华. 辐射井技术及其应用研究[A]. 中国水利水电科学研究院第七届青年学术交流会论文集[C],2002.9:89 – 95.

[10] 张治晖,伍军,赵华. 辐射井——井渠结合井灌井排的理想井型[A]. 灌区水管理论文集[C]. 北京:中国水利水电出版社,2001.126 – 128.

[11] 伍军,智一标,等. 在粉细砂层中打辐射井的试验研究[A]. 水利水电科学研究院科学研究论文集(第25集)[C]. 北京:水利电力出版社,1986:65 – 75.

[12] 陕西省水利科学研究所,陕西省地下水工作队,西北农学院水利系. 辐射井[M]. 北京:水利电力出版社,1975.

[13] McDonald M G ,A Harbaugh. A modular three dimensional finite difference groundwater flow model[J]. U. S. Geological Survey,1984.

[14] Jacgurs Bosic. Horizontal drilling:a new production method[J]. APEA Journal,1988,39(5):345 – 353.

[15] 宁夏世界银行贷款项目办公室,宁夏水利科学研究所. 银北灌区农用机井的布局、运行及技术经济指标调查与研究报告[R]. 1990.7.

[16] 全达人. 宁夏引黄灌区井灌的特点[J]. 宁夏水利,2003(1):21 – 25.

[17] 匡尚富,高占义,许迪. 农业高效用水灌排技术应用研究[M]. 北京：
中国农业出版社,2001.

[18] 高占义,许迪. 农业节水可持续发展与农业高效用水[M]. 北京：中国
水利水电出版社,2004.

[19] 全达人. 地下水利用[M]. 北京：中国水利水电出版社,1990.

[20]《供水水文地质手册》编写组. 供水水文地质手册[M]. 北京：地质出
版社,1977.

[21] 郭元裕. 农田水利学[M]. 北京：水利电力出版社,1985.

# 第 11 章　利用辐射井发展井渠结合灌溉的灌排模式研究

## 11.1　研究区基本情况

### 11.1.1　地理位置及范围

研究区选择在宁夏回族自治区惠农县尾闸乡西河桥村,位于 109 国道西侧,西大公路以东,西河桥中心路从研究区经过,研究区离石嘴山仅 1.5 km,总土地面积 3 560 亩,耕地面积 3 030 亩,涉及尾闸乡西河桥 1 个行政村 5 个自然村,现有户数 350 户、总人口 1 427 人。

研究区以旧渠(支渠)为灌溉系统单元,其灌溉系统属惠农渠系,排水为第三排水沟。研究区位于银北灌区惠农渠末梢,其范围北以第三排水沟为界,南至中心沟,西以旧渠(支渠)为界,东至黄家沟,见图 11-1。

### 11.1.2　气　候

研究区干旱少雨,蒸发强烈,光照充足。年均降水量 186.7 mm,降水年内分配不均匀,7、8、9 月三个月降水量占年降水量的 65% 左右,见表 11-1。年均蒸发量 1 539.4 mm,年均气温 8.3 ℃,最低气温 −28.7 ℃,年大于 10 ℃ 的有效积温 3 252 ℃。太阳总辐射 144 千卡/cm², 年日照时数 3 083 h,无霜期 160～181 d,霜期始于 10 月下旬,终于翌年 4 月上旬。全年多风,平均风速 2.9 m/s,最大风速 25.7 m/s,多为偏西风。主要气象灾害有霜冻、干热风、冰雹和大风。

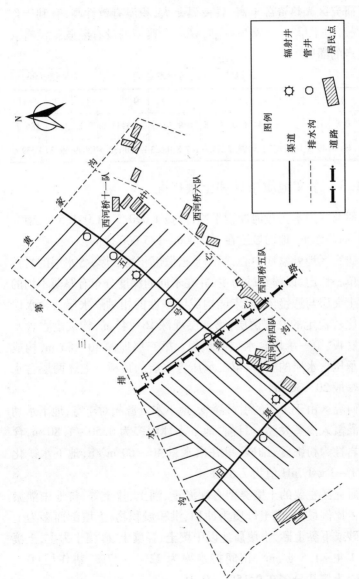

图 11-1　研究区位置及水利工程布置图

研究区光热资源丰富,昼夜温差大,积温有效性高,有利于作物生长,但干旱少雨,蒸发强烈,是一个典型的没有灌溉就没有农业生产的灌区。

表 11-1　降雨与蒸发量表　　　（单位:mm）

| 月份 | 1 | 2 | 3 | 4 | 5 | 6 | 7 | 8 | 9 | 10 | 11 | 12 | 合计 |
|---|---|---|---|---|---|---|---|---|---|---|---|---|---|
| 降雨 | 0.8 | 1.6 | 3.3 | 3.4 | 6.0 | 16.5 | 50.9 | 63.5 | 26.6 | 11.0 | 2.8 | 0.3 | 186.7 |
| 蒸发 | 43.1 | 49.3 | 141.7 | 152.5 | 198.7 | 214.0 | 107.8 | 166.3 | 134.0 | 132.4 | 130.9 | 69.3 | 1 539.4 |

## 11.1.3　水文地质条件和土壤概况

研究区地形为黄河冲积平原,海拔 1 090.5 ~ 1 091.5 m,南高北低,西高东低,地面坡度在 1/2 000 ~ 1/5 000 之间。

研究区地处盆地中心,第四系松散沉积物巨厚,含水层的岩性比较单一稳定,以粉细砂为主,并在不同的深度分布有厚薄不均的黏性土夹层与透镜体,但未能构成区域性的相对隔水层。含水层分布比较稳定的共有两层,第一层埋深 16 ~ 43 m,构成潜水含水层的底板、第一承压含水层的顶板。第二层埋深 40 ~ 85 m,构成第一承压含水层的底板、第二承压含水层的顶板。上述两层含水层厚一般 20 ~ 30 m。

研究区由于多年的引黄灌溉,地下水资源相对丰富,地下水动态为灌溉入渗蒸发型。目前,地下水埋深多为 0.50 ~ 1.80 m,含水层岩性为粉细砂、细砂,单井出水量 40 ~ 60 m³/h,地下水矿化度为 1 ~ 3 g/L,pH 值为 7.5 ~ 8.0。

研究区主要的土壤类型有灌淤土、潮土、盐土等,耕地中灌淤土所占比例最大,成土母质为冲积、洪积淤积物,土壤剖面多为上黏下砂或下黏上砂,土壤质地以中壤土、轻壤土、砂壤土为主,土壤密度 1.4 ~ 1.5 g/cm³,田间持水率为 22% ~ 27%,耕作层(0 ~ 20 cm)土壤盐分多在 0.15% ~ 0.3%。

## 11.1.4　土地利用及种植结构

研究区总面积3 560亩,现有耕地面积3 030亩,村庄、道路等面积为530亩。

研究区主要种植作物是春小麦、麦套玉米、油饲料、温棚、瓜果蔬菜等。目前,研究区粮经种植比例为50:50,发展井渠结合灌溉后,灌溉有了保障,可大力发展蔬菜种植比例。根据惠农县种植结构调整目标,研究区粮经种植比例调整为30:70,种植面积及比例见表11-2。

表11-2　研究区作物种植结构表

| 作物 | 现有种植结构 | | 调整后种植结构 | |
|---|---|---|---|---|
| | 种植面积（亩） | 种植业内部比例（%） | 种植面积（亩） | 种植业内部比例（%） |
| 耕地面积合计 | 3 030 | 100 | 3 030 | 100 |
| 1　粮食作物 | 1 515 | 50 | 909 | 30 |
| 1.1　春小麦 | 310 | 10 | 186 | 10 |
| 1.2　麦套玉米 | 1 205 | 40 | 723 | 20 |
| 2　经济作物 | 1 515 | 50 | 2 121 | 70 |
| 2.1　油饲料作物 | 307 | 10 | 430 | 14 |
| 2.2　瓜果蔬菜 | 888 | 30 | 1 243 | 41 |
| 2.3　温室 | 320 | 10 | 448 | 15 |

## 11.1.5　水利工程设施现状

研究区引惠农渠水自流灌溉,灌排体系完善,支、斗、农三级渠道体系健全。研究区内有一条支渠(旧渠),支渠长4.8 km,砌护

3.6 km,控制 8 条斗渠,研究区属于五号斗渠的灌溉范围,五号渠全长 2.2 km,已砌护 0.75 km,有农渠 38 条,总长 22.8 km,配套建筑物 42 座。

研究区排水方式为沟道排水方式,由支、斗二级沟道组成,有支沟两条:中心沟长 2.2 km,黄家沟长 1.5 km。

研究区支渠、五号斗渠要全部进行渠道衬砌,灌溉水渠系利用系数为 0.57,井水有效利用系数为 0.95。

## 11.1.6　研究区现状存在的问题

（1）惠农渠末梢段来水严重不足,供水不及时,灌溉保证率低。

研究区处于惠农渠末梢段,灌溉期来水量严重不足,供水不及时,作物需水期往往是有渠无水或水小进不了农田,不能及时灌溉。过去研究区为石嘴山郊区的蔬菜种植村,由于无法保证灌溉,现改为以种植粮食作物为主的产业结构。目前,由于灌溉期间不能及时灌溉,种植的春小麦头水不能适时灌溉,二水推后,秋灌不能保证,全年灌溉保证率仅为 40%,亩减产 15~60 kg。在灌溉紧张期间,群众自发采用手扶拖拉机带泵的形式从渠中或第三排水沟中抽水,特别是第三排水沟水质近年来污染特别严重,灌溉农田后造成土壤污染和粮食大幅度减产。多年来虽然通过农业综合开发、灌区配套工程改造项目,为改善当地生产条件投入了大量人力、物力,使得农业基础条件大为改善,但由于支渠输水一直不足,其效益尚得不到有效发挥。

（2）地下水位高,土壤次生盐碱化严重。

研究区地形平坦,地面坡度在 1/2 000~1/5 000 之间,第三排水沟流经该区域,存在支、斗沟滑塌淤积严重等因素,致使排水不畅,地下水位高,土壤盐碱化严重。

（3）灌溉技术落后,灌溉管理粗放。

现田间田块多在 0.5~1.0 亩之间,虽然灌水紧张,但灌溉方式仍采取大引大排,节水灌溉技术普遍未采用,灌溉管理粗放,灌溉毛定额 649 m³/亩,浪费水的现象仍有发生。

## 11.2 银北灌区井渠结合灌溉的可行性与必要性

### 11.2.1 黄河流域供水紧张

由于黄河上游持续干旱少雨,上游水库可调度的水量严重不足,导致整个黄河流域缺水。黄河宁夏段的来水量呈逐年减少趋势,2002 年黄河宁夏入境下河沿站年径流量 210 亿 m³,相当于多年平均径流量 325 亿 m³ 的 65%,影响灌溉面积 200 万亩。

目前,黄河水量的分配方案是以总量分配的原则进行的,首先是根据黄河多年来水和黄河流域各省(区)工农业用水状况进行总量分配,然后再按月分配,各省(区)根据这一分配数字往下属灌区分配。这种分配方法是非常宏观的,对供需之间是否有矛盾基本上没有考虑。这种情况下,灌区节水改造规划必须以自身水土资源的分析来确定所应采取的措施。实行井渠结合灌溉,在渠水供应紧张的季节,采用井灌,其他季节仍用渠水,将地面水和地下水的运用统一协调起来,实现持续稳定的农田供水,可确保农作物的丰收。

### 11.2.2 充分利用水资源,优化水资源配置

灌区由于长期过量引黄灌溉,地表水渗漏对地下水常年大量补给,引黄灌溉入渗补给约占总补给量的 90%,形成较好的浅层淡水和微咸水资源。银北灌区可利用地下淡水资源为 9.36 亿 m³/年,可开采量为 6.55 亿 m³/年,目前开采量仅为 0.5 亿 m³/年。井渠结合灌溉可以就地灌溉或联合调配地下水,地上水地下水联合调度运用,充分利用水资源,减少地面引水量。

利用地下水,减少地面引水量使得水资源优化配置成为可能。首先,减少引黄水量,有利于黄河水量统一调度,支援下游兄弟省(市);其次,在国家分配给宁夏的引水量中,保证山区扬黄提水,使"山川"均衡发展;最后,利用地下水,腾空部分含水层储水空间,增大含水层的调蓄能力。

## 11.2.3　有效灵活地控制地下水位,防治土壤盐碱化

宁夏青铜峡灌区现有中低产田 220 万亩,其中盐碱化土壤 197.7 万亩,银北地区就有 140 万亩,占 64%。土壤盐碱化的主要原因是排水不畅,表现为径流缓慢、潜水埋藏浅和水平排出量小。垂直蒸发是潜水排泄的主要方式,占总排泄量的 74%,水去盐存,造成土地盐碱化。发展井渠结合灌溉,是灌区改良土壤盐碱化最有效的措施之一。通过井渠结合灌溉达到地面水地下水联合调度,有效灵活调控地下水位,将潜水位埋深控制在调控水位以下,防治土壤盐碱化。

## 11.2.4　适时适量灌溉

在银北灌区,头水前,早春育秧、种菜用水,特别是在小麦头水灌期,用水紧张,在渠系末梢和地势较高地带,灌水尤为困难。为了解决临时缺水时期作物灌水要求,有时不得不采用高矿化度水进行。1978 年,洪广研究区在春灌时,由于用水紧张,用矿化度为 3 g/L 的井水提前 15 d(井水 4 月 24 日,渠水 5 月 9 日)灌溉,春小麦每亩增产 75.5 kg。幸福研究区用矿化度为 7~8 g/L 的咸水灌溉,井水比渠水早灌 11 d,由于适时灌溉,水质虽差,仍增产 25.8%。由此可见,解决灌水紧张期的用水问题,采用井渠结合灌溉方式,可适当降低灌区上游的用水量,使灌区上游能够有一定余量的地面水与灌区梢段机井水联合灌溉,以达到保证灌溉、增产的目的。

## 11.3 灌区井渠结合灌溉井型选择

井渠结合灌溉水源包括地上水和地下水,而地上水又包括地表水(库水或河水)和降水,井渠结合灌溉就是地上水和地下水联合调度运用。银北灌区长期过量引黄灌溉补给地下水,形成较好的浅层淡水和微咸水地下资源,有效合理地开发这部分地下水资源十分重要。由于灌区浅层含水层岩性以细砂、粉细砂为主,透水性较小,必须选取适宜的取水建筑物,即选择适宜的井型,要保证有足够的单井出水量、影响范围大、使用寿命长、管理方便。

银北灌区开发利用浅层地下水的机井主要有管井、多吸管井、小口管井等井型,管材主要有无砂混凝土管、塑料管、钢管和钢筋混凝土管等,其中应用比较广泛的是无砂混凝土管井。2002 ~ 2003 年结合研究项目在银北灌区内进行辐射井的推广应用,取得了成功,与管井比较,辐射井是银北灌区开发利用地下水、发展井渠结合灌溉的适宜井型。

### 11.3.1 出水量

从辐射井的特性可以看出,采用辐射井开发浅层地下水可以得到较大的水量,这是其他井型无法比拟的。表 11-3 中列出了银北灌区内相同地区的管井和辐射井出水量情况,从表中可以看出,辐射井出水量至少是管井的 4 倍以上,如果同等深度比较还会超过更多倍。

### 11.3.2 机井寿命

银北灌区浅层含水层岩性以细砂、粉细砂为主,透水性较小。管井抽水时,在井壁外会出现很大的水跃值,达数米甚至数十米,容易产生淤堵。尤其是采用无砂混凝土井管,在沿黄的许多粉细砂地区打井的实践表明,由于井管进水通道迂回曲折,大小不一,管壁厚,糙率大,在抽水过程中含水层的细颗粒极容易沉淀在滤孔内,使得井管堵塞严重,出水量逐渐减少,寿命较短。

表 11-3　辐射井与管井出水量比较表

| 地区 | 辐射井 | | 管井 | | 辐射井与管井出水量之比 |
|---|---|---|---|---|---|
| | 井深(m) | 出水量(m³/h) | 井深(m) | 出水量(m³/h) | |
| 惠农县西河桥 | 28.5 | 250 | 50 | 50 | 5.0 |
| | | | 30 | 28 | 8.9 |
| 平罗县小店子 | 32 | 230 | 50 | 50 | 4.6 |
| 贺兰县兰光 | 36 | 300 | 50 | 67 | 4.5 |

**注:**管井出水量摘自宁夏水科所2003年3月《引黄灌区抗旱打井工作统计报表》。

辐射井渗透面大,渗径短,水位降落曲线平缓,含水层中的地下水可以直接进入就近水平辐射管,地下水进入水平辐射管产生的水跃值小得多,又由于水平辐射管随着运行时间的延长,滤水管周围逐渐形成半径50~120 cm 厚的天然环行反滤层,使井的出水量随着时间延长,不但不会衰减,还有增加的趋势。

## 11.3.3　控制地下水位

根据研究区的抽水试验(见本书10.3.4),辐射井的影响半径在1 000 m 左右,而管井排水控制范围一般在100~200 m 以下,因此辐射井较管井调控浅层地下水能力强,降低地下水位速度快,调控范围大。

综上所述,辐射井和管井比较,单井出水量大,使用寿命长,调控浅层地下水能力强,降低地下水位速度快,调控范围大,可大幅度减少井的数量,更有利于田间工程的规划和机电管理。尽管辐射井在银北灌区刚刚推广应用,却显示出巨大的优势,是开发地下水、调控地下水位、井渠结合、井灌井排,实现"三水"联合调度运用、旱涝碱综合治理最有效且理想的井型。辐射井技术在银北灌区内的推广应用成功,也使井渠结合灌溉中采取该井型成为可能。

# 11.4 研究区参数确定

## 11.4.1 地下水调控标准

为使研究区有效抑制潜水蒸发及盐分向表层积聚,作物生长灌溉期地下水埋深调控在 1.5 m;在冬灌后及早春返盐期,地下水位控制在 2.2 m 以下,以有效抑制土壤返盐。

## 11.4.2 研究区作物灌溉制度

研究区主要种植作物是春小麦、麦套玉米、油饲料、瓜菜、温棚等,按照调整种植结构后的种植比例,即粮经种植比例为 30:70 考虑,见表 11-2。

研究区干旱少雨,灌溉设计保证率取 75%。灌溉制度采用典型年确定,典型年为 1971 年。作物需水量采用 Penman 法确定。作物灌溉定额根据作物需水量与当地实际灌溉情况以及生育期内降水量,按水量平衡原理确定。其中,土壤计划湿润层深度取 0.6~0.8 m,土壤适宜含水率取田间持水率的 80%。

研究区隶属于惠农渠系,根据全国第一批 300 个节水重点县惠农项目区的节水效果监测数据,结合研究区作物需水规律的分析和宁夏水科所灌溉试验资料,同时根据研究区的具体情况和实地调查,确定采用井渠结合灌溉后研究区综合灌溉净定额为 362 $m^3$/亩,设计灌水率为 0.422 $m^3$/(s·万亩)。详细的各作物灌溉定额和灌溉制度见表 11-4 和表 11-5。

表 11-4　研究区作物灌溉定额

| 作物 | 小麦 | 麦套玉米 | 蔬菜 | 油料 | 温室 |
|---|---|---|---|---|---|
| 灌溉定额($m^3$/亩) | 310 | 410 | 390 | 260 | 350 |
| 灌水次数 | 5 | 6 | 8 | 4 | 6 |
| 作物所占比例 | 10% | 20% | 41% | 14% | 15% |
| 综合净灌溉定额 | 362 $m^3$/亩 | | | | |

表 11-5　研究区灌溉制度及灌水率计算表

| 灌水日期(月.日) | 灌水天数(d) | 灌水定额($m^3$/亩) | | | | | 灌水率($m^3$/(s·万亩)) |
|---|---|---|---|---|---|---|---|
| | | 小麦 10% | 麦套玉米 20% | 蔬菜 41% | 油料 14% | 温室 15% | |
| 4.25～5.6 | 11 | 65 | 65 | | | | 0.224 |
| 5.7～5.20 | 13 | | | 60 | 65 | 65 | 0.422 |
| 5.21～6.1 | 11 | 60 | 60 | | | | 0.207 |
| 6.2～6.15 | 13 | 60 | 60 | | | 50 | 0.248 |
| 6.16～6.29 | 13 | 50 | 50 | 50 | | | 0.345 |
| 6.30～7.10 | 10 | | | 40 | 55 | 55 | 0.409 |
| 7.11～7.19 | 9 | | | 40 | 60 | | 0.348 |
| 7.20～8.2 | 13 | | 50 | 40 | | 50 | 0.329 |
| 8.3～8.12 | 9 | | 50 | | | 50 | 0.245 |
| 8.13～8.18 | 5 | | | 40 | | | 0.414 |
| 8.19～8.24 | 5 | | | 40 | | | 0.414 |
| 生育期小计 | 111 | 235 | 335 | 310 | 180 | 270 | |
| 冬灌(10.23～11.17) | 25 | 75 | 75 | 80 | 80 | 80 | 0.397 |
| 合计 | 136 | 310 | 410 | 390 | 260 | 350 | |
| 规划设计灌水率 | 0.422 $m^3$/(s·万亩) | | | | | | |

注：每天灌溉时间按 22 h 计算。

## 11.4.3 水文地质参数和相关参数的确定

研究区内的水文地质参数和其他参数参照有关文献[8-10]确定。

### 11.4.3.1 渗透系数 $k$

利用宁夏各研究报告中的成果,经综合分析,确定渗透系数的取值范围为 $k = 3 \sim 8$ m/d,此次研究取 $k = 5$ m/d。

### 11.4.3.2 给水度 $\mu$

给水度 $\mu$ 与地下水位埋深 $\Delta$ 的关系为:

$$\mu(\Delta) = 0.037\,7\Delta^{1.009} \qquad 0 \leqslant \Delta \leqslant 1.18$$

当 $\Delta = 0$ 时,$\mu = 0$;当 $\Delta \geqslant 1.18$ 时,$\mu = 0.045$。

### 11.4.3.3 降雨入渗系数 $\alpha$、田间入渗补给系数 $\beta$、渠道渗漏入渗补给系数 $m$、潜水蒸发系数 $c$

降雨入渗系数 $\alpha$、田间入渗补给系数 $\beta$、渠道渗漏入渗补给系数 $m$、潜水蒸发系数 $c$ 与地下水埋深 $\Delta$ 的关系见表 11-6。

表 11-6  相关系数与地下水埋深关系表

| 地下水埋深(m) | 0 | 0.5 | 1.0 | 1.5 | 2.0 | 3.0 | 4.0 | 5.0 | 6.0 | 7.0 | 8.0 |
|---|---|---|---|---|---|---|---|---|---|---|---|
| 降雨入渗系数 $\alpha$ | 0 | 0.011 | 0.025 | 0.041 | 0.060 | 0.103 | 0.163 | 0.222 | 0.282 | 0.183 | 0.154 |
| 田间入渗补给系数 $\beta$ | | 0.095 | 0.180 | 0.240 | 0.295 | 0.330 | 0.270 | 0.240 | 0.160 | 0.118 | 0.090 |
| 渠道渗漏入渗补给系数 $m$ | 0 | 0.128 | 0.145 | 0.152 | 0.157 | 0.158 | 0.152 | 0.146 | 0.139 | 0.131 | 0.122 |
| 潜水蒸发系数 $c$ | 1.0 | 0.66 | 0.31 | 0.13 | 0.05 | 0.02 | 0 | | | | |

## 11.4.4 计算时段

模型分5个计算时段,第一时段为春灌期,4月20日~5月10

日;第二时段为夏灌期,5 月 11 日~6 月 30 日;第三时段为秋灌期,7
月 1 日~9 月 30 日;第四时段为晚秋储水灌溉期,即秋浇期,10 月 1 日
~11 月 20 日;第五时段为非灌溉期,11 月 21 日~翌年 4 月 19 日。

## 11.4.5　水价

(1)地表水的价格为 0.012 元/m$^3$。

(2)根据宁夏回族自治区物价局、水利厅文件《关于印发抗旱
机井农业用水价格暂行管理办法的通知》(宁价商发[2003]57 号)
精神,结合惠农的实际,计算得机井用水的价格为 0.10 元/m$^3$。

# 11.5　井渠结合灌溉优化模型

## 11.5.1　物理模型

根据研究区水资源供需水量平衡原理和研究区工程布局,将
研究区的水量平衡进行综合概化,地上水地下水联合运用框图如
图 11-2。

研究区水资源包括地上水资源和地下水资源。研究区干旱少
雨,可用地上水资源大部分为渠道引黄水量,地上水资源的消耗主
要为农田灌溉、渠道入渗、蒸发损失等。地下水资源(浅层地下
水)主要来自地表水体渗漏、降雨入渗补给、井灌回归。地下水资
源的消耗有人工开采(农田灌溉、地下水排水)、水平流出及潜水
蒸发等。

## 11.5.2　数学模型

根据研究区水文地质条件和现有灌溉制度等特点,建立非线
性规划数学模型,同时考虑:①以年为调节计算周期,模型分春灌
(4 月 20 日~5 月 10 日)、夏灌(5 月 11 日~6 月 30 日)、秋灌(7

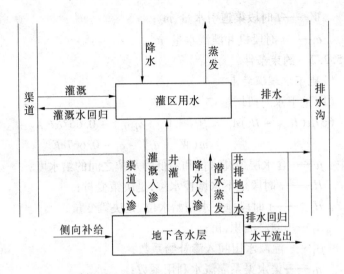

**图 11-2　研究区地上水与地下水联合运用示意图**

月 1 日~9 月 30 日)、晚秋储水灌溉(秋浇,10 月 1 日~11 月 20 日)和非灌溉(11 月 21 日~翌年 4 月 19 日)等五个时段,并假定第二年春灌时的初始水位等于第一年秋浇后的控制水位;②各级渠道、排水沟、含水层分别概化成独立的整体系统;③工程布置按现有地面自流系统进行;④机井抽水入五号斗渠后进入田间,五号斗渠进行衬砌;⑤研究区以灌代排。

### 11. 5. 2. 1　目标函数

以费用最小为目标函数:

$$\min C = k_1 \sum_{t=1}^{n} W_t + k_2 \sum_{t=1}^{n} q_t$$

式中　$C$——年费用,元;

　　$n$——计算时段;

　　$k_1$——渠水灌溉单位水量费用,元/$m^3$;

　　$k_2$——井水灌溉单位水量费用,元/$m^3$;

$W_t$——$t$ 时段渠道引水量，$m^3$；

$q_t$——$t$ 时段机井灌溉水量，$m^3$。

**11.5.2.2　约束条件**

1）地下水埋深约束

（1）地下水时段增量：

$$667\mu(H_{t-1} - H_t)A_L = \beta_1(\eta_1 W_t + \eta_2 q_t) + 0.667\alpha P_t A_L + m(W_t + q_t) - q_t - 0.667cE_t$$

式中　$\mu$——含水层最高水位和最低静水位之间的给水度；

　　　$H_t$——$t$ 时段地下水调控水位，是决策变量；

　　　$H_{t-1}$——$t$ 时段地下水初始水位，是决策变量；

　　　$A_L$——灌溉面积，亩；

　　　$\beta_1$——灌溉水田间入渗补给系数；

　　　$\eta_1$——渠水渠系灌溉水利用系数；

　　　$W_t$——$t$ 时段渠道引水量，$m^3$；

　　　$\eta_2$——井水渠系灌溉水利用系数；

　　　$q_t$——$t$ 时段机井灌溉水量，$m^3$；

　　　$\alpha$——降雨入渗补给系数；

　　　$P_t$——$t$ 时段降水量，mm；

　　　$m$——渠道渗漏入渗补给系数；

　　　$c$——潜水蒸发系数；

　　　$E_t$——$t$ 时段水面蒸发量，mm。

（2）各时段地下水位埋深 $H_t$ 不得高于最浅地下水位埋深（调控水位埋深）$H_{min}$。同时，为防止地下水位连续下降形成漏斗，维持地下含水层水量平衡，地下水位不得低于最深水位埋深 $H_{max}$：

$$H_{min} \leq H_t \leq H_{max}$$

2）水量约束

（1）各时段灌溉面积上的天然降雨、渠道引水量和机井抽水量要满足作物需水量的要求

$$\sum_{j=1}^{m} 667A_j E_{t(j)} - \eta(\eta_1 W_t + \eta_2 q_t) = 0$$

式中　$E_{t(j)}$——$t$ 时段 $j$ 种作物灌水定额，$m^3$／亩；

　　　$\eta$——田间灌溉水利用系数；

　　　其他符号意义同前。

（2）各时段渠道引水量不大于该时段渠道最大引水量：

$$W_t \leqslant W_{t\max}$$

其中，根据黄河水利委员会（以下简称黄委会）下达的黄河水量分配方案，银北灌区在 5～6 月份地面供水紧张，计算中取该灌溉期 $W_{2\max} = 0$。

3）非负约束

模型中所有参数、变量均为非负值。

## 11.5.3　计算成果分析

### 11.5.3.1　模型求解方法

在求解计算中各参数选取近 30 年的平均资料，即平水年型，用 Excel 规划求解模块进行计算。

### 11.5.3.2　计算成果分析

利用上述水量平衡模型，考虑各时段农业用水量和有关入渗补给参数，求得在不同地下水位调控深度下，各时段地面水、地下水引采量，计算结果见表 11-7。

表 11-7　研究区地面水与地下水联合运用计算结果

| 项目 | 合计 | 春灌 | 夏灌 | 秋灌 | 秋浇 |
|---|---|---|---|---|---|
| 渠道引水量（万 $m^3$） | 122.91 | 11.52 | 0 | 83.49 | 27.90 |
| 开采地下水量（万 $m^3$） | 53.02 | 0 | 41.94 | 0 | 11.08 |
| 用水总量（万 $m^3$） | 175.93 | 11.52 | 41.94 | 83.49 | 38.98 |
| 灌区地下水埋深（m） | | 2.0 | 5.3 | 2.1 | 2.2 |

（1）由表 11-7 可以看出，研究区全年用水总量 175.93 万 $m^3$，

其中,地表用水总量122.91万 $m^3$ ,占总用水量的69.9%,机井地下水开采总量53.02万 $m^3$ ,占总用水量的30.1%。

在春灌、夏灌、秋灌等作物生长期共需灌溉水量136.95万 $m^3$ ,其中,地表灌溉用水量95.01万 $m^3$ ,占总灌溉水量的69.4%,地下水开采量41.94万 $m^3$ ,占总用水量的30.6%。

秋浇期用水总量38.98万 $m^3$ ,其中,地表用水量27.90万 $m^3$ ,占总秋浇用水量的71.6%,地下水开采量11.08万 $m^3$ ,占总用水量的28.4%。

(2)春灌前(秋浇后)地下水埋深为2.2 m,符合地下水临界调控深度,农田不会返盐。作物生育期地下水埋深均大于1.5 m,满足作物生长对地下水埋深的要求。

(3)灌溉费用。模型求解研究区内灌溉费用为6.78万元,其中,引用黄河水费用1.47万元,抽取地下水灌溉费用5.31万元。

## 11.5.4　结　论

### 11.5.4.1　地面水和地下水的比例

研究区内灌溉以地面引黄灌溉为主,抽取地下水为辅,两者比例为7:3。

研究区实行井渠结合灌溉,引用渠水为122.91万 $m^3$ 。原来由渠道单一供水需要水量为:

$$Q = 362 \times 3\,030 \div 0.57 \div 0.9 = 213.81 \times 10^4 (m^3)$$

井渠结合灌溉可节约引黄水量40%。

### 11.5.4.2　灌水优化组合方式

每年在春灌期,即4月下旬~5月上旬,引用黄河水灌溉,满足小麦苗期生长所需,并有淋洗压盐的作用。夏灌期,即5月中旬~6月下旬,按照黄委会下达的分配方案,正好处于银北灌区地面水紧张时期,采用抽取地下水进行灌溉,解决了地面水紧缺问题,同时以灌代排降低地下水位,腾空了地下库容。秋灌期,即7月~9

月,引用相对丰富的黄河水灌溉,回归地下含水层。秋浇期,即 10
月上旬~11 月中旬,以地面水为主,实行渠井混灌,两者比例
2.5∶1,以灌代排抽取地下水,既补充了地面水的不足,又控制了地
下水位上升,起到了防止翌年春季土壤返盐、潮塌的作用。

由于在夏灌期地面水严重不足,使该模型在夏灌后地下水位降
深较大,这可能使作物灌溉定额会因地下水位埋深变化而发生变
化,因此井渠结合灌溉条件下作物的灌溉制度还有待于进一步研究。

### 11.5.4.3　地下水位调控

夏灌期抽取地下水灌溉洗盐,地下水位下降,淋洗、腾空库容
明显。秋灌期,采取地面水单灌后,土壤盐分进一步减少,回归水
存储于地下,地下水位上升。夏灌、秋灌期间,地下水位埋深均大于
1.5 m。秋浇期,采用渠井混灌,使封冻前地下水位埋深大于 2.2 m,
充分利用了水资源,也满足了盐碱地改良和作物高产的要求。

## 11.6　辐射井井渠结合灌排模式研究

### 11.6.1　银北灌区井渠结合灌排模式

井渠结合灌溉的目的一方面充分利用渠道渗漏和田间灌溉的
入渗水量进行灌溉,解决灌溉季节的缺水问题,另一方面又可以有
效地控制地下水位,防止土壤的次生盐渍化。银北灌区干旱少雨,
蒸发强烈,降雨量为 183.3~203.8 mm,因此降雨对地下水的补给
有限,主要靠河渠和灌溉水补给。针对银北灌区的特点,井渠结合
的灌排模式可以采用井渠结合、以灌代排、地上水地下水联合运用
的模式,既可以有效地控制地下水位,又可以防止土壤积盐。

在应用中要注意地下水采补平衡,要严格控制地下水位。在井
渠结合下由于灌溉补给的地下水可以重复利用进行灌溉,引黄水量
可以减少,但由于灌溉的淋盐使地下水矿化度增大,利用含盐量较

大的地下水灌溉,加之灌溉的黄河水也带来一定的盐分,可能造成土壤积盐,因此,仍需要抽取一定的地下水通过排水沟排出区外。

## 11.6.2　地表水地下水联合运用的形式

由于银北灌区地下水的补给主要是灌溉补给,占到总补给的90%以上。采用辐射井开发地下水,出水量大,占地少,我们可以在秋天收割完成后进行施工,施工完成后几乎不占地。由于以上特点,地表水地下水联合运用的形式采用井渠并用,或同时采用地表水地下水两种水源,或在时间上交替使用的灌溉方式,主要原则是:渠井结合,以渠养井,丰储枯用,采补平衡。在河水紧张季节采用井水灌溉或井水和渠水并用,河水丰富时期采用渠灌,易于积盐季节到来之前采用地下水灌溉,地表水地下水的灌溉水量和时间必须满足地下水采补平衡和控制地下水位的要求。

针对银北灌区,对地表水和地下水联合调度的核心是在稳定地下水位的前提下,确定引进一定地表水所能开采的地下水量,或在开采一定地下水量的条件下应引进的地表水量。可具体采用如下运行形式。

春灌期:即4月下旬~5月上旬,主要是小麦苗期生长灌溉,并有淋洗压盐的作用,引用黄河水灌溉。对局部供水不足或不及时的区域,可抽取水质较好的地下水灌溉。

夏灌期:即5月中旬~6月下旬,正好处于银北灌区地面水紧张时期,采用抽取地下水进行灌溉,解决了地表水紧缺问题,同时以灌代排降低地下水位,腾空了地下库容。对于有条件的区域,可采用井渠合灌的方式,利用有限的地面水与地下水一起灌溉。

秋灌期:即7月~9月,引用相对丰富的黄河水灌溉,回归地下含水层。

秋浇期:即10月上旬~11月中旬,该灌溉期的主要目的是为了土壤盐分淋洗和土壤储水。可以地表水为主,实行渠井混灌,两者比例2∶1~3∶1,以灌代排抽取地下水,既补充了地表水的不足,又控制了地下水位上升,起到防止翌年春季土壤返盐、潮塌的作用。

另外,针对银北灌区的部分区域,可以采用集中在水文地质条件较好的局部范围内开采地下水,如黄河滩地,这方面的问题还有待继续研究。

## 11.6.3 井渠结合灌溉中辐射井的田间工程布置

井渠结合灌溉的田间布置要考虑两个问题:一是确定机井的合理密度,二是研究田间工程的布局形式。

根据前述内容,在银北灌区辐射井的单井控制灌溉面积为600亩(见本书10.3.4),虽然是采用井渠结合灌溉,但考虑到灌区在河水紧张季节采用单一井水灌溉,故辐射井单井控制面积仍考虑为600亩。

井渠结合灌溉的田间布置一般有井灌系统和渠灌系统分设或井渠系统合一两种形式。针对银北灌区的实际和辐射井控制面积大的特点,银北灌区辐射井井渠结合灌溉的形式建议采用井渠工程系统合二为一较好。由于辐射井控制面积大,在银北灌区宜将辐射井布置在斗渠(或支渠)侧旁的适当位置,达到渠井汇流,具体布置形式如图11-3所示,宜按照规划单井控制面积法确定井数和井距。

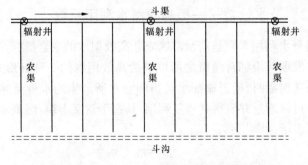

图11-3 辐射井井渠结合灌溉田间布置示意图

# 11.7　效益分析

## 11.7.1　提高灌溉保证率

　　研究区处于惠农渠末梢段,灌溉期来水量严重不足,供水不及时,作物需水期往往是有渠无水或水小进不了农田,不能及时灌溉。种植的春小麦头水不能适时灌溉,二水推后,秋灌不能保证,全年灌溉保证率仅为40%。多年来虽然通过农业综合开发、灌区配套工程改造项目,为改善当地生产条件投入了大量人力、物力,使得农业基础条件大为改善,但由于支渠输水一直不足,其效益尚得不到有效的发挥。

　　示范区建成后,采用辐射井进行井渠结合灌溉,达到地表水地下水联合调度运用,灌溉保证率提高到85%以上,作物能适时灌溉,保证了作物的高产稳产。另外,过去示范区为石嘴山郊区的蔬菜种植村,由于无法保证灌溉,改为以种植粮食作物为主的产业结构。示范区建成后,灌溉有了保障,可以做到适时适量灌溉,大力发展蔬菜种植比例,加大了陆地蔬菜和温室大棚的面积,使种植比例更加合理,增加了农民的收入。

## 11.7.2　节水效益——提高灌溉水利用系数

　　灌溉水利用系数是衡量灌区农业高效用水的主要指标。利用辐射井发展井渠结合灌溉之所以成为高效用水的一种好形式,就是因为在渠灌时,渠道输配水及田间灌水所产生的水量渗漏其中一部分可以通过井灌得到重复利用,从这个意义上讲,灌溉水利用系数可表示为[11,12]:

$$\eta_g = \eta_q \times \eta_t + \eta_c$$

式中　$\eta_g$——灌溉水利用系数;

$\eta_q$——渠系水利用系数;

$\eta_t$——田间水利用系数;

$\eta_c$——灌溉水重复利用系数。

在银北灌区,渠系水利用系数 $\eta_q = 0.45$,田间水利用系数 $\eta_t = 0.85$,则渠灌的灌溉水利用系数:

$$\eta = \eta_q \times \eta_t = 0.38$$

采用井渠结合灌溉,灌溉水损失的水量中90%补给地下水,用用水量的18%[13]排盐,则可开采的地下水量占总用水量的百分比为:

$$P_t = (1 - \eta) \times 0.9 - 0.18 = 0.376$$

如果井灌提取地下水量为可开采地下水量的一半,井灌水利用系数 $\eta_w = 0.9$:

$$\eta_c = 0.5 \times P_t \times \eta_w = 0.17$$

灌溉水利用系数为:

$$\eta_g = 0.38 + 0.17 = 0.55$$

即由于采用辐射井井渠结合灌溉,灌溉水的利用系数 $\eta_g = 0.55$,提高了0.17。

## 11.7.3 节能效益

辐射井与普通管井相比,同样的出水量,由于辐射井扬程低,开采同样水量的能耗可降低许多。

以研究区为例,管井出水量为 50 $m^3/h$,选用水泵为200QJ50 - 26/2 型潜水泵,水泵功率为 5.5 kW,单方水耗电量为 0.11 kWh。

根据抽水试验的 $Q \sim S$ 曲线(见本书10.3.3),辐射井在出水量 50 $m^3/h$ 时,降深仅为 3.0 m,选择200QJ50 - 13/1 型潜水泵即可,则辐射井单方水耗电量为 0.08 kWh。需要说明的是,由于水泵型号的限制,水泵的选择有很大的富余。辐射井与管井相比,同样出水量的能耗节省:

$$n_1 = \frac{0.11 - 0.08}{0.11} \times 100\% = 27\%$$

即在相同出水量的情况下,采用辐射井要比管井可节能近30%。

根据研究区内机井2003年的运行情况(见表11-8),管井的年平均单方水耗电量为0.184 kWh,辐射井的年平均单方水耗电量为0.113 kWh(以耗电量大的6#辐射井计),则节约能耗:

$$n_2 = \frac{0.184 - 0.113}{0.184} \times 100\% = 38.6\%$$

即根据实际应用,采用辐射井比管井可节能近40%。

表 11-8　研究区 2003 年机井总抽水量和耗电量情况表

| 井号 | 井型 | 总抽水量(m³) | 总耗电量(kWh) | 单方水耗电量(kWh/m³) |
|------|------|-------------|--------------|---------------------|
| 1 | 管井 | 54 853 | 10 093 | 0.184 |
| 2 | 辐射井 | 123 216 | 9 118 | 0.074 |
| 3 | 管井 | 39 130 | 7 200 | 0.184 |
| 4 | 管井 | 50 620 | 9 314 | 0.184 |
| 5 | 管井 | 27 495 | 5 059 | 0.184 |
| 6 | 辐射井 | 106 411 | 11 990 | 0.113 |
| 7 | 管井 | 53 630 | 9 868 | 0.184 |
| 8 | 管井 | 40 429 | 7 439 | 0.184 |
| 合计 | | 495 784 | 70 081 | |

## 11.7.4　生态效益——调控地下水位,防止土壤次生盐碱化

辐射井具有单井控制面积大、出水量大的特点,运用辐射井调控地下水位十分灵活,能自如地控制浅层地下水的降落。采用辐射井抽水时,辐射井周围的地下水位下降很快,在较短的时间内能够较大幅度地下降,从而加速土壤的脱盐。

采用辐射井进行井渠结合灌溉,达到地表水地下水联合调度运用,地下水位保持在 2.0 ~ 5.0 m,控制了土壤返盐,改良了盐碱地。研究区内 0 ~ 20 cm 土层内的土壤含盐量在建立研究区前为 0.22%,采用辐射井井渠结合灌溉后含盐量降至 0.15%,从而使农田水土环境得到了改善。

### 11.7.5 社会效益

辐射井出水量大,受到群众的欢迎,作物能适时灌溉,灌区的旱涝保收程度大大提高,在保障粮食产量的前提下,改进作物种植结构,充分利用了水土资源,为提高当地人民的生活水平创造了有利条件。由于井水含砂量小,可结合喷灌、微灌等先进节水灌溉技术,扩大果树、瓜菜等经济价值较高作物的种植面积,提高农民的收入。农民生活水平的提高,将使中央政府号召的"退耕还林、退耕还草"政策得到积极的贯彻执行,为减少风沙、改善气候条件和水土环境起到积极促进作用。

## 11.8 有关政策问题

### 11.8.1 水价政策问题

目前,灌区农田灌溉水的水价不到水实际成本的 1/3,银北灌区的现行水价虽然由原来的 0.006 元/m³ 提高到 0.012 元/m³,但仍不到供水成本的 50%。而井灌提取地下水由于需要动力,即便所提取的水本身不收水资源费,其费用仍然高于渠灌水,即使机井已经由国家投资建成配套,也会搁置不用。因此,应适当调整目前的低水价政策,或者制定优惠的地下水价格和农电抽水价格,采取地表水、地下水统一水价,促进灌区的井渠结合、以灌代排措施的实施,充分利用地下水,实现地表水、地下水联合调控及高效利用。

## 11.8.2　投资政策问题

根据国家现行投资政策,灌区骨干工程的改造可以得到国家的投资,而打井、开发地下水则属于田间工程,由群众自筹。由于机井建设包括打井、机井配套、高压线路的架设以及田间配套等需要较大的投资,群众难以负担。除了建设外,在使用过程中,还要使用能源,运行费用高于渠水。因此,国家应对机井及相应的配套建设在投资上也给予支持。在投资建设上,应科学规划,合理布置,有计划、有步骤地安排资金,不能在水荒时匆匆安排资金,盲目建设,一旦水荒解除又撤回投资,疏于管理,反而造成投资浪费。

## 11.8.3　建立和完善灌区管理制度

银北灌区曾在政府的支持下先后打灌排机井5 000余眼,但由于管理机制问题,目前许多机井被弃之不用,可以使用的仅2 000眼左右。因此,在灌区调整水价的同时,应建立和完善现代灌区管理制度,在灌区水管理方面采取地表水和地下水统一管理,由灌区管理机构统一管理灌区内的水资源,并可赋予对灌区内井渠布局、地表水和地下水联合运用、渠灌水和井灌水的水价核定和征收等管理权限,以促进灌区节约用水和地表水地下水联合高效运用。

**参 考 文 献**

[1] 刘肇祎,郭元裕. 灌排工程系统分析[M]. 北京:水利电力出版社,1988.
[2] 水利部农村水利司. SL256—2000 机井技术规范[S]. 北京:中国水利水电出版社,2000.
[3] 全达人. 地下水利用[M]. 北京:中国水利水电出版社,1990.

[4] 郭元裕. 农田水利学[M]. 北京:水利电力出版社,1985.

[5] 沈荣开,张瑜芳,杨金忠. 内蒙古河套灌区节水改造中推行井渠结合的几个问题[J]. 中国农村水利水电,2001(2):16-19.

[6] 水利部农村水利司. 机井技术手册[M]. 北京:中国水利水电出版社,1995.

[7] 张治晖,赵华,等. 辐射井在银北灌区开发浅层地下水中的应用研究[J]. 中国农村水利水电,2004,3:49-51.

[8] 宁夏农业综合开发办,宁夏水科所,河海大学地质及岩土工程系. 宁夏青铜峡河西灌区灌排模式及水资源调配研究[R]. 1993.12.

[9] 宁夏世界银行贷款项目办公室,宁夏水利科学研究所. 银北灌区井渠结合最佳组合方式及水资源最优调度研究报告[R]. 1990.7.

[10] 宁夏世界银行贷款项目办公室,宁夏水利科学研究所. 银北灌区农用机井的布局、运行及技术经济指标调查与研究报告[R]. 1990.7.

[11] 卢国荣,李英能. 井渠结合灌区农业高效用水的几个问题[J]. 节水灌溉,2001,4:15-17.

[12] 张蔚榛. 张蔚榛论文集[M]. 北京:中国水利水电出版社,1990:696-724.

[13] 高正夏,李景波,等. 宁夏青铜峡河西灌区地下水调控标准研究[J]. 水资源保护,2002(4):15-17.

[14] 方树星. 青铜峡灌区土壤盐化与水盐均衡问题[R]. 2001,4.

[15] 全达人. 宁夏引黄灌区井灌的特点[J]. 宁夏水利,2003(1):21-25.

[16] 谢新民,裴源生,等. 二十一世纪初期宁夏所面临的挑战与政策[J]. 水利规划设计,2002(2):19-25.

[17] 吴景社,贾大林. 宁陕大型灌区地面灌溉存在问题与对策[J]. 灌溉排水,2002,21(3):8-11.

[18] Mc Donald M G, A Harbaugh. A modular three dimensional finite difference ground water flow model[J]. U. S. Geological Survey,1984.

[19] 沈振荣,汪林,等. 节水新概念——真实节水的研究与应用[M]. 北京:中国水利水电出版社,2000.

[20] 唐五湘,程桂枝. Excel 在管理决策中的应用[M]. 北京:电子工业出版社,2001.

# 第 12 章　黄河下游滩地地下水开发利用研究

　　黄河下游工农业和生活用水主要来源于黄河客水,进入 20 世纪 90 年代以来,黄河连年出现断流现象,断流天数逐年增加,1997年黄河在山东东营市断流天数长达 223 d。黄河断流给下游沿黄地区人民的生产和生活带来严重的影响,已成为制约黄河流域尤其是黄河下游国民经济发展的重大课题,引起全国上下普遍关注。

　　黄河中下游是一片辽阔的平原,沉积着厚厚的第四纪地层,这段黄河由于河水渗透补给地下水,滩地和河床下埋藏着大量的浅层地下水,合理地开发这部分水资源有着重要的社会和经济意义。尤其对黄河下游地区,其意义更重大。我们就此开展试验研究,研究区选择在山东省滨州市西南部杜店镇小街村—赵四勿村一带的黄河北岸滩地上。

## 12.1　研究区基本情况[1]

### 12.1.1　位置及交通情况

　　研究区位于山东省滨州市西南部杜店镇小街村—赵四勿村一带的黄河北岸滩地上,行政区划属于滨州市杜店镇。研究区北至黄河大堤,南至黄河主河道(河床),西南至小街村西南,东北至纸坊村。

　　研究区内交通方便,以公路交通为主。黄河大堤以外交通更为方便,公路四通八达,已形成完整沥青公路网,向西两小时可达山东省省会济南市,向西北六至八小时可达天津市和北京市。研究区距滨州市仅 10 km 左右。

研究区位置及交通见图 12-1。

**图 12-1 研究区位置及交通图**

## 12.1.2 气象与水文

研究区属于干旱温带多风大陆性气候区,四季分明,冬季寒冷干燥,夏季潮湿多雨。年平均气温为 14.7 ℃,1 月份最冷,月平均气温为 –3.5 ~ –4.8 ℃;7 月份气温最高,月平均温度为 26 ~ 27 ℃。年平均降水量为 570 mm,而且集中于 7 ~ 9 月份,约占全年降水量的 2/3 以上。年际降水量变化大,1983～1997 年间,降水量最小为 315.9 mm(1989 年),最大为 827.6 mm(1990 年)。区内年平均蒸发量为 1 741.65 mm,一般 4～7 月蒸发量最为强烈。蒸发量年际之间变化也很大,最大为 2 260.7 mm(1997 年),最小为 1 519.2 mm(1993 年)。

研究区内年均降水量、蒸发量见图 12-2。

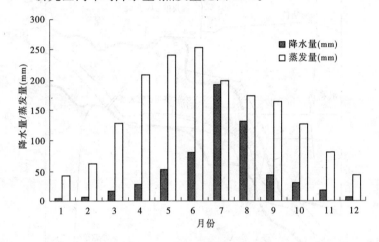

图 12-2　年均降水量与蒸发量图

研究区内唯一的河流是我国的第二大河——黄河,是著名的"地上悬河",也是河床和滩地淡水资源的主要补给来源。根据利津水文站的观测资料,黄河在该地区多年径流量为 307 亿 $m^3$/年,但年际变化量很大,1964 年为 973.1 亿 $m^3$,而 1997 年仅为 16.56 亿 $m^3$,创造了有资料以来的最低记录。在 20 世纪 70 年代,黄河出现断流现象,进入 90 年代以来,断流时间明显加长。据利津水文站资料,1972 年黄河断流 18 d;在 1972～1990 年的 19 年间有 13 年出现断流,年断流天数为 4～32 d;1997 年断流 223 d,创下了历史最高记录。在利津水文站以下黄河入海口处,1997 年断流

300 d。黄河断流给当地工农业生产和人民生活造成很大困难,也造成了巨大损失。

黄河断流除自然因素外,主要是上游各地大量引水造成的。为保证黄河流域的生态平衡,国务院要求黄河今后再不出现断流现象。1999 年开始,黄委会统一调度黄河水资源。实行这个举措后,再没有出现断流现象。

黄河泥沙含量很高,多年平均含沙量为 25.3 kg/m³,因此使大堤内河床及滩地逐年升高,其地面标高比堤外高 6 m 左右,成为一条著名的"悬河"。

## 12.1.3　地形地貌

研究区属于鲁西北平原,由黄河冲积而成。黄河大堤内外地形有所不同。大堤以外为广大的平原区,由西南向东北倾斜,坡度为万分之一左右,海拔 10.5 m 左右。

黄河大堤沿着河流方向由西南向东北倾斜,堤顶标高为22.35 ~ 22.90 m。

大堤内地形沿河流方向倾斜,坡度为万分之一左右;沿垂直河流方向,越靠近河床沉积越多,滩地地面越高,远离河床,靠近大堤处,接收沉积物少,形成了低洼处,雨季积水,干旱季节干涸。由河床到大堤方向坡降为千分之一左右。靠近河床的滩地地面标高为16.5 m 左右,近大堤处地面标高为 14.0 m 左右。大堤内村庄所在地为人工堆积而成,地面标高为 19.0 ~ 21.0 m。滩地平均标高比大堤外地面高 6.0 m 左右。

研究区地貌类型简单,为第四纪全新统沉积物所覆盖,形成了平原及河流地貌。河流地貌又分为河床和滩地地貌。河床由主河道及两侧的砂堤组成,一般宽度 400 m,洪水时加大,最宽时可到达黄河大堤处。滩地在河床之外,地形较高,地势平坦,向大堤方向倾斜。滩地面积广阔,占研究区面积的 90% 左右,村庄和农田都坐落在滩地上。

# 12.2　区域地质及水文地质条件

## 12.2.1　地质概况

### 12.2.1.1　地质构造

在地质构造上,研究区属于鲁西北沉降平原区、惠民断拗强烈沉降平原亚区。自第三系新构造运动以来,在包括鲁西和鲁北的华北平原区发生了范围广泛的沉降运动,研究区沉积物的总厚度达 1 300 m,以陆相地层为主,夹有海相地层。沉积物颗粒自下而上由粗变细,这说明区内新构造运动以沉降运动为主,上升及水平运动为辅。

### 12.2.1.2　地层

第四系地层广泛覆盖于研究区之上,此次试验钻探仅揭露第四系上部的上更新统($Q_3$)和全新统($Q_4$)地层,深度小于 50 m。

1)上更新统($Q_3$)

研究区内上更新统($Q_3$)地层发育很好,以黄河冲积物为主,夹有两次海侵地层,总厚度 50～60 m。地层岩性以灰黄色、土黄色粉细砂为主,粉土及粉质黏土次之。上下部均有砂层分布,上部砂层以细砂为主,是研究区内的淡水含水层,为此次工作的主要研究对象;下部砂层为细砂和粉细砂互层,为微咸水咸水含水层。砂层未胶结,呈松散状态,具水平层理,分选性好,含生物碎片,主要矿物成分为石英、长石。上部砂层厚度一般大于 30 m。粉土层呈灰黄色,疏松状态,具微层理,局部见钙质结核,总厚度 5～15 m。粉质黏土为黄褐色,结构致密,可塑性强,含灰白色贝壳碎片。

2)全新统($Q_4$)

研究区内全新统($Q_4$)地层发育也很好,为黄河冲积而成,厚度为 20~25 m。岩性具有分带特征,在平面上河床及其两侧滩地以粉细砂为主,远离河床处逐渐过度为以粉土为主,在大堤附近有的地方为粉质黏土。在垂直方向上,地层岩性特征如下:

(1)上部以土黄色、灰黑色粉土为主,夹棕红色粉质黏土。粉土结构松散,呈粉粒状,含有粉砂。主要矿物成分为石英、长石和云母。粉质黏土致密,可塑,黏性较强,含少量云母。

(2)中部以浅灰色淤泥质粉砂为主,夹黄褐色粉质黏土及黏土。淤泥质粉砂含有机物;粉质黏土含贝壳碎片。

(3)下部主要为浅灰色、灰黄色粉砂,呈松散状态,具水平层理,含少量泥质,微具腥味。矿物成分以石英、长石为主,其次为云母。

## 12.2.2　水文地质条件

### 12.2.2.1　含水层的空间位置

黄河河床及其滩地浅层淡水体,在平面上呈条带状弯弯曲曲分布于广大咸水区域内。在研究区内其南北界线基本是黄河南北岸的两条大堤(有的地方为大堤外 500 m),大堤以外为微咸水区,大堤以内为淡水区。淡水体在河床处厚度最大,其中小街村河床处为 40~50 m,底部有一层黏土起着隔水的作用,再往下为咸水层。由河床向两岸,淡水体厚度逐渐变小,到大堤外消失。沿河流方向淡水体厚度逐渐变小,到纸坊村河床处为 40 m 左右。

### 12.2.2.2　含水层厚度及富水性

含水层厚度是含水层顶底板之间的距离,即砂层厚度。研究区内砂层以外的粉土之类地层是弱透水层,砂层和粉土的总厚度数量不大,而且以潜水为主,底部具有微承压性,故此研究将淡水体的厚度视为含水层的厚度。

在小街村—赵四勿村一带(Ⅰ区)的河床处,淡水含水层厚度最大为 40~50 m。其中,砂层累计厚度 15~30 m,砂层岩性为粉细砂和细砂,细砂占 63% ~98%。

研究区东部(Ⅱ区)的河床附近,含水层厚度为 35 ~40 m,砂层累计厚度 15 ~30 m,岩性为粉砂和细砂,细砂占 47% ~75%。

由河床向两边含水层厚度逐渐变薄,在大堤附近只有 20 ~35 m,砂层累计厚度为 5 ~15 m,岩性为粉砂和细砂,细砂占 41% ~51%。

淡水层的导水性和富水性都很好,特别是在砂层厚度大、颗粒粗的河床地带更为明显。根据研究区内机井(井径 $\phi$450 mm,无砂混凝土井管)在降深 12 m 时(短时间抽水)的单井涌水量,分为三个富水区:西部小街村一带为 Ⅰ 区,单井涌水量为 1 100 m³/d 左右;东部为 Ⅱ 区,单井涌水量为 800 ~1 100 m³/d;大堤附近为 Ⅲ 区,单井涌水量为 600 ~800 m³/d,见图 12-3。由此可见,距河床越远,地层的导水性、富水性越差。堤外微咸水和咸水层,砂层更薄、颗粒更细,其导水性和富水性更差。见图 12-4、图 12-5。

### 12.2.2.3　含水层的补给、径流和排泄

1)补给来源

黄河滩地的淡水资源主要是接收黄河水渗透补给而形成的,没有黄河水的渗透补给也就没有这样的淡水资源。其次为降水和灌溉补给。降水季节在 7 ~9 月间,这期间也是黄河水最充沛的时候,有的年份洪水漫滩,这时降水的接收补给面积很小,降水对地下水的补给已经基本失去了作用,雨水顺河水排走。只有在黄河断流、地下水位下降较大时,最易接收降水补给。因此,降水补给不是主要的。滩地农作物在干旱季节需要灌溉,灌溉用水一般为黄河水,在黄河断流时开采地下水。只有在用黄河水灌溉时,才有一部分水真正补给地下水。

2)径流条件

在自然状态下,研究区内浅层地下水的总体运动方向是由西南向东北运动,与河流方向是一致的。

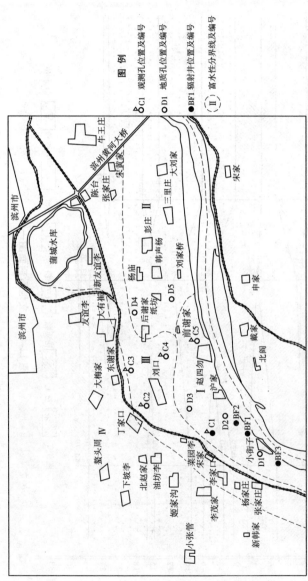

图例

δC1 观测孔位置及编号　□D1 地质孔位置及编号　●BF1 辐射井位置及编号　⑪ 富水性分界线及编号

图 12-3　研究区钻孔位置及富水性分区图

研究区富水性分区 I:单井涌水量大于1100 m³/d,涌水底界埋深40～50 m,矿化度0.4～0.9 g/L。II:单井涌水量800～1100 m³/d,涌水较好富水区,含水层岩性以细砂为主,砂层总厚15～30 m,淡水底界埋深15～30 m,淡水底界埋深35～40 m,矿化度1.0 g/L。III:单井涌水量600～800 m³/d,涌水一般富水区,含水层岩性为粉细砂,总厚5～15 m,淡水底界埋深20～35 m,个别处1.5 g/L。IV:微咸水区,矿化度1～3 g/L。

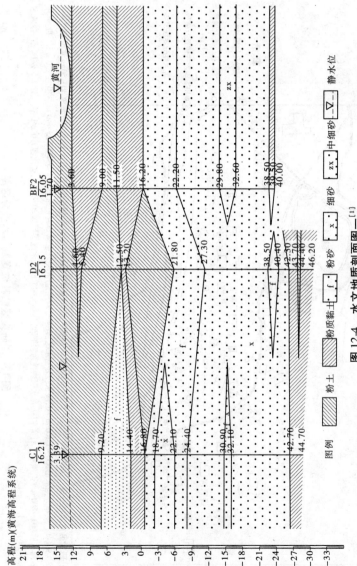

图 12-4 水文地质剖面图一[1]

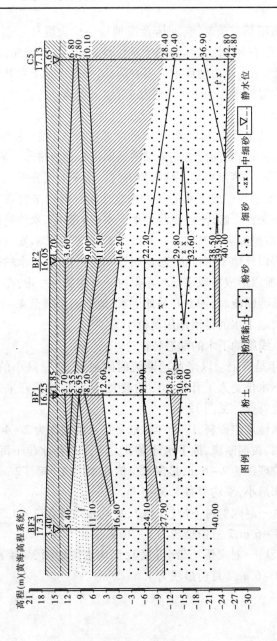

**图12-5 水文地质剖面图二[1]**

由于黄河是一条悬河,河床及滩地地面比大堤外地面高 6 m 左右,滩地地下水位比大堤外地下水位高 5 m 左右,因此,在垂直河流方向上,地下水由河床向大堤处运动,即堤内地下水补给堤外地下水。大堤外地层由于导水性很差,地下水运动的速度很慢。

3)排泄方式

河床及滩地浅层地下淡水,因砂层厚度较大、颗粒较粗,以沿河流方向为主、垂直河流方向为辅的运动进行径流排泄。另外,人工开采地下水和蒸发也是一种排泄方式。由于人工开采地下水水位下降,降低了浅层地下水的蒸发排泄作用。蒸发排泄除受干燥多风的气候条件影响外,还受浅层地下水位的影响,水位越浅蒸发量越大,水位越深蒸发量越小。水位在 5 m 以下,其蒸发可以忽略不计。大堤以外地下水位很浅,地层导水性又差,地下水的排泄以蒸发为主,所以形成了咸水区。小街村—赵四勿村一带,在干旱季节特别是黄河断流时,加上开采地下水,地下水位降至 4～6 m,这时的蒸发对地下水的排泄作用是很小的。

#### 12.2.2.4　浅层地下水的动态特征

1997 年是有记录以来黄河断流时间最长、流量最小的一年。这一年地下水位受人工开采的影响最大,从而反映了开采条件下的水位变化特征。见图 12-6。

根据水位观测资料,1997 年滩地平均水位埋深为 2～4 m。由于干旱无雨、黄河断流,地下水开采量大增,7 月份水位下降最大,月平均水位埋深为 2～6 m,最深水位值比年均值下降了 2 m。2 月份水位埋深最小,平均只有 1.5～3 m。

小街村—赵四勿村一带(Ⅰ区),平均水位埋深 3～4.5 m。7 月最深为 4～6 m,2 月份最浅为 2～3 m。

东部纸坊—刘家桥一带(Ⅱ区),年均水位埋深 3～4 m,7 月份最深为 4～6 m,2 月份最浅为 1.5～2 m。

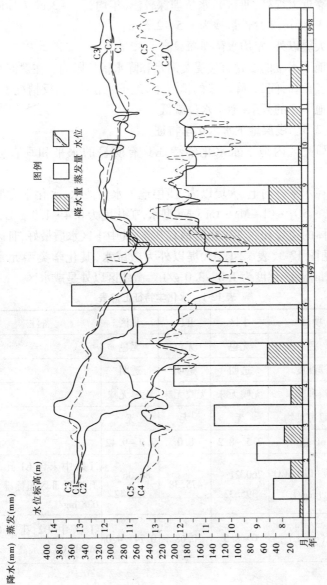

图 12-6 地下水位与降水量、蒸发量关系图[1]

靠近大堤处(Ⅲ区),水位埋深较浅,年均为 2~3 m,7 月份最深为 3~4 m,2 月份最浅为 1.5~2.5 m。

大堤以外,年均水位埋深只有 1~2 m。

地下水位的变化直接受黄河水和降水量的影响。在黄河水量充沛、流水时间长、降水多的情况下,地下水位高;相反情况下,再加上地下水的开采,地下水位就低。

### 12.2.2.5 浅层地下水水化学特征

研究区内地下水水化学特征具有明显的水平和垂直分带现象。

在水平方向上,大堤以内,浅层地下水为淡水,水化学类型为 $HCO_3 \cdot SO_4 \cdot Cl - Mg \cdot Ca \cdot Na$ 型水,矿化度为 0.4~1.0 g/L。在淡水体的边缘和底部矿化度稍有升高,其中Ⅰ区水质最好,Ⅲ区最差,见图 12-3、表 12-1。大堤以外为微咸水,其化学类型元素为 $Cl - Na$ 型,矿化度为 1.0~3.0 g/L。微咸区以外是咸水区。

**表 12-1 水化学特征汇总表**

| 项目 | Ⅰ区 | Ⅱ区 | Ⅲ区 | 备注 |
|---|---|---|---|---|
| 色 | 无色 | 无色 | 无色 | |
| 浑浊度 | 透明 | 透明 | 透明 | |
| 嗅和味 | 无嗅无味 | 无嗅无味 | 无嗅无味 | |
| 肉眼可见物 | 无 | 无 | 无 | |
| pH 值 | 7.5~8.2 | 8.0 | 7.9~9.42 | |
| 总硬度(以 $CaCO_3$ 计)(mg/L) | 260.21~395.32 | 475.38 | 80.06~525.42 | Ⅰ区中未含 C1 孔,C1 孔接近Ⅲ区超标准,为 628 mg/L |
| 铁(mg/L) | 0~8.5 | 0.68 | 0.74~4.0 | Ⅰ区中 D2 孔 < 0.3 mg/L,C5 孔最高 |

续表 12-1

| 项目 | Ⅰ区 | Ⅱ区 | Ⅲ区 | 备注 |
|---|---|---|---|---|
| $SO_4^{2-}$（mg/L） | 103.26 ~ 193.32 | 151.29 | 109.51 ~ 252.16 | Ⅲ区中靠近大堤的 C2 孔超标 |
| $Cl^-$（mg/L） | 79.76 ~ 140.03 | 202.06 | 115.21 ~ 428.94 | |
| 矿化度（mg/L） | 570.68 ~ 935.9 | 1 142.79 | 889.25 ~ 1 780.39 | |

注：Ⅰ区勘察孔包括 C1、C5、D1、D2、D3；Ⅱ区勘察孔包括 D4、D5，D4 孔无水质分析资料；Ⅲ区勘察孔包括 C2、C3、C4。

在垂直方向上，穿过淡水区底部的隔水层，就是咸水层，其水化学类型为 Cl-Na 型，矿化度为 2.0~3.0 g/L，往深处矿化度更高。

凡是含水砂层厚度大、颗粒粗、导水性好、靠近河床的地带，地下水交替速度快，地下水矿化度就低，为优质淡水，而且水量大，小街村一带就属于这种情况。试验辐射井就设在此地，不但水量丰富，而且水质好，矿化度只有 0.4 g/L 左右。大堤外地层砂层很薄而且颗粒很细，导水性很差，地下水运动非常缓慢，以蒸发排泄为主，结果水去盐留，矿化度高。

# 12.3　水文地质参数确定及地下水资源计算

## 12.3.1　水文地质参数的确定

通过钻探、抽水试验、动态观测等各种手段取得了该地区大量原始资料，在反复计算后，各水文地质参数确定如下。

1）给水度 $\mu$

利用抽水试验和动态观测资料，结合水位变动带岩性，计算求

得给水度 $\mu = 0.047\ 8$。

　　2)渗透系数 $k$ 和导水系数 $T$

　　利用非稳定流抽水试验和干扰抽水试验资料,计算并确定: $k = 11\ \text{m/d}, T = 230\ \text{m}^2/\text{d}$(注:粉土类粉砂层, $k$ 值只有 $2\ \text{m/d}$ 左右)。

　　3)降水入渗系数 $\alpha$

　　取 $\alpha = 0.18 \sim 0.3$,平均值为 0.24。

　　4)灌溉水入渗系数 $\beta$

　　$\beta = 0.23 \sim 0.26$。

## 12.3.2　地下水资源计算

### 12.3.2.1　水文地质概念模型

　　(1)含水层平面边界条件。河床及滩地淡水体在平面上是一条长度很大、宽度很窄的条带。因此,长度定为无限长,宽度为黄河两岸大堤之间距离,一般为 3 000 m。大堤以外为咸水体。

　　(2)含水层垂向边界条件。淡水体在垂直于河流方向的剖面上,呈上端张开的"V"字形,底部为黏土隔水层。河床处淡水体厚度最大,达 40 ~ 50 m,向两边逐渐变薄,到大堤处为 30 ~ 40 m,大堤外逐渐消失。

　　(3)含水层岩性概化为均质各向同性。水位受黄河断流、气候、人工开采的影响而变化。

　　(4)黄河是浅层地下水定水头补给源(断流时间除外。为了保护黄河流域的生态平衡,国务院要求今后黄河不能出现断流现象,所以将黄河定为定水头补给源是可以的)。

　　(5)自然状态下,含水层被水充满处于饱和状态,地表水的补给量是很小的。经过长期开采后,原来的动平衡被破坏,很小的水力坡度迅速增大,产生了数量很大的激发补给。

### 12.3.2.2　淡水资源静储量

　　由于试验的勘察工作、辐射井工程以及供水地面工程都布置在黄河北岸滩地上,对南岸滩地没有进行水文地质勘察,根据分析研究,其水文地质条件和北岸一样,两岸同属于一个水文地质单元。因此,在进行水资源计算时,将两岸滩地作为一个整体统一考虑,水文地质参数采用北岸的资料。

1)静储量

静储量的计算公式为:

$$Q_{静} = F \cdot H \cdot \mu$$

式中　$Q_{静}$——静储量,$m^3$;

　　　$F$——淡水体面积,$m^2$,其范围为南北大堤之间,东西方向的距离只考虑对开采有影响的地方,以远的地方不考虑。研究区东至赵四勿村东、西至小街村西,面积为12 $km^2$;

　　　$H$——淡水体的平均厚度,m,取 $H = 37$ m;

　　　$\mu$——给水度,$\mu = 0.047\ 8$。

计算结果:

$$Q_{静} = 2\ 122.32\ 万\ m^3$$

2)调节储量

调节储量的计算公式为:

$$Q_{调} = F \cdot \Delta H \cdot \mu$$

式中　$Q_{调}$——调节储量,$m^3$;

　　　$F$——调储面积,$F = 12$ $km^2$;

　　　$\Delta H$——浅层水位波动范围,m,取 $\Delta H = 2.5$ m;

　　　$\mu$——给水度,$\mu = 0.047\ 8$。

计算结果:

$$Q_{调} = 143.4\ 万\ m^3$$

3)静储量与调节储量之和

$$Q_{静} + Q_{调} = 2\ 265.72\ 万\ m^3$$

由计算结果可以看出,河床及滩地是一个非常好的天然地下水库。

采用上述方法,对研究区以下至黄河河口滩地的浅层淡水资源作了估算,约 $7 \times 10^8$ m$^3$。

### 12.3.2.3　开采条件下的补给量

在自然条件下,含水层处于饱和之中的动平衡状态,补给量和排泄量都很小,而且是相等的。经过开采后,地下水消耗了一部分静储量和补给量,并且形成了降落漏斗。由于试验辐射井沿黄河方向排列,降落漏斗也是沿河流方向呈长方形。在河床处沿河流方向砂层厚度大、颗粒粗,所以长方形降落漏斗两端及河床一侧的补给量是很大的,靠近大堤一侧的补给量是很小的,可以忽略不计。为了计算的简化和计算结果的实用性,计算中只考虑降落漏斗两端的两个大半圆形地带的进水量,其他忽略。

径流补给量计算公式:

$$Q_补 = 2k \cdot I \cdot M \cdot B$$

式中　$Q_补$——开采过程中的径流补给量,m$^3$/d;

　　　$I$——水力坡度,受开采量的影响而变化,取 $I = 1/100$;

　　　$k$——渗透系数,m/d,取 $k = 11$ m/d;

　　　$M$——含水层平均厚度,m,取 $M = 30$ m;

　　　$B$——补给断面的宽度,m,计算时将半圆换算为直线长度,取 $B = 1\ 100$ m。

计算结果:

$$Q_补 = 7\ 260\ \text{m}^3/\text{d}$$

### 12.3.2.4　降水补给量

降水补给量的计算公式为:

$$Q_降 = \alpha \cdot P \cdot F$$

式中　$Q_降$——降水补给量,m$^3$/年;

　　　$P$——年降水量平均值,取 $P = 0.570$ m;

　　　$F$——降水接收面积,km$^2$,取 $F = 6$ km$^2$;

$\alpha$——降水入渗系数,取 $\alpha = 0.24$。

计算结果:

$$Q_{降} = 820\ 800\ \text{m}^3/\text{年} = 2\ 248.8\ \text{m}^3/\text{d}$$

#### 12.3.2.5　灌溉入渗量

忽略不计。

#### 12.3.2.6　开采量

根据静储量、开采条件下激发补给量和降水补给量的计算结果,推算出开采量为 $1 \sim 1.2$ 万 $\text{m}^3/\text{d}$。

## 12.4　浅层地下水开发利用

### 12.4.1　开发利用水环境评价

黄河下游滩地浅层地下水这个淡水体几乎被咸水所包围,那么开采后会不会引起咸水入侵? 由于黄河是悬河,河床及滩地地面高出大坝外地面 6 m 左右,地下水位也高出大坝外地下水位 5 m 左右,而且坝外地层导水性极差,因此,开采滩地地下水时,不会引起坝外咸水入侵。同时,控制水源井深度距咸水面有一定深度,下部咸水也很难入侵。试验的两眼辐射井井底距咸淡水交界面 $5 \sim 10$ m,工程完成后进行抽水试验,辐射井经几天几夜连续抽水,两眼井井水矿化度分别为 0.4 g/L 和 0.46 g/L,pH 值分别为 7.9 和 8.3,总硬度分别为 256 mg/L 和 297 mg/L,比勘察的水质还好,正说明了这一点。

黄河下游滩地地下水资源的开发,具有补给条件好、补给速度快等特点,即使在断流时地下水位可能会出现暂时性下降,待黄河来水时便会得到很快的补给和恢复。因此,有条件地开发利用这部分水资源是不会恶化水环境的。

## 12.4.2　取水方式选择

开发利用地下水资源必须选择正确的取水构筑物,才能发挥出好的效益。目前,开发深度较大的地下水都是利用管井,管井的深度可以为几十米、几百米、上千米甚至数千米。傍河取水属于浅层取水,除管井之外,还有渗渠、截流和辐射井等方式。在黄河下游的滩地上,由于特殊的水文地质条件,用管井开发浅层淡水资源是不适宜的,因为这里含水砂层颗粒细,最粗的是细砂;淡水体埋藏浅,下部又有咸水,最深处为 40～50 m。用管井取水受到深度和管径的限制,水量不会太大,达不到供水的目的和要求。研究区内已经施工的管井有许多在成井过程中不是水量少就是涌砂严重而报废。少数成功的水源井,由于其深度已接近下部咸水层,抽水时间加大后,也会出现水质变咸的现象。

在黄河及滩地上由于地下水水力坡度很小,进行潜水截流不但投资大,而且效益很低,所以不能采用。

在河床及滩地上修筑渗渠,需要开挖的土方量非常大,水下开挖土方难度也很大,深度也只有 3～5 m,而且必须在黄河断流期间进行,铺设大口径垫筋包网式的滤水管,管外填数量很大的反滤料。由于渗渠埋藏浅,黄河断流时地下水埋深又大,所以在黄河断流时用渗渠的办法基本无水可取。黄河来水时又容易把反滤料冲走,造成渗渠报废。1992 年 6～7 月,在黄河断流期间,胜利油田在垦利县路家庄修筑的渗渠完全出现了上述情况。修筑渗渠费时费工,造价昂贵,容易失败,所以不宜采用。

在黄河滩地利用辐射井进行傍河取水,可以完全克服管井、截流及渗渠的各项缺点。在淡水体埋深范围之内,辐射井集水井的深度可以任意选择,以便避开下部咸水的影响。水平辐射管在河床及滩地下面,能够最大限度地提取最佳部位的淡水资源,还能最快地得到黄河水的补给。水平辐射管的长度可以尽最大努力延长,增加进水面积,提高产水量。辐射井比同深度的管井水量可以大几倍、几十倍。在黄河滩地利用辐射井傍河取水比其他取水构筑物具有无比的优越性。

## 12.4.3　辐射井位置的选定

在特殊的黄河滩地水文地质条件下进行傍河取水,辐射井位置的选定十分重要。如果井位选的不好,会直接造成水量小,满足不了需水要求,同时还会出现水质变咸,使供水水质达不到水质标准。情况严重者会使辐射井无效而报废。

经过对研究区水文地质条件的分析研究,确定试验的三口辐射井的位置均在最靠近河床的北岸边上。第一口井(BF1)在原小街村东北部的村外;第二口井(BF2)在新小街村正东面的河床西北岸上;第三口井(BF3)在原小街村西南方向河床的西北岸上(因前两口辐射井的水量已经满足需要,故第三口井未施工)。这样布井的优点是:

(1)辐射井布置在导水性、富水性最好的地段,保证了辐射井的最大涌水量。

(2)沿河床布井能最大限度地集取河床渗透水和滩地地下水,水平辐射管伸入河床及滩地下面的含水层中,不仅能抽取原地层中的水,还能最快地接收到黄河水的激发补给。

(3)这样布井,可使辐射井处于淡水含水层厚度最大、距离两边大堤以外咸水边界最远的位置上。辐射井形成最大降落漏斗时,下部及外部的咸水一般不会进入到辐射井中使水质变咸。

# 12.5　辐射井技术在黄河滩地浅层地下水开发利用中的应用研究

## 12.5.1　辐射井设计原则

根据水文地质条件,研究区内地面下 12～16 m 以下为粉细砂含水层,以上为粉土、粉质黏土层。因此,井的深度愈大,含水层透水性愈好,水量愈大。也就是说,要想得到较大的水量,井需要有一定的深度,深度越大,开采水量愈大。

根据物探测定,研究区地面下 50 m 左右为咸淡水分界面,以上为淡水,以下为暂时不能利用的咸水。开采上部淡水,如果不慎很容易使下部咸水入侵,使井内水质变坏,水源井报废。1992 年,在垦利县路家庄黄河滩地打成的辐射井,井深 22 m,距咸淡水界面 1 m 左右,井成后抽水仅几天,井水变咸而报废。因此,井深要与下部咸水层有一定的距离,以防止咸水入侵。

另外,目前辐射井的技术水平还不能在很深的集水井中施工水平辐射管,尤其在水头压力超过 0.3 MPa(30 m)的集水井内施工,容易发生井喷。

考虑到上述两个问题,设计井深不超过 35 m。水平辐射管层次和根数以砂层厚度为原则,水平辐射管长度以技术能力为原则,力求越长越好,充分地开发含水层水量。根据这些原则确定:辐射井的井距 1 000 m,井深不超过 35 m,地下水开采深度(即最下层水平辐射管埋深)为 32 m 左右,每眼井水平辐射管布置 6～7 层,每层 6～8 根。

## 12.5.2　辐射井施工技术[2,3]

### 12.5.2.1　集水井成井技术

集水井是辐射井的主体部分,它是水平辐射管的施工场地和集水场所。此次试验采用反循环回转钻机成孔、漂浮下管法成井。这种方法较沉井法投资少、速度快、施工安全。集水井井管是由不透水的钢筋混凝土做成,外径 2.90 m、内径 2.60 m,事先在施工现场预制,一米一节,井座外径 2.90 m、内径 2.60 m、底厚 20 cm、高 1 m,亦是现场预制。用反循环回转钻机成孔后,将井座吊装到井孔中漂浮起来,再将井管吊装到井座上,一节接一节地摞上,直到井座下到预定深度,并确保井管直立,井管接头采用"三油两毡"封闭接口,最后在井管周围填土密实。

在这种极细的粉细砂地层中采用反循环钻进时,为确保稳定钻进、高效进尺且不坍孔,必须保持以下条件:

(1)护筒周围的填土必须十分密实。

(2)保持井孔内的静水压力 20 kPa 以上,即孔内水位始终要高出地下水位 2.0 m 以上。黄河滩地地下水位比较高,一般在 1.0 m 左右,施工时必须抬高护筒位置,创造这个条件。施工过程中,要不断向孔内补水,保证上述条件。

(3)井孔内泥浆比重要保持在 1.05 ~ 1.10 之间,试验区地层为粉细砂,颗粒极细,且不含淤泥质颗粒,需随时添加黏土和火碱,确保泥浆比重。

(4)钻头旋转速度要适中,试验表明钻头旋转速度保持在 10 ~ 20 n/min 比较合适,如果过快就会冲刷井壁,发生坍孔。

(5)成孔时要保持一定的钻进速度,钻进太快,不利于孔壁泥皮的形成,造成坍孔。试验表明每小时钻进 1 m 左右比较合适(指净钻时间)。

(6)漂浮法下井管过程中,井管接口一定要严密封好,一旦漏水,将前功尽弃,严重的会使井报废。

### 12.5.2.2　水平辐射管施工工艺

此次试验我们采用了两种施工工艺:顶进法、套管钻进法。水平集水管自下而上施工,选用中国水科院自行研制的具有扭力、推力、拉力和水冲力的全液压水平钻机完成。

黄河滩地的地下水位很高,埋深仅 1 m,在深处打水平集水管,水压力高,喷砂严重,容易发生危险。试验中,埋深 28 m 以下我们选用顶进法施工水平集水管,该工艺可减少施工中的喷砂量,危险性小,但顶进法不能打太长,试验中最长达 25 m。埋深 28 m以上我们选用套管钻进法铺设水平集水管,钻进长度 50 m 左右。

1) 顶进法

顶进法选用 $\phi89$ mm 的钢管滤水管,内插 PE 管,每根长 0.8 ~ 1.0 m,丝扣连接,用液压水平钻机边旋转边推进,一根接一根,直接打进含水层,见图 12-7。顶进过程中砂层中的粉粒进入滤水管内,随水流进入集水井中排走,同时将较粗的颗粒挤到滤水管周围,形成一条天然的环形自然反滤层。滤水管的滤水效果与钢管的孔眼大小及孔隙率、内插 PE 管的外包滤网大小及其孔隙率密切相关。选择合适,既能减少顶进阻力,增加滤水管的顶进长度,又能使水平辐射管的周围很快形成自然反滤层,使含水层的水通畅地汇集到水平辐射管内,增加辐射井出水量,否则,辐射井的出水量成倍减小,或者长时间排出浑水,排出大量泥沙。滤水管要求的标准是顶进过程中排砂量最好,停止顶进后滤水管内排水很快达到水清砂净。这个标准的掌握只能在现场试验,即便同一种含水砂层,由于密实度不同,水头压力不同,滤水方式也有很大差别。

2) 套管钻进法

套管钻进法所用滤水管选择 $\phi63$ mm 的 PE 双螺纹波纹塑料管,外套尼龙网套作为反滤料。滤水管的滤水效果与尼龙网套的目数密切相关,选择合适,使水平集水管的周围很快地形成良好的

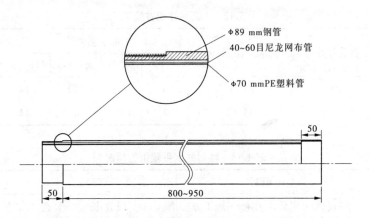

**图 12-7 顶进法施工双滤水管结构图** （单位:mm）

自然反滤层,使含水层的水通畅地汇集到水平辐射管内。目数大,则出水量减小;目数小,则长时间排出浑水,排出大量泥沙。同样,尼龙网套的选择要根据水文地质条件,现场通过试验确定。

套管钻进法施工是先将 $\phi89$ mm 套管打进含水层中,再从套管中插进滤水管,然后脱掉钻头,拔出套管,把滤水管留在含水层中。滤水管在开始排水时,能带出砂层中的粉粒,使粗颗粒在滤水管尼龙网套的外部形成自然反滤层,并很快水清砂净。

## 12.5.3 辐射井的成井结构

试验施工的两眼辐射井,编号分别为 BF1、BF2,间距 1 000 m,施工时间分别为 1997 年 10 月和 1998 年 11 月。两眼辐射井成井结构见表12-2、表12-3、图12-8、图12-9。

辐射井周围设渗水井,以打穿破坏含水层上部的黏土层。BF1 旁 1 眼,距 BF1 距离为 8 m,采用冲击钻成井,井径 $\phi800$ mm,井深 38 m。BF2 周围 3 眼,距 BF2 距离分别为 30 m、30 m、33 m,采用反循环回转钻机成井,井径 $\phi1$ 000 mm,井深为 30 m。

表 12-2　辐射井成井情况

| 辐射井井号 | 集水井深度(m) | 水平辐射管 | | | |
|---|---|---|---|---|---|
| | | 层数 | 总长(m) | 最长(m) | 最短(m) |
| BF1 | 32.50 | 6 | 1 146 | 50 | 14 |
| BF2 | 35.40 | 7 | 1 076 | 46 | 14 |

表 12-3　辐射井水平辐射管情况

| 层次 | BF1 | | | | BF2 | | | |
|---|---|---|---|---|---|---|---|---|
| | 深度(m) | 根数 | 长度(m) | 施工方法 | 深度(m) | 根数 | 长度(m) | 施工方法 |
| 1 | 32.0 | 8 | 119.0 | 顶进法 | 32.5 | 7 | 99.2 | 顶进法 |
| 2 | 31.0 | 8 | 118.0 | | 31.5 | 6 | 85.5 | |
| 3 | 28.0 | 8 | 121.0 | | 30.5 | 6 | 145.8 | |
| 4 | 26.0 | 8 | 349.0 | 套管钻进法 | 29.5 | 6 | 132.3 | |
| 5 | 20.0 | 6 | 260.0 | | 28.5 | 6 | 138.3 | |
| 6 | 15.0 | 4 | 179.0 | | 26.5 | 6 | 211.0 | 套管钻进法 |
| 7 | | | | | 24.5 | 6 | 261.0 | |
| 合计 | | 42 | 1 146.0 | | | 43 | 1 076.1 | |

## 12.5.4　辐射井的水量水质特点

### 12.5.4.1　抽水试验

抽水试验设备选用矩形量水堰观测流量,堰宽 0.2 m。抽水水泵选用 $H=40$ m、$Q=50$ m³/h 潜水泵两台和 $H=40$ m、$Q=100$ m³/h 潜水泵一台。

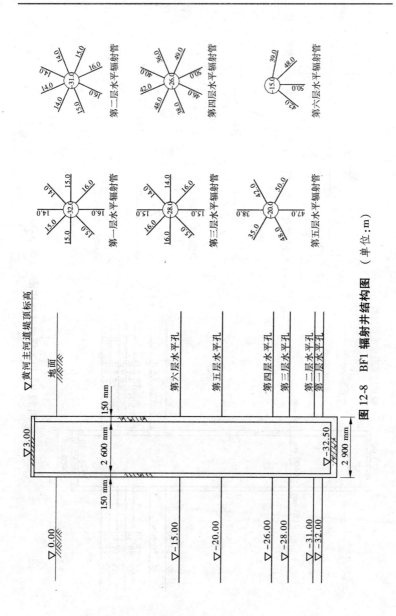

图 12-8　BF1 辐射井结构图　（单位：m）

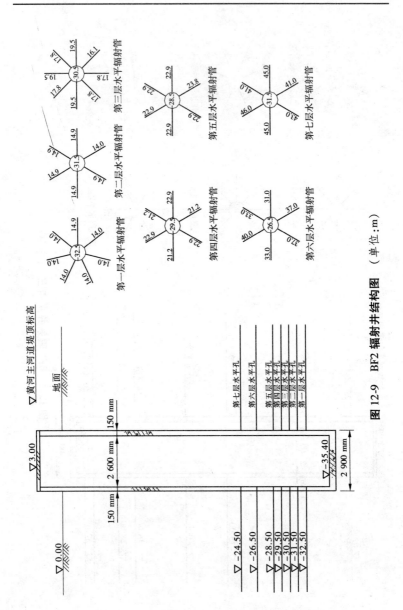

图 12-9　BF2 辐射井结构图　（单位：m）

BF1 辐射井选取其旁边的渗水井和小街村东北原有灌溉井分别作为此次抽水试验观测井 G11、G12。BF2 辐射井选取其周围的三眼渗水井和小街村东北原有灌溉井分别作为此次抽水试验观测井 G21、G22、G23、G24、G25。各观测井距辐射井距离见表 12-4。

表 12-4    观测井与辐射井距离一览

| 井号 | G11 | G12 | G21 | G22 | G23 | G24 | G25 |
|---|---|---|---|---|---|---|---|
| 距 BF1 辐射井距离(m) | 8 | 500 | | | | | |
| 距 BF2 辐射井距离(m) | | | 33 | 30 | 30 | 240 | 260 |

BF1 辐射井抽水试验作三个降深,稳定时间分别为 10 h、5 h 和 9 h。BF2 辐射井抽水试验作三个降深,每次稳定时间为 24 h。每次降深达到稳定时间后停止抽水,待辐射井水位恢复后再作下一个降深,见表 12-5。

表 12-5    试验辐射井抽水试验成果

| 辐射井井号 | 降深次数 | 降深 $S$(m) | 流量 $Q$(m³/h) | 稳定时间(h) |
|---|---|---|---|---|
| BF1 | 1 | 7.9 | 85.0 | 10 |
| | 2 | 11.5 | 113.0 | 5 |
| | 3 | 17.0 | 154.0 | 9 |
| BF2 | 1 | 11.0 | 139.4 | 24 |
| | 2 | 21.8 | 233.4 | 24 |
| | 3 | 26.9 | 268.9 | 24 |

根据抽水试验作 $Q \sim S$ 曲线、$q \sim S$ 曲线($q = Q/S$)、$Q(S) \sim t$ 曲线、观测井历时曲线,详见图 12-10 ～ 图 12-15。

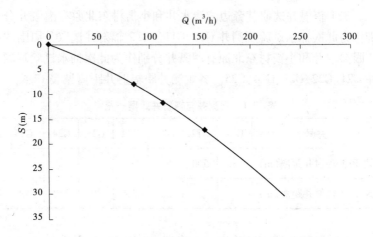

图 12-10　BF1 辐射井流量 $Q$ 与降深 $S$ 关系曲线

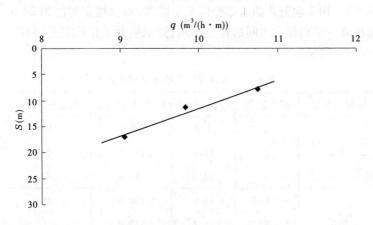

图 12-11　BF1 辐射井 $q \sim S$ 曲线

## 12.5.4.2　辐射井水量特点

（1）由抽水成果可知，BF1 在降深 17 m 时，出水量为 154 m³/h（3 696 m³/d），单位出水量 9.06 m³/(h·m)；BF2 降深 27 m 时，出水量为 268.90 m³/h（6 453.6 m³/d），单位出水量 9.96 m³/(h·m)。

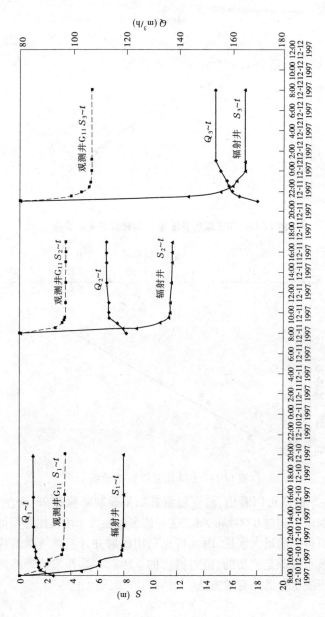

图 12-12 BF1 辐射井 $Q$、$S \sim t$ 曲线及观测井历时曲线

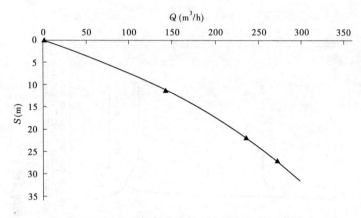

**图 12-13　BF2 辐射井流量 $Q$ 与降深 $S$ 关系曲线**

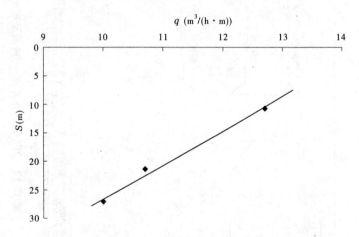

**图 12-14　BF2 辐射井 $q \sim S$ 曲线**

从 $Q \sim S$ 曲线可以看出,两眼辐射井如果控制降深在 28 m 左右,则出水量均超过 6 000 m³/d。这一数字远远大于用其他井型同深度井所得到的最大水量,由此可见利用辐射井开发黄河滩地浅层地下淡水资源是成功的,值得推广的。辐射井是开发黄河滩地浅层地下淡水资源的有效方法。

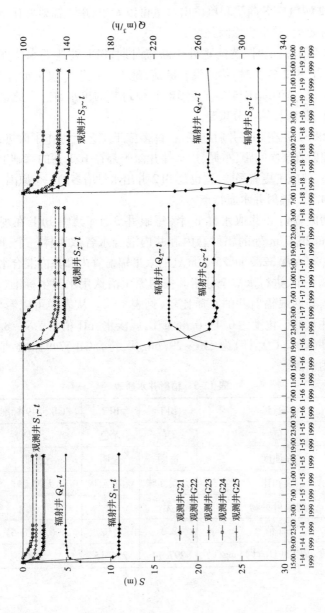

图 12-15 BF2 辐射井 $Q$、$S \sim t$ 曲线及观测井历时曲线

（2）由 $Q \sim S$ 曲线和单位出水量可以看出，BF2 辐射井比 BF1 出水量要大，其主要原因是：

①BF1 施工时，黄河正处于断流时期，BF1 处地下水位埋深 4 m 左右，BF2 施工时，黄河没有断流，地下水位埋深仅 1 m 左右。也就是说，黄河断流与否直接影响到辐射井的出水量。由此进一步说明，黄河补给十分重要。

②BF2 井在 BF1 井后施工，在许多施工工艺上都作了改进，如水平辐射管层次间距、布局、集水井井深等都在 BF1 井的基础上做了调整，使施工更有经验，这也是 BF2 井出水量增多的一个原因。

### 12.5.4.3 辐射井水质特点

两眼辐射井共取水样 6 个，每眼井 3 个，其中 BF1 在埋深 31.0 m、26.0 m 处的辐射管内和井内混合水各取水样一个，BF2 辐射井在埋深 32.5 m、25.5 m 处的水平辐射管内和井内混合水各取水样一个，进行水质全分析。按国家生活饮用水卫生标准（GB 5749），与两眼辐射井的水质比较，见表 12-6。从表中可以看出，辐射井水的矿化度为 0.4 ~ 0.46 g/L，属淡水，pH 值为 7.9 ~ 8.3，总硬度（以 $CaCO_3$ 计）为 256 ~ 297 mg/L，符合 GB 5749标准，是好的饮用水源。

表 12-6　辐射井水质表

| 项目 | BF1 | BF2 | GB 5749 标准 |
|---|---|---|---|
| 色 | 无色 | 无色 | 无色 |
| 浑浊度 | 透明 | 透明 | 透明 |
| 嗅和味 | 无嗅无味 | 无嗅无味 | 无嗅无味 |
| 肉眼可见物 | 无 | 无 | 无 |
| pH 值 | 8.3 | 8.02 | 6.5 ~ 8.5 |
| 总硬度（以 $CaCO_3$ 计）(mg/L) | 297.74 | 256.15 | 450 |

续表 12-6

| 项目 | BF1 | BF2 | GB 5749 标准 |
|---|---|---|---|
| 铁 (mg/L) | 0.09 | 0.11 | 0.3 |
| $SO_4^{2-}$ (mg/L) | 81.65 | 82.58 | 250 |
| $Cl^-$ (mg/L) | 52.29 | 45.16 | 250 |
| $NO_3^-$ (mg/L) | 未检出 | <0.05 | 20 |
| 矿化度 (mg/L) | 462.31 | 395.0 | 1 000 |

注:汞、砷、镉、铅、铜、锰等金属未检出。

表 12-7 为勘察井与辐射井的水质比较表。由表中可以看出,辐射井水质要比勘察井的好。由此说明,辐射井设计取水深度合理,取水段选择合适,并进一步体现了辐射井的优越性,即辐射井深度可以任意选择,只要水平辐射管在富水性好、水质好的含水层中加大长度,就可取得大量的优质饮用水。

表 12-7　辐射井与勘察井水质比较表

| 项目 | 辐射井 | 勘察井 |
|---|---|---|
| 色 | 无色 | 无色 |
| 浑浊度 | 透明 | 透明 |
| 嗅和味 | 无嗅无味 | 无嗅无味 |
| 肉眼可见物 | 无 | 无 |
| pH 值 | 7.9 ~ 8.3 | 7.5 ~ 8.2 |
| 总硬度(以 $CaCO_3$ 计)(mg/L) | 256.15 ~ 297.74 | 260.21 ~ 628.00 |
| 铁 (mg/L) | 0.09 ~ 0.11 | 0 ~ 8.50 |
| $SO_4^{2-}$ (mg/L) | 81.65 ~ 82.58 | 103.26 ~ 193.32 |
| $Cl^-$ (mg/L) | 45.16 ~ 52.29 | 79.76 ~ 140.03 |
| $NO_3^-$ (mg/L) | <0.05 | 0.5 ~ 15.0 |
| 矿化度 (mg/L) | 395.0 ~ 462.31 | 570.68 ~ 935.90 |

注:勘察井以 Ⅰ 区的 D1、D2、D3、C5 孔综合。

## 12.5.5　辐射井涌水量计算

辐射井涌水量计算可以选用"等效大口井法"(参见本书10.2.3)。采用"等效大口井法"计算时,BF1、BF2 辐射井设计水平辐射管埋深 32 m,即井深按 32 m 考虑,水平管长度按平均每根长 25 m 考虑,以咸淡水交界面为不透水顶部界面(按埋深 45 m 计算),渗透系数 $k$ 取加权平均数,由此可以计算出辐射井单井涌水量(见表 12-8)。

表 12-8　辐射井计算涌水量与实际涌水量比较

| 井号 | 降深 $S_0$(m) | $Q_计$(m³/h) | $Q_实$(m³/h) | $\dfrac{Q_计 - Q_实}{Q_实}$ |
|------|---------------|--------------|--------------|------------------------------|
| BF1 | 17.00 | 177.00 | 154.00 | 14.93% |
| BF2 | 26.92 | 302.60 | 268.92 | 12.52% |

由抽水试验可知,BF1 辐射井降深 17.00 m 时,实际涌水量为 154.00 m³/h;BF2 辐射井降深 26.92 m 时,实际涌水量为 268.92 m³/h。与利用"等效大口井法"得出的结果有一定的出入,见表 12-8。对于辐射井涌水量的计算,目前国内多数用"等效大口径法"进行计算,这个公式简单,使用方便,虽然有一定的误差,但是作为黄河下游滩地进行地下水开发利用辐射井涌水量的初步估算是可以的。

当然,辐射井出水量和其周围水位变化的计算是十分复杂的,至今尚未获得圆满解决。所有公式都有其局限性,因此寻求简单适用的计算方法,仍是我们今后的重要任务。

## 12.5.6　效益分析

### 12.5.6.1　社会效益

在黄河下游滩地利用辐射井傍河取水的试验成功,对于黄河下游地区,特别是黄河沿岸的咸水地区,开发利用淡水资源开辟了一条新路子。据初步计算,从研究区往下游,到河口处黄河河床及滩地淡水资源储量约 7 亿 $m^3$。从研究区往上游,淡水资源更为丰富。因此,黄河河床及滩地淡水资源的开发利用,社会效益显著。

### 12.5.6.2　经济效益

黄河下游工农业和生活用水以黄河客水为主。用黄河水作为供水水源,要修筑平原水库,将黄河水通过渠道引入水库内,进行沉淀、净化和消毒后供给用户,其投资额很大。以当年修建的纯化水库与辐射井傍河取水工程进行经济对比。

纯化水库的库容量是 3 000 万 $m^3$,净化站能力为 10 万 $m^3/d$。这个工程总投资为 3 亿元人民币,则每立方米净化水设施的投资为 3 000 元(不包括引水渠道和水库以外的供水管线)。而试验建成的辐射井傍河取水工程(取水量 1 万 $m^3/d$),包括水文地质勘察、辐射井工程建设、地面供水及消毒设施的配套,总投资为 650万元,每立方米的投资费用只有 650 元,不到水库供水投资额的1/4。由此可见,黄河滩地辐射井傍河取水的经济效益是十分可观的,而且这样取水使地下水通过地层自然过滤后,其水质比地表净化水要好得多。

# 12.6　结论与建议

(1)黄河河床及滩地是由黄河冲积而成的第四系松散层,赋存有浅层孔隙淡水,具有潜水和微承压水特性。淡水资源主要是黄河水渗透补给形成的,并且补给非常迅速,属激发补给。淡水体呈条带状分布,长度很长,宽度很窄;黄河大堤以外为广大的微咸水、咸水区。黄河大堤内淡水水位比堤外咸水水位高 4~6 m,形成淡水补给咸水的格局。

(2)淡水体上部是以粉土粉砂为主的弱含水层,下部含水层岩性主要是粉细砂、细砂,导水性及富水性均比上部好得多。这样一个上细下粗的地层结构,是非常好的天然过滤器,地表水经过地层的过滤后,不但水质好,而且有利于开采。

(3)辐射井具有单井出水量大、寿命长、管理方便、维修便利、占地少等特点,是黄河下游滩地浅层地下水开发利用的理想井型。尤其在黄河下游滩地,其下部和周围都是咸水,既要很好地控制井深,防止咸水入侵,又要尽可能地开发地下水量,这就更显示出辐射井的优越性。经过几年的探索研究,黄河滩地粉细砂含水层辐射井的成井工艺已越来越成熟,利用辐射井开发黄河滩地浅层地下水,对于黄河下游乃至中下游地下水资源的开发利用是一个有益的探索,具有广阔的应用前景和推广价值。今后,应在如何提高辐射井施工工艺,尤其是加大水平辐射管打进长度和滤水管管径等方面进行研究。

(4)黄河滩地地下水资源的开发,具有补给条件好、补给速度快等特点,即使在断流时地下水位可能会出现暂时性下降,待黄河来水时便会得到很快的补给和恢复。因此,有条件地开发利用这部分水资源是不会恶化水环境的。

(5)该项成果对黄河下游滩地淡水资源的开发利用有指导意义,对水文地质条件比下游更好的中游滩地更有应用价值。在水资源较紧张的黄河沿岸地区,合理开发黄河河床及滩地地下水资源值得重视。

(6)建议建立动态观测网,严格进行水质和水位的动态观测工作,做好水量和水质变化的预测工作。在开采的同时,就水量和水质变化规律、水井布局和井深的合理性等课题继续进行研究。

## 参 考 文 献

[1] 胜利石油管理局滨南采油厂,胜利石油管理局中胜实业集团,中国水利水电科学研究院.胜利油田滨南采油厂黄河滩地辐射井傍河取水工程报告[R].1999.10.

[2] 张治晖,伍军,赵华,等. 黄河滩地粉砂层辐射井成井技术[J]. 地下水,1999,21(2):61-63.

[3] 张治晖,赵华. 黄河下游滩地地下水资源开发利用研究[A]. 中国水利水电科学研究院第七届青年学术交流会论文集[C],2002.9:69-75.

[4] 张治晖,李来祥,尹红莲. 利用辐射井技术开发黄河滩地浅层地下水的研究[J]. 中国农村水利水电,2002,3:12-13.

[5] 张治晖,赵华. 辐射井技术及其应用研究[A]. 中国水利水电科学研究院第七届青年学术交流会论文集[C],2002.9:89-95.

[6] 曹万金. 地下水资源计算与评价[M]. 北京:水利电力出版社,1987.

[7] 全达人. 地下水利用[M]. 北京:中国水利水电出版社,1990.

[8] 水利部农村水利司. 机井技术手册[M]. 北京:中国水利水电出版社,1995.

[9] 《供水水文地质手册》编写组. 供水水文地质手册[M]. 北京:地质出版社,1977.

[10] 陕西省水利科学研究所,陕西省地下水工作队,西北农学院水利系. 辐射井[M]. 北京:水利电力出版社,1975.

[11] 伍军,智一标,等. 在粉细砂层中打辐射井的试验研究[A]. 水利水电科学研究院科学研究论文集(第25集)[C]. 北京:水利电力出版社,1986:65-75.

[12] 伍军,邢东志,等. 管滤结合的辐射井的水平集水管[J]. 水利水电技术,1984,10.

[13] П.А.АНАТОЛЪЕВСКИЙ,Л.В.ГАЛЬПЕР.Водозаборподземныхвод[M].издазельстволитертурыпостроительству,МОСКВА,1965.

[14] M S hantush. Hydraulics of Wells[J]. Advances in Hydrau Science,1964(1).

[15] Jacgurs Bosic. Horizontal drilling:a new production method[J]. APEA Journal,1988,39(5):345-353.

[16] 匡尚富,高占义,许迪. 农业高效用水灌排技术应用研究[M]. 北京:中国农业出版社,2001.

[17] 高占义,许迪. 农业节水可持续发展与农业高效用水[M]. 北京:中国水利水电出版社,2004.